Klärwärter-Taschenbuch
Hannes Felber, Manfred Fischer

50 Jahre

Die Deutsche Vereinigung für Wasserwirtschaft, Abwasser und Abfall e. V. (DWA) setzt sich intensiv für die Entwicklung einer sicheren und nachhaltigen Wasser- und Abfallwirtschaft ein. Als politisch und wirtschaftlich unabhängige Organisation arbeitet sie fachlich auf den Gebieten Wasserwirtschaft, Abwasser, Abfall und Bodenschutz.

In Europa ist die DWA die mitgliederstärkste Vereinigung auf diesem Gebiet und nimmt durch ihre fachliche Kompetenz bezüglich Regelsetzung, Bildung und Information sowohl der Fachleute als auch der Öffentlichkeit eine besondere Stellung ein. Die rund 14 000 Mitglieder repräsentieren die Fachleute und Führungskräfte aus Kommunen, Hochschulen, Ingenieurbüros, Behörden und Unternehmen.

Impressum

Herausgeber und Vertrieb:
Deutsche Vereinigung für
Wasserwirtschaft, Abwasser und
Abfall e. V. (DWA)
Theodor-Heuss-Allee 17
53773 Hennef, Deutschland

Tel.: +49 2242 872-333
Fax: +49 2242 872-100
E-Mail: info@dwa.de
Internet: www.dwa.de

Titelbild: Eva Geelen, DWA

18. überarbeitete Auflage:
August 2018, Ausgabedatum 2019
81.-84. Tausend

Satz:
Christiane Krieg, DWA

Druck:
Silber Druck oHG, Niestetal

ISBN:
978-3-88721-677-1 (Print)
978-3-88721-678-8 (E-Book)

Gedruckt auf 100 % Recyclingpapier

© F. Hirthammer Verlag GmbH, Oberhaching, München 1969
© DWA Deutsche Vereinigung für Wasserwirtschaft, Abwasser und Abfall e. V., Hennef 2018

Alle Rechte, insbesondere die der Übersetzung in andere Sprachen, vorbehalten. Kein Teil dieser Publikation darf ohne schriftliche Genehmigung des Herausgebers in irgendeiner Form – durch Fotokopie, Digitalisierung oder irgendein anderes Verfahren – reproduziert oder in eine von Maschinen, insbesondere von Datenverarbeitungsmaschinen, verwendbare Sprache übertragen werden.

Über dieses Buch

Die ersten Grundkurse für Klärwärter in Deutschland wurden Anfang der 60er Jahre durchgeführt. **ERWIN STIER** leitete diese Kurse in Bayern. Aus den Manuskripten der Vortragenden entwickelte er einen Leitfaden für den Einstieg in die Abwassertechnik – so entstand 1969 das erste Klärwärter-Taschenbuch. Erwin Stier verstand es, die vielen Anregungen des Betriebspersonals in die jeweils nächste Auflage nahtlos einzuarbeiten, ohne die leichtverständliche Lesbarkeit zu verlieren. So reifte das Buch zu einem umfassenden Werk heran. Aus Anlass des 50-jährigen Bestehens des Buches haben wir das Vorwort der 1. Auflage von 1969 dieser Jubiläumsausgabe vorangestellt.

1980 kam **MANFRED FISCHER** als Autor dazu. Durch seine Tätigkeit beim Bayer. Landesamt für Wasserwirtschaft und als Obmann der DWA-Nachbarschaften war es ihm möglich, die fachlichen Erkenntnisse und die gesetzlichen Festlegungen in Deutschland zu überblicken. Seit 2004 ist er Redakteur der DWA-Verbandszeitschrift KA-Betriebs-Info. Hier berichtet das Personal über Betriebserfahrungen mit Abwasseranlagen. Die Artikel geben wertvolle Anregungen für die Weiterentwicklung dieses Buches.

2003 stieß **HANNES FELBER** dazu. Schon lange war er bei den jeweiligen Neuauflagen des Taschenbuchs ein Ratgeber in praktischen Fragen. In seiner Tätigkeit bei der Münchner Stadtentwässerung befasste er sich nicht nur mit grundsätzlichen Verfahrensfragen, er ist auch mit dem Betriebsalltag vertraut. Als Lehrer der Kläranlagen-Nachbarschaften und jahrelanger Obmann des DWA-Fachausschusses „Grundkurse" ist er Garant dafür, dass die Erfahrungen aus der Praxis mit einfließen.

Das Klärwärter-Taschenbuch ist ein fachlich unentbehrliches Werk und nahezu auf jeder Kläranlage zu finden. So ist es nicht verwunderlich, dass das Fachbuch zum erfolgreichsten deutschsprachigen Werk auf dem Gebiet der Abwasserbehandlung geworden ist. Es wurde auch ins Französische, Polnische, Russische, Kroatische, Ukrainische und Chinesische übersetzt.

Die Autoren

Dipl.-Ing. *Manfred Fischer* (Jahrgang 1940) ist Mittelfranke. Nach einer Maurerlehre studierte er in München Ingenieurbau. Anschließend war er 38 Jahre beim Bayer. Landesamt für Wasserwirtschaft beschäftigt. 1973 wurde er Lehrer der ATV-Kläranlagen-Nachbarschaften in Bayern. 1987 übernahm er die Gesamtleitung und wurde schließlich zum Obmann des DWA-Fausschusses BIZ-1 „Nachbarschaften" berufen. Zu seinen zahlreichen Veröffentlichungen gehören die Fachbücher „Handbuch für Umwelttechnische Berufe, Band 3 Abwassertechnik", „Betriebstagebücher für Kläranlagen", und „Wasserwirtschaft mit Humor". Seit 2004 leitet er die Redaktion der DWA-Verbandszeitschrift KA-Betriebs-Info. Für seine Verdienste wurde er 2006 zum Ehrenmitglied der DWA ernannt.

Dipl.-Ing. *Hannes Felber*, 1949 in München geboren, studierte Bauingenieurwesen. Nach einigen Jahren bei einer Baufirma wechselte er über das WWA Deggendorf 1975 zum Bayer. Landesamt für Wasserwirtschaft in München. Dort konnte er viele Erfahrungen für den Betrieb von Abwasseranlagen sammeln und verwerten. 1978 wurde er Nachbarschaftslehrer, 1980 Leiter der Klärwärter-Grundkurse und in den dafür zuständigen DWA-Fachausschuss berufen. Auch in der Abwassermeister-Weiterbildung war er ab 1987 tätig. Für sein Engagement erhielt er die ATV-Ehrennadel. 1997 wechselte er zur Münchner Stadtentwässerung anfangs als Fachbereichsleiter für Verfahrenstechnik und schließlich in die Stabstelle der Werkleitung bis zu seinem Ruhestand 2013. Jetzt konzentriert er sich vor allem auf die Leitung und Weiterentwicklung des Klärwärter-Grundkurses.

Vorwort zur 18. Auflage

Das Klärwärter-Taschenbuch feiert ein besonderes Jubiläum, nämlich seinen 50. Geburtstag! Doch von Alter kann bei diesem Werk keine Rede sein, es ist inhaltlich jung geblieben. Dies ist nur möglich, weil wir vor jeder Neuauflage das gesamte Werk durcharbeiten, um zu prüfen, in welchem Kapitel neue Erkenntnisse einzuarbeiten sind. Eine große Herausforderung, denn die Abwassertechnik befindet sich in einer ständigen Weiterentwicklung.

Der Text wurde gestrafft, das Bildmaterial verbessert und noch mal erweitert. Die umfangreiche Illustration mit 251 Bildern trägt wesentlich zum Verständnis der Texte bei.

Wichtig war uns auch, dass das Werk seine Bodenhaftung nicht verliert und bei allem technischen Fortschritt die Grundlagen für den Einsteiger wie auch die Anforderungen für die kleinen Abwasseranlagen nicht vernachlässigt.

Dank der Unterstützung vieler Kollegen aus der Praxis, auch aus dem bayerischen Kurs „Betrieb von Kläranlagen", war es uns möglich viele Neuerungen einzuarbeiten. Wir bedanken uns für die anschaulichen Fotos beim Betriebspersonal der Kanal- und Kläranlagen-Nachbarschaften der DWA, des ÖWAV und der VSA, sowie auch bei verschiedenen Autoren der DWA-Verbandszeitschrift KA-Betriebs-Info.

Namentlich danken wir für ihre Anregungen besonders Joachim Schmitt (ehemals KUVB), Thomas Obermeier von den Ammerseewerken gKU und Dieter Hetz vom Klärwerk Nürnberg sowie vom Bayer. Landesamt für Umwelt Karla Mix-Spagl, Johanna Rameseder und Martina Stockbauer.

Wir sind uns sicher, dass die Jubiläumsausgabe inhaltlich wie optisch gelungen ist und nicht nur für Klärwärter eine wertvolle Hilfe ist.

Hannes Felber und Manfred Fischer

Vorwort zur 1. Auflage

Seit 1962 wurden 600 Teilnehmern an insgesamt 21 Klärwärterkursen für kleinere und mittlere Gemeinden, die die ATV-Landesgruppe Bayern durchführte, hektographierte Merkblätter ausgehändigt, um den Klärwärtern die wichtigsten Punkte, die in den Kursen behandelt wurden, auch schriftlich mitzugeben. Dazu kamen noch eine Menge weiterer Merkblätter, Richtlinien und Prospekte. Da nun auch andere Landesgruppen solche Kurse einführten und an den Merkblättern, die einer Überarbeitung bedurften, interessiert waren, lag es nahe, sie drucken zu lassen und zu veröffentlichen. Dabei ergab sich zwangsläufig eine Erweiterung des Umfanges, um nicht nur die bayrischen Verhältnisse zu berücksichtigen und auch den Klärwärtern größerer Anlagen manches Wissenswerte an die Hand zu geben.

So entstand das vorliegende Taschenbuch, das nicht den Anspruch erheben will, alles zu enthalten, was ein Klärwärter wissen muß, aber doch das Wesentliche in gestraffter, handlicher Form. Es bedeutete eine gewisse Schwierigkeit, den Stoff, der heute zum Teil wirklich eine Wissenschaft ist, auch denen nahezubringen, die keine wissenschaftliche Vorbildung erhalten konnten. Dies mag die Verwendung manchmal vereinfachter Begriffe erklären. Es ist weder ein Lehrbuch der Abwassertechnik noch ein wissenschaftliches Werk.

Da in kleinen Gemeinden der Klärwärter häufig die Kanalwartung mitübernehmen muß, wurde dem Wichtigsten dieser Aufgabe ein eigenes Kapitel gewidmet.

Außer mit praktischen Hinweisen soll das Taschenbuch dem Mann auf der Kläranlage auch helfen können, einem nicht fachkundigen Bürgermeister oder

Gemeinderat zu erklären, welche Arbeiten er zu erledigen hat, wie wichtig und verantwortungsvoll seine Tätigkeit ist und welches Gerät und Material er benötigt, um seine Anlage ordnungsgemäß warten, überwachen und instandhalten zu können.

Den Klärwärter-Neuling soll es in die Grundbegriffe einführen, ihm Ausdrücke geläufig machen, Zusammenhänge erklären und am Anfang manchen Mißgriff ersparen helfen. Für den alten Hasen im Fach wird es eine Auffrischung von manchem Vergessenen und eine Zusammenfassung von vielen bekannten Was?, Wann? und Wie? sein. Für ihn wird vielleicht das Warum? Neues bringen. Das Verständnis für Ziel und Grund einer Tätigkeit sind aber Voraussetzung für ihre vernünftige und erfolgreiche Durchführung.

Die Texthinweise auf Firmen als Bezugsquellen sind keineswegs vollständig und werden nicht zur Werbung angeführt, sondern sollen einfach die in Kursen immer wieder gestellte Frage beantworten: Wo kann ich das kaufen?

Bereits früher hatten an den Merkblättern mitgearbeitet die Herren

Dr. von Ammon, München; Dr. Boie, Ansbach; Büttner, Ansbach; Bruck, München; Drechsel, Nürnberg; Geis, Amberg; Herzog, Landshut; Miller, Nürnberg; Prebeck, München.

Am Zustandekommen des Taschenbuches haben wesentlichen Anteil die Herren

Dr. Groche, Stuttgart; Hagenberger, München; Dr. Hanisch, München; Dr. Klotter, Mainz; Kraut, Stuttgart, Schmidt, Nürnberg; Dr. Stammer, München; Volker, Stuttgart; Völk, München; Wagner, München; Wendisch, Andernach.

Beratend waren beteiligt die Herren Dr. Dahme, München; Dr. Freytag, München.

Allen Herren sei hier nochmals besonders für ihre Mitarbeit gedankt. Der Abdruck oder Auszug von Merkblättern des Bayerischen Landesamtes für Wasserversorgung und Gewässerschutz erfolgte mit dessen freundlicher Genehmigung.

Besonderen Dank den drei süddeutschen ATV-Landesgruppen für die finanzielle Unterstützung der Herausgabe und der Fa. Schreiber für die Beigabe des Sauerstoff-Farbblattes.

Hinweise und Anregungen zu Ergänzungen und Verbesserungen, besonders aus dem Kreis der Klärwärter, die das Taschenbuch in der Praxis benutzen, werden erwartet und gerne angenommen. Sie sind zu richten an die ATV-Landesgruppe Bayern.

Es darf an dieser Stelle nicht versäumt werden hervorzuheben, was das Taschenbuch nicht kann. Zum einen kann es keinesfalls die für jede Kläranlage eigens aufzustellende Betriebsanweisung ersetzen, wenn auch für die Aufstellung mancher Hinweis daraus nützlich sein wird. Zum andern kann es nicht als Ersatz für einen Klärwärter-Ausbildungskurs dienen. Es ist im Gegenteil zu hoffen, daß dieses Taschenbuch dazu beiträgt, Verständnis für die Notwendigkeit einer gründlichen Berufsausbildung unserer Klärwärter zu wecken. Möge es auch beim Laien die Vorstellung verhüten, ein Klärwärter sei jemand, der auf der Kläranlage wartet.

Erwin Stier   München, im Januar 1969

Inhalt

Impressum 2

Über dieses Buch 3

Die Autoren 4

Vorwort zur 18. Auflage.. 5

Vorwort zur 1. Auflage 6

1	**Einführung in den Gewässerschutz**	**17**
1.1	Wasserwirtschaft	17
1.2	Wasserrecht	25
1.2.1	Wasserrechtliche Bestimmungen des Bundes	25
1.2.2	Wasserrechtliche Bestimmungen der Bundesländer..	39
1.2.3	Entwässerungssatzung..	40
1.2.4	Europäische Gesetzgebung	42
1.3	Hinweise zum Fachrechnen..................................	43
1.4	Einführung in chemische Grundlagen..................	47
2	**Was ist Abwasser?**	**52**
2.1	Abwasserarten	52
2.2	Abwasseranfall...	54
2.3	Abwasserbeschaffenheit und Einwohnerwert......	57
2.3.1	Die Beschaffenheit des ungereinigten Abwassers ..	57
2.3.2	Die Beschaffenheit des gereinigten Abwassers...	63
3	**Abwasserableitung**	**64**
3.1	Aufgabe der Kanalisation.....................................	64
3.2	Mischverfahren und Trennverfahren	64
3.3	Grundstücksentwässerung	65
3.4	Bemessung von Kanälen......................................	67
3.5	Rohrmaterial, Querschnittsformen	69
3.6	Schächte, Straßenabläufe....................................	71
3.7	Sonderbauwerke	74
3.8	Instandhaltung des Kanalnetzes	82
3.8.1	Reinigung der Kanalisation..................................	84
3.8.2	Kanalinspektion	90

3.8.3	Schadenbehebung	101
3.9	Indirekteinleiterüberwachung	104
4	**Vorgänge bei der Abwasserreinigung**	**106**
4.1	Mechanische Vorgänge	108
4.2	Biologische Vorgänge	109
4.2.1	Kohlenstoffabbau	113
4.2.2	Stickstoffverminderung	113
4.2.3	Biologische Phosphorentnahme	118
4.3	Chemische Vorgänge	119
4.3.1	Grundlagen	119
4.3.2	Phosphatfällung	121
5	**Verfahrenstechnik der Abwasserreinigung**	**124**
5.1	Allgemeines	124
5.2	Mischwasserentlastung	129
5.3	Rechen, Siebe	129
5.4	Sandfang	134
5.5	Absetzbecken	139
5.6	Tropfkörper	145
5.7	Rotationstauchkörper	150
5.8	Belebungsanlagen	151
5.9	Kombinationsbecken	169
5.9.1	Emscherbecken	169
5.9.2	Kompaktbauweisen	170
5.10	Phosphatfällung	172
5.11	Naturnahe Abwasserbehandlungsverfahren	175
5.11.1	Abwasserteiche ohne technische Belüftung	179
5.11.2	Abwasserteiche mit technischer Belüftung	184
5.11.3	Abwasserteiche mit biologischen Reaktoren	185
5.11.4	Schönungsteiche	186
5.11.5	Pflanzenkläranlagen	186
5.12	Weitergehende Abwasserreinigung	189
6	**Reststoffe aus Abwasseranlagen**	**192**
6.1	Herkunft der Reststoffe	192
6.2	Reststoffe aus dem Kanalnetz	194
6.3	Reststoffe aus der Kläranlage	196
6.4	Klärschlamm	200

6.4.1	Schlammarten	200
6.4.2	Schlammverwertung	204
7	**Wie wird Schlamm behandelt?**	**215**
7.1	Grundlagen der Schlammfaulung	215
7.2	Schlammanfall und -beschaffenheit	218
7.3	Eindickung	222
7.4	Einrichtungen der Faulung	223
7.4.1	Unbeheizte Faulräume	223
7.4.2	Beheizte Faulbehälter	224
7.5	Aerobe Stabilisierung des Schlammes	229
7.6	Entwässerung in Schlammtrockenbeeten	231
7.7	Schlammstapelräume	231
7.8	Maschinelle Entwässerung	234
7.8.1	Bauarten	234
7.8.2	Rückbelastung	235
7.9	Gasanfall und Gasbehandlung	236
7.10	Trocknung, Verbrennung, Veraschung	242
8	**Maschinelle und elektrische Einrichtungen**	**249**
8.1	Allgemeines	249
8.2	Pumpen	252
8.2.1	Grundlagen	252
8.2.2	Bauarten und Auslegungsdaten	254
8.2.3	Gestaltung von Pumpensümpfen und Schächten	257
8.2.4	Betrieb und Wartung	258
8.3	Drucklufterzeuger	259
8.4	Oberflächenbelüfter, Strahlbelüfter	261
8.5	Räumvorrichtungen	262
8.6	Heizungsanlagen	264
8.7	Armaturen und Rohrleitungen	266
8.8	Elektrische Einrichtungen	268
9	**Messtechnik**	**271**
9.1	Probenahme	274
9.2	Probenvorbehandlung, Homogenisierung	280
9.3	Messung physikalischer Werte	282

9.3.1	Durchflussmessung (Wasser-, Schlamm-, Gasanfall)	282
9.3.2	Farbe, Geruch	288
9.3.3	Temperatur	289
9.3.4	Sichttiefe, Durchsichtigkeit, Trübung	290
9.3.5	Absetzbare, abfiltrierbare Stoffe, Schlammvolumen	290
9.3.6	Schlammtrockensubstanz und Schlammindex	295
9.3.7	Glühverlust GV und Glührückstand GR	298
9.4	Messung chemischer Werte	299
9.4.1	Sauerstoffgehalt	299
9.4.2	Chemischer Sauerstoffbedarf (CSB)	300
9.4.3	pH-Wert	304
9.4.4	Säurekapazität, Alkalität im Faulwasser	305
9.4.5	Stabilisierungsgrad des Schlammes	306
9.4.6	Ammonium-Stickstoff (NH_4-N)	312
9.4.7	Nitrat-Stickstoff (NO_3-N)	312
9.4.8	Nitrit-Stickstoff (NO_2-N)	313
9.4.9	Gesamtstickstoff (N_{ges}, GesN, TKN)	314
9.4.10	Phosphor (P), Ortho-Phosphat-Phosphor (PO_4-P)	315
9.5	Messung biochemischer Werte	317
9.6	Das mikroskopische Bild	322
9.6.1	Anforderungen an die Ausstattung des Mikroskops	322
9.6.2	Durchführung der mikroskopischen Untersuchung	324
9.6.3	Qualitätsbeurteilung der Biozönose	326
10	**Überwachung des Betriebs**	**329**
10.1	Allgemeines zur Betriebsüberwachung	329
10.2	Umfang der Betriebsüberwachung	331
10.3	Betriebsunterlagen	334
10.4	Messungen vor Ort und im Labor	335
10.5	Auswerten der Betriebsergebnisse	339
10.5.1	Die Führung des Betriebstagebuches	341
10.5.2	Wirtschaftlichkeit, Energiesparmöglichkeiten	348

10.5.3	Sauerstoffbedarfsstufen, Nährstoffbelastungsstufen	351
10.5.4	Abbaugrad einer Kläranlage	352
10.5.5	Fremdwasserermittlung	353
10.6	Besondere Betriebszustände	358
10.6.1	Inbetriebnahme	358
10.6.2	Stromausfall	359
10.6.3	Winterbetrieb	361
10.6.4	Öl im Kläranlagenzulauf	364
10.6.5	Gift- und pH-Wert-Stöße	366
10.6.6	Blähschlamm	366
10.6.7	Schaumbildung	369
10.6.8	Verzopfungen durch Feuchttücher	370
10.7	Instandhaltung von Außenanlagen	372
10.8	Ungeziefer	374
11	**Arbeitsschutz**	**377**
11.1	Gesetze, Arbeitssicherheitsvorschriften	377
11.2	Vollzugshinweise	379
11.3	Arbeitshygiene	381
11.3.1	Krankheitserreger	383
11.3.2	Hygienische Grundsätze	385
11.4	Unfallverhütung	390
11.4.1	Die gesetzliche Unfallverhütung	390
11.4.2	Maßnahmen zur Unfallverhütung	393
11.4.3	Erste Hilfe	400
11.4.4	Unfallanzeige	402
12	**Kläranlagenausrüstung**	**403**
13	**Personalbedarf, Aus- und Fortbildung**	**411**
Literaturverzeichnis		**419**
Stichwortverzeichnis		**421**

Häufige Kurzzeichen und Einheiten

Länge		Fläche	
µm	= Mikrometer (Tausendstel mm)	cm²	= Quadratzentimeter
mm	= Millimeter	m²	= Quadratmeter
cm	= Zentimeter	ha	= Hektar
dm	= Dezimeter	A	= Fläche (Area)
m	= Meter		
km	= Kilometer		
Rauminhalt (Volumen)		**Gewicht**	
ml	= Milliliter	mg	= Milligramm
l	= Liter	g	= Gramm
hl	= Hektoliter	kg	= Kilogramm
m³	= Kubikmeter	t	= Tonne
		dt	= Dezitonne = 100 kg
Zeit		**elektrische Einheiten**	
s	= Sekunde	W	= Watt
min	= Minute	kW	= Kilowatt (Leistung)
h	= Stunde (von lat. hora)	kWh	= Kilowattstunde (Arbeit)
d	= Tag (von lat. dies)	V	= Volt (Spannung)
a	= Jahr (von lat. annum)	A	= Ampere (Stromstärke)
		J	= Joule = 1 Ws
Druck, Spannung			
bar	= Bar		
mbar	= Millibar		
Pa	= Pascal		
hPa	= Hektopascal		
Zusammengesetzte Einheiten (Durchfluss, Volumenstrom)			
l/s	= Liter pro Sekunde		
l/min	= Liter pro Minute		
m³/h	= Kubikmeter pro Stunde		
m³/d	= Kubikmeter pro Tag		
m³/a	= Kubikmeter pro Jahr		
m/s	= Meter pro Sekunde		
cm/s	= Zentimeter pro Sekunde		
km/h	= Kilometer pro Stunde		
l/(E · d)	= Liter pro Einwohner und Tag		
m³/(E · a)	= Kubikmeter pro Einwohner und Jahr		

Einige Umrechnungen

mg/l	= Milligramm pro Liter = g/m³
g/m³	= Gramm pro Kubikmeter = mg/l
g/l	= Gramm pro Liter
ml/l	= Milliliter pro Liter
ml/g	= Milliliter pro Gramm (z.B. für Schlammindex)
kg/d	= Kilogramm pro Tag
kg/dm³	= Dichteeinheit (früher: spezifisches Gewicht)
1 km	= 1 000 m
1 m	= 1 000 mm = 100 cm = 10 dm = 0,001 km
1 cm	= 10 mm = 0,01 m
1 ha	= 10 000 m² = 100 ar
1 km²	= 100 ha
1 t	= 1 Mg (neu) = 1 000 kg = 1 000 000 g
1 kg	= 1 000 g = 1 000 000 mg
1 g	= 1 000 mg = 0,001 kg
1 m³	= 1 000 l
1 l	= 1 000 ml = 0,001 m³
1 ml	= 0,001 l
1 m³/s	= 1 000 l/s
1 m³/h	= 0,28 l/s
1 l/s	= 3,6 m³/h
1 mg/l	= 1 g/m³
1 km/h	= 0,28 m/s
1 kW	= 1,36 PS (PS = seit 1978 nicht mehr zulässig)
1 J	= 0,238 cal (cal = seit 1978 nicht mehr zulässig)
1 bar	= 100 000 Pa = 1.000 hPa
1 mbar	= 1 hPa

Sonstige Einheiten, Kurzzeichen und Gesetze

<	= kleiner als
>	= größer als
E	= Einheit für EZ, EW, EGW
EZ	= Einwohner (Einwohnerzahl)
EW	= Einwohnerwert = EZ + EGW
EGW	= Einwohnergleichwert (Vergleichszahl für Industrie)
EWS	= Entwässerungssatzung
z.A.	= zur Analyse
DN	= Durchmesser-Nennweite (Rohrleitungen)

Ø	= Durchmesser
°C	= Grad Celsius
K	= Kelvin (= 273 +°C)
DIN	= Deutsche Industrie-Norm
EN	= Europa-Norm
DWA	= Deutsche Vereinigung für Wasserwirtschaft, Abwasser und Abfall e. V.
ATV	= Abwassertechnische Vereinigung e. V.
DVWK	= Deutscher Verband für Wasserwirtschaft und Kulturbau e. V.
DVGW	= Deutscher Verein für das Gas- und Wasserfach e. V.
AbfKlärV	= Klärschlammverordnung
ArbMedVV	= Arbeitsmedizinische Vorsorgevorschrift
AbwAG	= Abwasserabgabengesetz
AbwV	= Abwasserverordnung
a.a.R.d.T.	= allgemein anerkannte Regel der Technik
ArbStättV	= Arbeitsstättenverordnung
ArbSchG	= Arbeitsschutzgesetz
BBiG	= Berufsbildungsgesetz
BetrSichV	= Betriebssicherheitsverordnung
BioAbfV	= Bioabfallverordnung
BioStoffV	= Biostoffverordnung
BMT	= Bundesmanteltarif
DüngG	= Düngegesetz
DüMV	= Düngemittelverordnung
DüV	= Düngeverordnung
GefStoffV	= Gefahrstoffverordnung
IfSG	= Infektionsschutzgesetz
KrwG	= Kreislaufwirtschaftsgesetz
ProdSG	= Produktsicherheitsgesetz
TASi	= TA Siedlungsabfall (Technische Anleitung zur Verwertung, Behandlung und sonstiger Entsorgung von Siedlungsabfällen)
UVPG	= Gesetz über die Umweltverträglichkeitsprüfung
UVV	= Unfallverhütungsvorschriften
WHG	= Wasserhaushaltsgesetz
WRRL	= Wasserrahmenrichtlinie
[1]	= zugehörige Nummer im Literaturverzeichnis

Chemische Symbole siehe Kapitel 1.4 „Einführung in Chemische Grundlagen".

1 Einführung in den Gewässerschutz

Das wichtigste Lebensmittel für den Menschen ist das Wasser. Nur wenn Flüsse, Seen und Grundwasser sauber sind, steht Wasser in brauchbarer Qualität und ausreichender Menge zur Verfügung, um Mensch und Tier, aber auch die Industrie mit Trinkwasser zu versorgen. Alle Maßnahmen, die zur Reinhaltung der Gewässer beitragen, gehören zum Gewässerschutz. Dieser Bereich ist damit ein wichtiger Teil des Umweltschutzes.

Es gibt einen aktiven und einen passiven Gewässerschutz. Unter passiv sind vorbeugende Maßnahmen bei der Ablagerung von Abfällen oder bei der Lagerung von Heizöl zu verstehen.

Zum aktiven Teil des Gewässerschutzes gehören Abwasserableitung und -reinigung, also Kanäle und Kläranlagen. Das Betriebspersonal von Abwasseranlagen hat deshalb eine besonders wichtige Aufgabe im Rahmen des technischen Umweltschutzes.

1.1 Wasserwirtschaft

Wasserkreislauf

Das Wasser durchläuft in der Natur einen Kreislauf. Etwa die Hälfte des durch Regen und Schnee (Jahresniederschlag in mm-Höhe, Bild 1.1) auf die Erde kommenden Wassers verdunstet wieder, die andere Hälfte fließt in offene Gewässer oder versickert im Grundwasser. Rund 20 % davon wird in Deutschland als Trinkwasser verwendet. Es gelangt dann als Abwasser wieder in die Flüsse und schließlich zum Meer. Das verdunstete Wasser bildet Wolken, die wieder zu Niederschlag führen, der Kreislauf beginnt von vorne.

Nicht jeder Wassertropfen durchläuft den gesamten Kreislauf. Besonders in dicht besiedelten Gebieten wird das Wasser teilweise mehrmals verwendet, nachdem es vorher immer wieder gereinigt und je nach Verwendungszweck aufbereitet wurde.

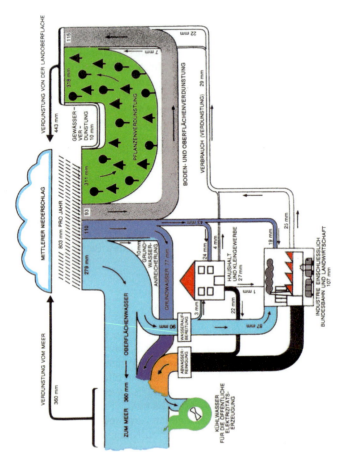

Bild 1.1: Der Wasserkreislauf in der Natur

Wassernutzung und Wassergütewirtschaft

Der Mensch benutzt das Wasser auf verschiedene Art und Weise. Wie selbstverständlich steht es zur Verfügung, z. B. als

Wasserkraft zur Energiegewinnung, in der Landwirtschaft zur Bewässerung, zur Schifffahrt, bei allen Wassersportarten, zur Fischerei, zur Herstellung von Lebensmitteln, zur Beseitigung von Schmutz, zur Körperreinigung sowie als Trinkwasser.

Seit über die Klimaveränderung und ihre Folgen diskutiert wird, mehren sich die Befürchtungen, dass Wasser einmal knapp werden könnte. Und das ist durchaus begründet. Nach einem Bericht der Weltgesundheitsorganisation (WHO) und von UNICEF (Kinderhilfswerk der Vereinten Nationen) hatten 2,1 Milliarden Menschen im Jahr 2017 keinen Zugang zu sauberem Trinkwasser. Täglich sterben mehr als 4 000 Menschen an verschmutztem Wasser.

Um allen Bedürfnissen auch in Zukunft gerecht zu werden, sind alle Nutzungen aufeinander abzustimmen. Dabei ist es unerlässlich, in diese Bilanzierung auch das Wasserangebot innerhalb des natürlichen Wasserhaushaltes einzubeziehen. Dies ist Aufgabe der Wasserwirtschaft. Die *Gewässergütewirtschaft* befasst sich damit, den Anforderungen an die Wasserqualität gerecht zu werden. Dazu gehören alle Maßnahmen, mit denen die verschiedenen Nutzungen, ihre Auswirkungen und die Gewässergüte in Einklang gebracht werden.

Die höchsten Ansprüche an die Reinheit des Wassers, besonders in hygienischer Hinsicht, hat die Nutzung als Trinkwasser. Hier ist jedes Wasser einzubeziehen, das für den direkten menschlichen Bedarf vorgesehen ist, z. B. zur Herstellung von Getränken, zum Zähneputzen, Duschen, Kochen oder Geschirrspülen.

Trinkwasser wird über zentrale Wasserversorgungsanlagen bereitgestellt. Dazu gehören Einrichtungen zur Wassergewinnung, z. B. Quellfassungen, Brunnen oder Trinkwassertalsperren sowie die Verteilung in Rohrleitungsnetzen. Das Zusammenschließen von Versorgungsnetzen zu Verbundsystemen (Fernwasserversorgung) wird, ähnlich der Stromversorgung, immer umfassender. Der Vorteil dabei ist die größere Sicherheit, sich in Notfällen gegenseitig aushelfen zu können.

Mehr als 70 % des Trinkwassers werden in Deutschland aus dem Grundwasser gewonnen. Es ist von der Natur besser gegen Verunreinigungen geschützt als Oberflächenwasser aus Bächen, Flüssen und Seen. Die knapper werdenden Trinkwasservorkommen zwingen allerdings dazu, immer mehr Trinkwasser aus Oberflächenwasser zu gewinnen. Das sind aber auch die Gewässer, in die oft Abwasser eingeleitet wird. Hier wird die Wichtigkeit der Abwasserreinigung für die Gewässergütewirtschaft besonders deutlich.

Wasserverbrauch

Je Einwohner wird mit einem Wasserverbrauch von 150 – 200 Liter je Tag gerechnet, wobei darin der Wasserverbrauch des ortsüblichen Gewerbes berücksichtigt ist. Der gesamte Wasserverbrauch der Industrie ist fast doppelt so groß, wie der für den menschlichen Bedarf.

Der tatsächliche durchschnittliche Wasserverbrauch pro Person hat sich in Deutschland wie folgt entwickelt:

Jahr	1950	1960	1970	1980	1990	2000	2010	2015
l/(E · d)	85	92	92	118	145	129	126	121

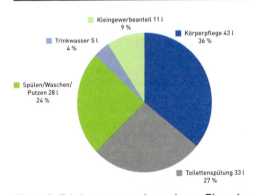

Bild 1.2: Trinkwasserverbrauch pro Einwohner (121 l/Tag)
(Quelle: BDEW)

In gleichem Maß hat sich auch der Abwasseranfall verändert. Die abnehmende Tendenz ist auf das gestiegene Umweltbewusstsein der Bürger zurückzuführen, aber auch auf die gestiegenen Kosten bei der Trinkwasserver- und Abwasserentsorgung. Des Weiteren trägt auch die Verwendung von gesammeltem Regenwasser für das Bewässern des Gartens verstärkt dazu bei.

Die Herstellung dieser Produkte erfordert einen Wasserverbrauch von [in Litern]			
1 Blatt DIN-A4-Papier	10	Milch 1 l	1.000
Tomate 70 g	13	Hamburger 150 g	2.400
Scheibe Weizenbrot 30 g	40	Reis 1 kg	3.400
Wein 125 ml	12	Käse 1 kg	5.000
Tasse Kaffee 125 ml	140	1 Paar Lederschuhe	8.000
Bier 500 ml	150	Rindfleisch 1 kg	1.500
Orangensaft 200 ml	170	1 PC	über 20.000
Apfel 1 kg	700	Kakao 1 kg	27.000
Banane 1 kg	860	1 Pkw	bis zu 400.000

Bei den Zahlen zur Herstellung der oben genannten Produkte ist nur der Wasserverbrauch bei der Verarbeitung des Produktes berücksichtigt.

Der *virtuelle* Wasserverbrauch liegt bei 4.000 l/(E · d). Das ist der Wasserverbrauch, der zur Erzeugung der Produkte aufgewendet wird, die ein Einwohner durchschnittlich täglich benötigt.

Bild 1.3: Beispiele für den virtuellen Wasserverbrauch (Quelle: WWF)

Selbstreinigungsvermögen der Gewässer

Jedes durch organische Stoffe verunreinigte Gewässer wird nach einiger Zeit wieder sauber, wenn ihm nicht weitere Schmutzstoffe zugeführt werden. Man nennt diesen Prozess Selbstreinigung. Bewirkt wird er fast ausschließlich durch die darin vorhandenen Kleinlebewesen (Mikroorganismen). Vor allem Bakterien und tierische Einzeller nehmen die organischen Schmutzstoffe als Nahrung auf. Sie gewinnen dadurch Energie für ihre Lebensvorgänge und verwandeln sie dabei in körpereigene Substanz und in andere Stoffe, wie Kohlendioxid, Wasser und Mineralien. Die Bakterien wachsen und vermehren sich dabei, werden wieder von größeren tierischen Lebewesen gefressen usw., bis als größtes Tier im Wasser der Fisch die Nahrungskette schließt. Alle diese Lebewesen brauchen zu ihrer Existenz Sauerstoff, der im Wasser in begrenzter Menge gelöst zur Verfügung steht. Im sauberen Gewässer sind dies etwa 8 – 10 mg O_2/l.

Bild 1.4: Ein gesundes sauerstoffreiches Gewässer

Wird ein Gewässer durch Abwassereinleitungen belastet, nimmt die Zahl der Bakterien durch das vermehrte Nahrungsangebot, besonders bei wärmeren Temperaturen, außerordentlich zu. Dies hat zur Folge, dass der Sauerstoff bald verzehrt ist und bis auf Null sinken kann. Lebende und abgestorbene Bakterien in Flocken trüben das Wasser, treiben ab und sinken schließlich als faulender Schlamm zu Boden. Auftreibende Schlammfladen und Gasblasen sind untrügliche Zeichen für Sauerstoffarmut. Hier haben Fische längst vergeblich nach Luft geschnappt und sind verendet. Sie brauchen einen Sauerstoffgehalt von mindestens 2 bis 4 mg/l, anspruchsvollere 5 bis 6, um leben zu können. Durch die Überbelastung ist der geruchlose Abbau unterbrochen, das weiter zugeführte Abwasser wandert mit seinen Schmutzstoffen flussabwärts.

Das Entstehen und Vermehren der Bakterien geht sehr schnell vor sich. Aber der gesamte Abbauvorgang in fließenden Gewässern dauert viele Stunden bis zu mehreren Tagen. Dieser Vorgang erstreckt sich über viele Kilometer im Fluss. In stehenden Gewässern, wie Seen und Stauhaltungen oder im Grundwasser dauert der Abbauvorgang noch viel länger.

Das Selbstreinigungsvermögen eines Gewässers wird durch viele Faktoren beeinflusst. Die Wesentlichsten sind Wasserführung, Fließgeschwindigkeit, Wassertiefe, Temperatur, Sauerstoffhaushalt (Eintrag und Verbrauch), Art und Menge der zugeführten Schmutzstoffe.

Bild 1.5: Plastik, muss das sein?

Die Einflüsse der Rückstände von Arzneimitteln und der Mikroschadstoffe im Abwasser lassen sich nur mit sehr großen Aufwendungen in Klärwerken entfernen; die Auswirkungen auf die Gewässerökologie sind deutlich erkennbar. Auf dem Bild 1.5 sind die offensichtlichen Auswirkungen der modernen Wegwerfgesellschaft zu erkennen.

In den vergangenen Jahrzehnten wurde in Deutschland die Abwasserreinigung deutlich verbessert, die Gewässer sind wesentlich sauberer geworden. In Zeiten niedriger Wasserführung, wie den Sommermonaten, ist die Belastbarkeit von Gewässern wegen des ungünstigen Verhältnisses von Wasserabfluss zu Schadstoffeinleitungen viel geringer.

Bild 1.6: Regenwassereinleitung

Das heißt für das Betriebspersonal, dass es dann die Reinigung des Abwassers besonders sorgfältig überwachen muss. Der Sauerstoffgehalt des Wassers sinkt einerseits bei höheren Temperaturen, andererseits aber produzieren Wasserpflanzen, z. B. Algen, bei Sonnenlicht Sauerstoff (Fotosynthese) und vergrößern den O_2-Gehalt. Ein schnell fließender, seichter Bach nimmt durch die sich ständig erneuernde Oberfläche mehr Sauerstoff aus der Luft auf.

Nur Gewässer mit einem intakten Selbstreinigungsvermögen sind sauber und bleiben gesund. Es wäre verfehlt anzunehmen, dass man mit Hilfe eines Faustwertes (je l/s Niedrigwasser) errechnen kann, wie viele Einwohner aus einer Ortschaft ihr Abwasser in ein Gewässer einleiten dürfen. Dazu muss ein Flusslauf insgesamt betrachtet und bilanziert werden, da es viele Einleiter geben kann. Ein weiterer Einfluss auf Gewässer ist Regenwasser das über Regenentlastungen große Schmutzmengen zuführt.

Eine weitere Belastung der Gewässer sind Nähr- bzw. Düngestoffe, wie Phosphat und Stickstoff, die von der Landwirtschaft auf Felder ausgebracht werden. Werden sie nicht von Pflanzen aufgenommen, können sie durch Regen oder Schneeschmelze ins Gewässer abgeschwemmt werden.

Als Grundsatz gilt, dass Abwasser soweit als technisch möglich vor der Einleitung zu reinigen ist. Nur auf diese Weise kann es gelingen, die Schmutzbelastung eines Flussgebietes insgesamt möglichst gering zu halten. Dazu gehören auch die Menschen, die verantwortungsvoll Schmutz- und Schadstoffe schon am Anfallort zurückhalten und erst gar nicht in das Abwasser geben. Dies gilt vor allem im Haushalt (z. B. Verminderung des Waschmittelverbrauches, Wattestäbchen und Feuchttücher u. Ä. in Abfalleimer), im Betrieb (z. B. Rückhaltung von Abfallsäuren aus Fotolabors oder von Cadmium in Galvanisierbetrieben u. Ä.), und in der Landwirtschaft (z. B. Gülle, Silosickersäfte).

1.2 Wasserrecht

1.2.1 Wasserrechtliche Bestimmungen des Bundes

Wasserhaushaltsgesetz (WHG). Der erste bundeseinheitliche rechtliche Rahmen zur Ordnung des Wasserhaushaltes wurde 1957 geschaffen. Dabei wurde den Bundesländern ein großer Gestaltungsspielraum überlassen.

Mit dem WHG vom 31.07.2009 wurde eine umfassende Neuregelung geschaffen. Denn das bisherige Rahmenrecht des Bundes wurde durch Vollregelungen ersetzt. Mit konkreten Festlegungen verpflichtet das Gesetz die Länder zu einem einheitlichen Vollzug. Das WHG umfasst die Bewirtschaftung der oberirdischen Gewässer, der Küstengewässer und des Grundwassers. Besondere wasserwirtschaftliche Bestimmungen regeln den Umgang mit dem Wasser; dazu gehören vor allem die Bereiche Wasserversorgung, Abwasserbeseitigung, wassergefährdende Stoffe, Gewässerausbau und Hochwasserschutz. Ferner umfasst das Gesetz Regelungen über Entschädigungen, zum Bußgeld und zur Gewässeraufsicht.

Zweck

Im **§ 1 WHG** wird hervorgehoben, dass durch eine nachhaltige Gewässerbewirtschaftung die Gewässer als Bestandteil des Naturhaushalts, als Lebensgrundlage des Menschen, als Lebensraum für Tiere und Pflanzen sowie als nutzbares Gut zu schützen sind. Nach **§ 5 WHG** ist jede Person verpflichtet, eine Verunreinigung des Wassers zu vermeiden. Demnach ist auch jede Abwasseranlage so zu betreiben, dass der bestmögliche Reinigungseffekt erzielt wird.

Wasserbenutzung und wasserrechtliche Genehmigung

Gemäß **§ 8 WHG** ist für alle wesentlichen Benutzungen eine behördliche Erlaubnis oder Bewilligung notwendig. Dazu gehört auch das „Einleiten von Stoffen", z. B. Abwasser (**§ 9 WHG**). Die Erlaubnis dafür wird unter Inhalts- und Nebenbestimmungen erteilt (**§ 13 WHG**), um sicherzustellen, dass keine nachteiligen Veränderungen der Gewässereigenschaften zu erwarten sind. Wer eine Einleitungserlaubnis beantragt, legt gleichzeitig bei der Genehmigungsbehörde eine Planung der Anlagen vor. Diese wird i.d.R. von einem Ingenieurbüro gefertigt. Die Behörde schaltet einen Sachverständigen ein und erlässt einen Wasserrechtsbescheid, in dem die Einleitung nach Art und Maß widerruflich und befristet erlaubt wird. Darin werden u. a. einzuhaltende Werte im Ablauf festgelegt für

- Wasserdurchfluss, z. B. m^3/h und m^3/d,
- Jahresschmutzwassermenge,
- pH-Wert, z. B. nicht unter 6,5 und nicht über 9,0,
- BSB_5, CSB, NH_4-N, N_{ges} und P_{ges},

Meistens wird weiterhin auferlegt:

- ausgebildetes Betriebspersonal zu beschäftigen,
- Anfertigung einer Dienst- und Betriebsanweisung,
- Häufigkeit und Art bestimmter Untersuchungen und Messungen zur eigenverantwortlichen Überwachung des Kläranlagenbetriebes, z. B. pH-Wert, Durchsichtigkeit, Fäulnisfähigkeit, BSB_5, CSB, NH_4-N, NO_3-N, N_{ges}, P_{ges},

1 Einführung in den Gewässerschutz

- Führung eines Betriebstagebuches,
- Beschaffung der für Betrieb und Wartung notwendigen Geräte,
- Bestellung eines Gewässerschutzbeauftragten (ab einer Einleitung von mehr als 750 m³/d),
- Erlass einer Entwässerungssatzung.

Der Wasserrechtsbescheid muss in jeder Kläranlage aufliegen!

Einleiten von Abwasser in ein Gewässer

Nach **§ 57 WHG** darf Abwasser nur eingeleitet werden, wenn Menge und Schädlichkeit so gering gehalten werden, wie dies bei Einhaltung der jeweils in Betracht kommenden Verfahren nach dem Stand der Technik möglich ist. Die Anforderungswerte können nach § 23 Abs. 1 Nr. 3 WHG in einer Rechtsverordnung des Bundes festgelegt werden (AbwV). Diese schreibt den Behörden vor, welche Ablaufwerte bundeseinheitlich mindestens in den Wasserrechtsbescheiden verlangt werden müssen.

Pflicht zur Abwasserbeseitigung

Abwasserbeseitigung im Sinne dieses Gesetzes umfasst das Sammeln, Fortleiten, Behandeln, Einleiten, Versickern, Verregnen und Verrieseln von Abwasser sowie das Entwässern von Klärschlamm in Zusammenhang mit der Abwasserbeseitigung (**§ 54 WHG**).

Nach **§ 60 WHG** sind Abwasseranlagen so zu errichten, zu betreiben und zu unterhalten, dass die Anforderungen an die Abwasserbeseitigung eingehalten werden und den allgemein anerkannten Regeln der Technik entsprechen.

Zur Selbstüberwachung nach **§ 61 WHG** ist jeder verpflichtet, der Abwasser in ein Gewässer oder in eine Abwasseranlage einleitet. Dazu ist das Abwasser durch fachkundiges Personal zu untersuchen oder untersuchen zu lassen. Über das Ergebnis der Untersuchungen sind Aufzeichnungen anzufertigen. Diese beinhalten den Zustand, die Funktionsfähigkeit, die Unterhaltung und den Betrieb sowie Art und Menge des Abwassers und der Abwasserinhaltsstoffe.

Abwasseranlagen sind unter Berücksichtigung der Benutzungsbedingungen und Auflagen (Wasserrechtsbescheid) für das Einleiten von Abwasser nach dem Stand der Technik zu errichten und zu betreiben. Als Stand der Technik gilt, was bereits in einigen Anlagen mit Erfolg durchgeführt wird. Die Veröffentlichungen des DWA-Regelwerkes [1] und die DIN-, DIN-EN-Normen [21] liefern dafür Grundlagen.

Gewässeraufsicht

Nach § 101 WHG ist die Gewässeraufsicht befugt, den Betrieb der Abwasseranlagen zu überwachen, technische Ermittlungen und Prüfungen vorzunehmen. Die zuständige Behörde ordnet Maßnahmen an, die notwendig sind, um Beeinträchtigungen des Wasserhaushalts zu vermeiden oder zu beseitigen.

Bestellung von Gewässerschutzbeauftragten (§ 64 WHG)

Gewässerbenutzer, die an einem Tag mehr als 750 m³ Abwasser einleiten, müssen einen Betriebsbeauftragten für Gewässerschutz schriftlich bestellen. Dies betrifft alle Gemeinden ab etwa 5.000 Einwohner. Wird im Mischsystem entwässert, werden i.d.R. bereits ab 3.000 Einwohner mehr als 750 m³/d Abwasser eingeleitet. Der Gewässerschutzbeauftragte ist berechtigt und verpflichtet:

1. die Einhaltung von Vorschriften im Interesse des Gewässerschutzes zu überwachen. Dazu kann er die Funktionsfähigkeit der Abwasseranlagen, den ordnungsgemäßen Betrieb sowie die Wartung, Messungen und Aufzeichnungen kontrollieren. Er hat dem Unternehmensträger Mängel mitzuteilen und Maßnahmen zu ihrer Beseitigung vorzuschlagen,

2. auf die Anwendung geeigneter Abwasserbehandlungsverfahren einschließlich der Verfahren zur Entsorgung der Reststoffe hinzuwirken,

3. auf die Entwicklung und Einführung von
   a) innerbetrieblichen Verfahren zur Vermeidung oder Verminderung des Abwasseranfalls nach Art und Menge und
   b) umweltfreundlichen Produktionen hinzuwirken,

4. die Betriebsangehörigen über die in dem Betrieb verursachten Gewässerbelastungen sowie über die Einrichtungen und Maßnahmen zu ihrer Verhinderung unter Berücksichtigung der wasserrechtlichen Vorschriften aufzuklären.

Der Gewässerschutzbeauftragte erstattet dem Unternehmensträger jährlich einen Bericht über die getroffenen und beabsichtigten Maßnahmen. Bei diesen Aufgaben liegt es nahe, dass der Betriebsleiter einer Kläranlage nicht gleichzeitig auch Gewässerschutzbeauftragter sein kann.

Haftung

Werden Schäden durch die Abwassereinleitung verursacht, z. B. Fischsterben, so haftet der Unternehmensträger der Einleitung (bei Kommunen ist das der Bürgermeister) dafür, ohne Rücksicht auf Verschulden (Gefährdungshaftung, **§ 89 WHG**). Es ist gleichgültig, ob der Schaden vorsätzlich, d. h. im Bewusstsein einer rechtswidrigen Handlung, oder fahrlässig, d. h. durch Vernachlässigung der erforderlichen Sorgfalt, oder nicht einmal fahrlässig, entstanden ist. Der Unternehmensträger kann aber im Rückgriff einen Mitarbeiter (Vorsatz, Fahrlässigkeit) haftbar machen, z. B. wenn er seine Anlage nicht richtig oder nachlässig betreibt. Was richtig und notwendig ist, wird in der Betriebsanweisung festgelegt. Sie wird meist von einem Abwassertechniker aufgestellt, vom Dienstvorgesetzten in Kraft gesetzt und muss in der Kläranlage ausliegen. Den richtigen Betrieb weist das Betriebspersonal durch ein gewissenhaft geführtes Betriebstagebuch nach.

Das Betriebstagebuch ist sowohl für den Unternehmensträger, als auch für das Personal eine wichtige Urkunde!

Ein Zutritt zu den Abwasseranlagen ist, abgesehen von Angehörigen einer Überwachungsbehörde mit Ausweis, betriebsfremden Personen nur mit Genehmigung des Unternehmensträgers zu gestatten. Eine von einem Besucher unterzeichnete Haftungserklärung kann zweckmäßig sein.

Straf- und Bußgeldvorschriften

a) Straftaten gegen den Umweltschutz werden im Strafgesetzbuch (StGB) geregelt. Einschlägig für den Straftatbestand der Gewässerverunreinigung sind die §§ 324 und 330 StGB. So ist im § 324 „Gewässerverunreinigung" bestimmt, wer unbefugt ein Gewässer verunreinigt, wird mit Freiheitsstrafe bis zu 5 Jahren, bei Fahrlässigkeit bis zu 2 Jahren, oder mit Geldstrafe bestraft. In § 330 ist die Bestrafung schwerer Umweltvergehen im Einzelnen geregelt, u. a. die Gewässerverunreinigung mit Freiheitsstrafen von 3 Monaten bis zu 10 Jahren.

b) Ordnungswidrigkeiten (**§ 103 WHG**) können mit Geldbußen bis zu 50.000 € geahndet werden. Als solche gelten Handlungen, wie z. B. unbefugtes Einleiten von Abwasser oder Nichtbefolgen von wasserrechtlichen Auflagen, auch wenn keine schädliche Verunreinigung verursacht wird. Auch falsche oder mangelhafte Bedienung einer Kläranlage gehört hierzu.

Durch sorgfältigen Betrieb nach Betriebsanweisung und korrekter Führung des Betriebstagebuches schützt das Personal sich und den Unternehmensträger nicht nur vor ungerechtfertigten Schadenersatzansprüchen, sondern auch vor Strafen!

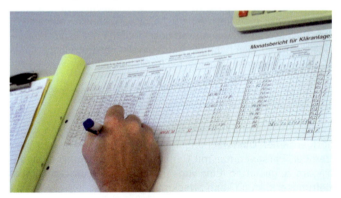

Bild 1.7: Das Betriebstagebuch ist ein Dokument

Verordnung über Anforderungen an das Einleiten von Abwasser in Gewässer (Abwasserverordnung - AbwV)

Vom 17. Juni 2004
letzte Änderung vom 29. März 2017

§ 1 Anwendungsbereich

(1) Diese Verordnung bestimmt die Mindestanforderungen für das Einleiten von Abwasser in Gewässer aus den in den Anhängen bestimmten Herkunftsbereichen sowie Anforderungen an die Errichtung, den Betrieb und die Benutzung von Abwasseranlagen.

(2) Die allgemeinen Anforderungen dieser Verordnung, die in den Anhängen genannten Betreiberpflichten und die in den Anhängen gekennzeichneten Emissionsgrenzwerte sind vom Einleiter einzuhalten, soweit nicht weitergehende Anforderungen in der wasserrechtlichen Zulassung für das Einleiten von Abwasser festgelegt sind. Die übrigen Anforderungen der Anhänge dieser Verordnung sind bei der Erteilung einer wasserrechtlichen Zulassung für das Einleiten von Abwasser festzusetzen. Anforderungen sind in die wasserrechtliche Zulassung nur für diejenigen Parameter aufzunehmen, die im Abwasser zu erwarten sind.

(3) Weitergehende Anforderungen nach anderen Rechtsvorschriften bleiben unberührt.

§ 2 Begriffsbestimmungen

Im Sinne dieser Verordnung ist:

1. Stichprobe eine einmalige Probenahme aus einem Abwasserstrom;

2. Mischprobe eine Probe, die in einem bestimmten Zeitraum kontinuierlich entnommen wird, oder eine Probe aus mehreren Proben, die in einem bestimmten Zeitraum kontinuierlich oder diskontinuierlich entnommen und gemischt werden;

3. qualifizierte Stichprobe eine Mischprobe aus mindestens fünf Stichproben, die in einem Zeitraum von höchstens zwei Stunden im Abstand von nicht weniger als zwei Minuten entnommen und gemischt werden;

4. produktionsspezifischer Frachtwert der Frachtwert (zum Beispiel m³/t, g/t, kg/t), der sich auf die der wasserrechtlichen Zulassung zugrunde liegende Produktionskapazität bezieht;

5. Ort des Anfalls der Ort, an dem Abwasser vor der Vermischung mit anderem Abwasser behandelt worden ist, sonst an dem es erstmalig gefasst wird;

6. Vermischung die Zusammenführung von Abwasserströmen unterschiedlicher Herkunft;

7. Parameter eine chemische, physikalische oder biologische Messgröße, die in der Anlage 1 aufgeführt ist;

8. Mischungsrechnung die Errechnung einer zulässigen Fracht oder Konzentration, die sich aus den die einzelnen Abwasserströme betreffenden Anforderungen dieser Verordnung ergibt.

9. betriebliches Abwasserkataster die Dokumentation derjenigen Grunddaten und Verfahren eines Betriebes oder mehrerer an einem Standort zusammengefasster Betriebe, die Einfluss auf die Menge und die Beschaffenheit des Abwassers sowie die damit verbundenen Umweltaspekte haben;

10. Betriebstagebuch die Dokumentation aller betrieblichen und anlagenbezogenen Daten der Selbstüberwachung und Wartung, die zur betrieblichen Kontrolle, Steuerung und Regelung der Abwasseranlagen und zur Überprüfung der Einhaltung der Anforderungen dieser Verordnung und der wasserrechtlichen Zulassung erforderlich sind;

11. Jahresbericht eine Kurzfassung der wichtigsten Informationen zur Abwassersituation des Betriebes sowie eine Zusammenfassung und Auswertung der innerhalb eines Jahres fortlaufend dokumentierten Daten, die zur Überprüfung der Einhaltung der Anforderungen dieser Verordnung und der wasserrechtlichen Zulassung erforderlich sind.

§ 3 Allgemeine Anforderungen

(1) Soweit in den Anhängen nichts anderes bestimmt ist, darf Abwasser in Gewässer nur eingeleitet werden, wenn die Schadstofffracht so gering gehalten wird, wie dies nach Prüfung der Verhältnisse im Einzelfall möglich ist, durch

1. den Einsatz Wasser sparender Verfahren bei Wasch- und Reinigungsvorgängen,
2. die Indirektkühlung,
3. den Einsatz von schadstoffarmen Betriebs- und Hilfsstoffen sowie
4. die prozessintegrierte Rückführung von Stoffen.

Soweit in den Anhängen nichts anderes bestimmt ist, ist die Einhaltung der Anforderungen nach Satz 1 durch ein betriebliches Abwasserkataster, durch ein Betriebstagebuch oder in anderer geeigneter Weise zu dokumentieren. Die Inhalte des betrieblichen Abwasserkatasters und des Betriebstagebuches können auf vorhandene Dokumentationen Bezug nehmen. Betreiber von Anlagen im Sinne des § 1 Absatz 3 der Industriekläranlagen-Zulassungs- und Überwachungsverordnung vom 2. Mai 2013 (BGBl. I S. 973, 1011, 3756), die durch Artikel 321 der Verordnung vom 31. August 2015 (BGBl. I S. 1474) geändert worden ist, müssen über die Anforderungen des Satzes 2 hinaus entsprechend den Anforderungen in Teil H der branchenspezifischen Anhänge eines Jahresberichtes erstellen. Die Inhalte des betrieblichen Abwasserkatasters, des Betriebstagebuchs und des Jahresberichtes werden in der Anlage 2 bestimmt.

(2) Die Anforderungen dieser Verordnung dürfen nicht durch Verfahren erreicht werden, bei denen Umweltbelastungen in andere Umweltmedien wie Luft oder Boden entgegen dem Stand der Technik verlagert werden. Der Chemikalieneinsatz, die Abluftemissionen und die Menge des anfallenden Schlammes sind so gering wie möglich zu halten.

(3) Als Konzentrationswerte festgelegte Anforderungen dürfen nicht entgegen dem Stand der Technik durch Verdünnung erreicht werden.

(4) Sind Anforderungen vor der Vermischung festgelegt, ist eine Vermischung zum Zwecke der gemeinsamen Behandlung zulässig, wenn insgesamt mindestens die gleiche Verminderung der Schadstofffracht je Parameter wie bei getrennter Einhaltung der jeweiligen Anforderungen erreicht wird.

1 Einführung in den Gewässerschutz

(5) Sind Anforderungen für den Ort des Anfalls von Abwasser festgelegt, ist eine Vermischung erst zulässig, wenn diese Anforderungen eingehalten werden.

(6) Werden Abwasserströme, für die unterschiedliche Anforderungen gelten, gemeinsam eingeleitet, ist für jeden Parameter die jeweils maßgebende Anforderung durch Mischungsrechnung zu ermitteln und in der wasserrechtlichen Zulassung festzulegen. Sind in den anzuwendenden Anhängen Anforderungen an den Ort des Anfalls des Abwassers oder vor der Vermischung gestellt, bleiben Absätze 4 und 5 unberührt.

§ 4 Analysen- und Messverfahren

(1) Die Anforderungen in den Anhängen beziehen sich auf die Analysen- und Messverfahren gemäß der Anlage 1. Die in der Anlage 1 und den Anhängen genannten Deutschen Einheitsverfahren zur Wasser-, Abwasser- und Schlammuntersuchung, DIN-, DIN-EN- und DIN-EN-ISO-Normen und technischen Regeln der Wasserchemischen Gesellschaft werden vom Beuth Verlag GmbH, Berlin, und von der Wasserchemischen Gesellschaft in der Gesellschaft Deutscher Chemiker, Wiley-VCH Verlag, Weinheim (Bergstraße), herausgegeben. Die genannten Verfahrensvorschriften sind beim Deutschen Patentamt in München archivmäßig gesichert niedergelegt.

(2) In der wasserrechtlichen Zulassung können andere, gleichwertige Verfahren festgesetzt werden.

§ 5 Bezugspunkt der Anforderungen

Die Anforderungen beziehen sich auf die Stelle, an der das Abwasser in das Gewässer eingeleitet wird, und, soweit in den Anhängen zu dieser Verordnung bestimmt, auch auf den Ort des Anfalls des Abwassers oder den Ort vor seiner Vermischung. Der Einleitungsstelle steht der Ablauf der Abwasseranlage, in der das Abwasser letztmalig behandelt wird, gleich. Ort vor der Vermischung ist auch die Einleitungsstelle in eine öffentliche Abwasseranlage.

§ 6 Einhaltung der Anforderungen

(1) Ist ein nach dieser Verordnung einzuhaltender oder in der wasserrechtlichen Zulassung festgesetzter Wert nach dem Ergebnis einer Überprüfung im Rahmen der staatlichen Überwachung nicht eingehalten, gilt er dennoch als eingehalten, wenn die Ergebnisse dieser und der vier vorausgegangenen staatlichen Überprüfungen in vier Fällen den Wert nicht überschreiten und kein Ergebnis den Wert um mehr als 100 Prozent übersteigt. Überprüfungen, die länger als drei Jahre zurückliegen, bleiben unberücksichtigt.

(2) Für die Einhaltung eines nach dieser Verordnung einzuhaltenden oder in der wasserrechtlichen Zulassung festgesetzten Wertes ist die Zahl der in der Verfahrensvorschrift genannten signifikanten Stellen des zugehörigen Analysen- und Messverfahrens zur Bestimmung des jeweiligen Parameters gemäß der Anlage 1 zu § 4 (Analysen- und Messverfahren), mindestens jedoch zwei signifikante Stellen, mit Ausnahme der Werte für die Verdünnungsstufen, maßgebend. Die in den Anhängen festgelegten Werte berücksichtigen die Messunsicherheiten der Analysen- und Probenahmeverfahren.

(3) Ein nach dieser Verordnung einzuhaltender oder in der wasserrechtlichen Zulassung festgesetzter Wert für den Chemischen Sauerstoffbedarf (CSB) gilt unter Beachtung von Absatz 3 auch als eingehalten, wenn der vierfache Wert des gesamten organisch gebundenen Kohlenstoffs (TOC), bestimmt in Milligramm je Liter, diesen Wert nicht überschreitet.

(4) Wird bei der Überwachung eine Überschreitung eines nach dieser Verordnung einzuhaltenden oder in der wasserrechtlichen Zulassung festgesetzten Wertes für die Giftigkeit gegenüber Fischeiern, Daphnien, Algen und Leuchtbakterien nach den Nummern 401 bis 404 der Anlage 1 zu § 4 festgestellt, gilt dieser Wert dennoch als eingehalten, wenn die Voraussetzungen der Sätze 2 bis 7 vorliegen. Absatz 1 bleibt unberührt. Die festgestellte Überschreitung nach Satz 1 muss auf einem Gehalt an Sulfat und Chlorid beruhen, der über der Wirkschwelle liegt. Die organismusspezifische Wirkschwelle nach Satz 2 beträgt beim Fischei 3 Gramm pro Liter, bei Daphnien 2 Gramm pro Liter, bei Algen 0,7 Gramm pro Liter und bei Leuchtbakterien 15 Gramm pro Liter. Ferner darf der korrigierte Messwert nicht größer sein als der einzuhaltende Wert. Der korrigierte Messwert nach Satz 4 ergibt sich aus der Differenz des Messwertes und des Korrekturwertes. Der Korrekturwert wird ermittelt aus der Summe der Konzentrationen von Chlorid und Sulfat im Abwasser, ausgedrückt in Gramm pro Liter, geteilt durch die jeweils organismusspezifische Wirkschwelle. Entspricht der ermittelte Korrekturwert nicht einer Verdünnungsstufe der im Bestimmungsverfahren festgesetzten Verdünnungsfolge, so ist die nächsthöhere Verdünnungsstufe als Korrekturwert zu verwenden.

(5) Soweit in den Anhängen nichts anderes bestimmt ist, können die Länder zulassen, dass den Ergebnissen der staatlichen Überwachung Ergebnisse gleichgestellt werden, die der Einleiter aufgrund eines behördlich anerkannten Überwachungsverfahrens ermittelt.

§ 7 Ordnungswidrigkeiten

Ordnungswidrig im Sinne des § 103 Absatz 1 Satz 1 Nummer 3 Buchstabe a des Wasserhaushaltsgesetzes handelt, wer vorsätzlich oder fahrlässig entgegen § 3 Absatz 1 Satz 1 Abwasser einleitet.

Bild 1.8: Einleitung ins Gewässer

Abwasserverordnung, Anhang 1
Häusliches und kommunales Abwasser

A Anwendungsbereich

Dieser Anhang gilt für Abwasser,

1. das im Wesentlichen aus Haushaltungen oder ähnlichen Einrichtungen wie Gemeinschaftsunterkünften, Hotels, Gaststätten, Campingplätzen, Krankenhäusern, Bürogebäuden stammt (häusliches Abwasser) oder aus Anlagen stammt, die anderen als den genannten Zwecken dienen, sofern es häuslichem Abwasser entspricht,

2. das in Kanalisationen gesammelt wird und im Wesentlichen aus den in Nummer 1 genannten Einrichtungen und Anlagen sowie aus Anlagen stammt, die gewerblichen oder landwirtschaftlichen Zwecken dienen, sofern die Schädlichkeit dieses Abwassers mittels biologischer Verfahren mit gleichem Erfolg wie bei häuslichem Abwasser verringert werden kann (kommunales Abwasser), oder

3. das in einer Flusskläranlage behandelt wird und nach seiner Herkunft den Nummern 1 oder 2 entspricht.

B Allgemeine Anforderungen

(1) § 3 Abs. 1 findet keine Anwendung.

(2) Abwasseranlagen sollen so errichtet, betrieben und benutzt werden, dass eine energieeffiziente Betriebsweise ermöglicht wird. Die bei der Abwasserbeseitigung entstehenden Energiepotenziale sind, soweit technisch möglich und wirtschaftlich vertretbar, zu nutzen.

C Anforderungen an das Abwasser für die Einleitungsstelle

(1) An das Abwasser für die Einleitungsstelle in das Gewässer werden folgende Anforderungen gestellt:

siehe Tabelle nächste Seite

Bei Kleineinleitungen im Sinne des § 8 in Verbindung mit § 9 Absatz 2 Satz 2 des Abwasserabgabengesetzes kann an Stelle einer qualifizierten Stichprobe oder einer 2-Stunden-Mischprobe auch eine Stichprobe genommen werden.

Die Anforderungen gelten für Ammoniumstickstoff und Stickstoff, gesamt, bei einer Abwassertemperatur von 12° C und größer im Ablauf des biologischen Reaktors der Abwasserbehandlungsanlage. An die Stelle von 12° C kann auch die zeitliche Begrenzung vom 1. Mai bis 31. Oktober treten. In der wasserrechtlichen Zulassung kann für Stickstoff, gesamt, eine höhere Konzentration bis zu 25 mg/l zugelassen werden, wenn die Verminderung der Gesamtstickstofffracht mindestens 70 Prozent beträgt. Die Verminderung bezieht sich auf das Verhältnis der Stickstofffracht im Zulauf zu derjenigen im Ablauf in einem repräsentativen Zeitraum, der 24 Stunden nicht überschreiten soll. Für die Fracht im Zulauf ist die Summe aus organischem und anorganischem Stickstoff zugrunde zu legen.

Proben nach Größenklassen der Abwasserbehandlungsanlagen	Chemischer Sauerstoffbedarf (CSB) mg/l	Biochemischer Sauerstoffbedarf in 5 Tagen (BSB_5) mg/l	Ammoniumstickstoff (NH_4-N) mg/l	Stickstoff, gesamt, als Summe von Ammonium-, Nitrit- und Nitratstickstoff (N_{ges}) mg/l	Phosphor, gesamt (P_{ges}) mg/l
	Qualifizierte Stichprobe oder 2-Stunden-Mischprobe				
Größenklasse 1 kleiner als 60 kg/d BSB_5 (roh)	150	40	–	–	–
Größenklasse 2 60 bis 300 kg/d BSB_5 (roh)	110	25	–	–	–
Größenklasse 3 größer als 300 bis 600 kg/d BSB_5 (roh)	90	20	10	–	–
Größenklasse 4 größer als 600 bis 6000 kg/d BSB_5 (roh)	90	20	10	18	2
Größenklasse 5 größer als 6000 kg/d BSB_5 (roh)	75	15	10	13	1

(2) Die Zuordnung eines Einleiters in eine der in Absatz 1 festgelegten Größenklassen richtet sich nach den Bemessungswerten der Abwasserbehandlungsanlage, wobei die BSB_5-Fracht des unbehandelten Schmutzwassers – BSB_5 (roh) zugrunde gelegt wird. In den Fällen, in denen als Bemessungswert für eine Abwasserbehandlungsanlage allein der BSB_5-Wert des sedimentierten Schmutzwassers zugrunde gelegt ist, sind folgende Werte für die Einstufung maßgebend:

Größenklasse 1   kleiner als 40 kg/d BSB_5 (sed.)

Größenklasse 2   40 bis 200 kg/d BSB_5 (sed.)

Größenklasse 3   größer als 200 kg/d bis 400 kg/d BSB_5 (sed.)

Größenklasse 4   größer als 400 kg/d bis 4000 kg/d BSB_5 (sed.)

Größenklasse 5   größer als 4000 kg/d BSB_5 (sed.)

(3) Ist bei Teichanlagen, die für eine Aufenthaltszeit von 24 Stunden und mehr bemessen sind, eine Probe durch Algen deutlich gefärbt, so sind der CSB und BSB_5 von der algenfreien Probe zu bestimmen. In diesem Fall verringern sich die in Absatz 1 festgelegten Werte beim CSB um 15 mg/l und beim BSB_5 um 5 mg/l.

(4) Die Anforderungen nach Absatz 1 für die Größenklasse 1 gelten bei Kleineinleitungen im Sinne des § 8 in Verbindung mit § 9 Abs. 2 Satz 2 des Abwasserabgaben-

gesetzes als eingehalten, wenn eine durch allgemeine bauaufsichtliche Zulassung, europäische technische Zulassung nach den Vorschriften des Bauproduktengesetzes oder sonst nach Landesrecht zugelassene Abwasserbehandlungsanlage nach Maßgabe der Zulassung, eingebaut und betrieben wird. In der Zulassung müssen die für eine ordnungsgemäße, an den Anforderungen nach Absatz 1 ausgerichtete Funktionsweise erforderlichen Anforderungen an den Einbau, den Betrieb und die Wartung der Anlage festgelegt sein.

(5) Für Kleineinleitungen im Sinne des § 8 in Verbindung mit § 9 Abs. 2 Satz 2 des Abwasserabgabengesetzes können die Länder abweichende Anforderungen festlegen, wenn ein Anschluss an eine öffentliche Abwasseranlage in naher Zukunft zu erwarten ist.

Abwasserabgabengesetz (AbwAG)

Das am 1.1.1978 in Kraft getretene Gesetz über Abgaben für das Einleiten von Abwasser in Gewässer (Abwasserabgabengesetz - AbwAG) gilt in der Neufassung durch Bekanntmachung vom 18.01.2005, mit der letzten Änderung vom 1. Juni 2016. Die Abgabe wird durch die Länder erhoben und richtet sich nach der Verschmutzung des Abwassers in Schadeinheiten. Damit wird versucht, das Verursacherprinzip zu verwirklichen.

Wesentliche Punkte sind:

Abgabepflichtige Parameter aus dem kommunalen Bereich sind der CSB, der Phosphor und der Stickstoff.

Der Abgabesatz beträgt je Schadeinheit 35,79 €.

Die festgesetzten Werte müssen eingehalten werden. Als „eingehalten" gilt auch, wenn bei fünf hintereinander liegenden amtlichen Überprüfungen, in vier Fällen der festgesetzte Wert nicht überschritten wurde. Diese amtlichen Überprüfungen werden nur innerhalb von drei Jahren berücksichtigt.

Nach § 9 Abs. 5 AbwAG ermäßigt sich der Abgabesatz um 50 %, wenn

- im Bescheid mindestens die Anforderungen nach § 7a WHG festgelegt sind oder ein Einleiter ohne Bescheid mindestens diese Werte erklärt hat;

- die Anforderungswerte nach § 23 Abs. 1 Nr. 3 eingehalten werden.

Die Einnahmen aus der Abwasserabgabe sind für Maßnahmen zu verwenden, die der Erhaltung oder Verbesserung der Gewässergüte dienen.

Auszug aus der Anlage zum AbwAG:

A.

(1) Die Bewertungen der Schadstoffe und Schadstoffgruppen sowie die Schwellenwerte ergeben sich aus folgender Tabelle:

Nr.	Bewertete Schadstoffe und Schadstoffgruppen	Einer Schadeinheit entsprechen jeweils folgende volle Messeinheiten	Schwellenwerte nach Konzentration und Jahresmenge	
1	Oxidierbare Stoffe in chemischem Sauerstoffbedarf(CSB)	50 Kilogramm Sauerstoff	20 Milligramm je Liter und 250 Kilogramm Jahresmenge	
2	Phosphor	3 Kilogramm	0,1 Milligramm je Liter und 15 Kilogramm Jahresmenge	
3	Stickstoff als Summe der Einzelbestimmungen aus Nitratstickstoff, Nitritstickstoff u. Ammoniumstickstoff	25 Kilogramm	5 Milligramm je Liter und 125 Kilogramm Jahresmenge	
4	Organische Halogenverbindungen als adsorbierbare organisch gebundene Halogene (AOX)	2 Kilogramm Halogen, berechnet als organisch gebundenes Chlor	100 Mikrogramm je Liter und 10 Kilogramm Jahresmenge	
5	Metalle und ihre Verbindungen:		und	
5.1	Quecksilber	20 Gramm	1 Mikrogramm	100 Gramm
5.2	Cadmium	100 Gramm	5 Mikrogramm	500 Gramm
5.3	Chrom	500 Gramm	50 Mikrogramm	2,5 Kilogramm
5.4	Nickel	500 Gramm	50 Mikrogramm	2,5 Kilogramm
5.5	Blei	500 Gramm	50 Mikrogramm	2,5 Kilogramm
5.6	Kupfer	1000 Gramm Metall	100 Mikrogramm je Liter	5 Kilogramm Jahresmenge
6	Giftigkeit gegenüber Fischen	6 000 Kubikmeter Abwasser geteilt durch G_{EI}	$G_{EI} = 2$	

G_{EI} ist der Verdünnungsfaktor, bei dem Abwasser im Fischtest nicht mehr giftig ist. Den Festlegungen der Tabelle liegen die Verfahren zur Bestimmung der Schädlichkeit des Abwassers nach den angegebenen Nummern in der Anlage „Analysen- und Messverfahren" zur Abwasserverordnung in der Fassung der Bekanntmachung vom 17. Juni 2004 (BGBl. I S. 1108, 2625) zugrunde.

(2) Wird Abwasser in Küstengewässer eingeleitet, bleibt die Giftigkeit gegenüber Fischeiern insoweit unberücksichtigt, als sie auf dem Gehalt an solchen Salzen beruht, die den Hauptbestandteilen des Meerwassers gleichen. Das Gleiche gilt für das Einleiten von Abwasser in Mündungsstrecken oberirdischer Gewässer in das Meer, die einen ähnlichen natürlichen Salzgehalt wie das Küstengewässer aufweisen.

Weitere Bundesgesetze und Verordnungen, die für den Gewässerschutz und die Abwasserentsorgung Bedeutung haben:

Arbeitsschutzgesetz (ArbSchG)
Chemikaliengesetz (ChemG)
Infektionsschutzgesetz (IfSG)
Betriebssicherheitsverordnung (BetrSichV)
Arbeitsstättenverordnung (ArbStättV)
Biostoffverordnung (BioStoffV)
Verordnung über gefährliche Stoffe (Gefahrstoffverordnung - GefStoffV)
Gesetz über die **Umweltverträglichkeitsprüfung** (UVPG)
Gesetz zur Förderung der Kreislaufwirtschaft und Sicherung der umweltverträglichen Beseitigung von Abfällen (Kreislaufwirtschafts- u. Abfallgesetz, KrW-/AbfG)
Klärschlammverordnung (AbfKlärV)
Düngemittelgesetz (DüMG)
Düngemittelverordnung (DüMV)
Düngeverordnung (DüV)
Technische Anleitung zur Verwertung, Behandlung und sonstigen Entsorgung von Siedlungsabfällen (TASi)

1.2.2 Wasserrechtliche Bestimmungen der Bundesländer

Die landesrechtlichen Vorschriften der Bundesländer regeln den Vollzug, der durch die Vorgaben des Bundesgesetzgebers im WHG und AbwAG notwendig ist. Die Länder legen hier u. a. die jeweils zuständigen Behörden fest. Für die Bewilligung oder Erlaubnis einer Abwassereinleitung ist als untere Wasserbehörde meistens die Kreisverwaltung zuständig. Dieser Behörde ist auch meist die Wasseraufsicht oder die allgemeine Gewässeraufsicht unterstellt. Für die technische Aufsicht ist teilweise die Wasserwirtschaftsverwaltung als Fachbehörde zuständig.

1.2.3 Entwässerungssatzung

Die Entwässerungssatzung (EWS) regelt die Beziehungen zwischen Unternehmensträger und Grundstückseigentümer bzw. dem Benutzer der Abwasseranlagen. Die EWS wird vom Gemeinde- oder Stadtrat erlassen. Bei Verbänden erfolgt diese Regelung unmittelbar über eine Verbandssatzung; teilweise wird auch festgelegt, dass die Mitgliedsgemeinden eigene, in den technischen Bestimmungen einheitliche Entwässerungssatzungen erlassen müssen. Wesentliche Inhalte sind die Regelung des Benutzungsrechts, des Anschluss- und Benutzungszwangs und der Gebühren. Die Entwässerungsgebühren müssen dem Kommunalabgabengesetz (KAG) der Länder entsprechen und sollen kostendeckend erhoben werden. Auch die Fäkalschlammabnahme kann durch eine Satzung geregelt sein.

Grundstücksentwässerungsanlagen

Die Satzung legt fest, wie die Grundstücksentwässerungsanlagen zu errichten sind. Sie sind in DIN 1986 und 1987 [21] genormt. In der EWS ist ferner geregelt, wo die Grenze zwischen Privatleitung und öffentlicher Kanalisation liegt. Wichtig ist, dass die Ausführung einschließlich der Anschlussleitung einem geprüften Plan entspricht. Dies ist durch einen Beauftragten des Unternehmensträgers (oft das Betriebspersonal der zentralen Abwasseranlage) zu überwachen. Kleinkläranlagen (DIN 4261 [21]) müssen nach Anschluss an eine Kanalisation mit Sammelkläranlage außer Betrieb genommen werden. Wo nennenswert Benzin, Öl oder Fett anfällt, sind Leichtstoffabscheider, z. B. nach DIN 1999 [21], vorgeschrieben.

Verbot des Einleitens

Nach der Satzung gilt häufig folgendes Verbot:
Stoffe dürfen nicht eingeleitet werden, wenn sie

- die öffentliche Entwässerungsanlage
- die beschäftigten Personen
- die angeschlossenen Grundstücke

gefährden, beschädigen oder den Betrieb der öffentlichen Entwässerungsanlage erschweren.

Dieses Verbot gilt insbesondere für

a) feste Stoffe, auch in zerkleinerter Form, wie Müll, Lumpen, Dung, Schlachtabfälle, Küchenabfälle, Abfälle aus obst- und gemüseverarbeitenden Betrieben, ferner Schutt, Sand, Asche, Schlacke, Treber, Hefe, Schlämme aus Vorbehandlungsanlagen, Inhalt von Abortgruben;

b) Stoffe, die Ablagerungen, Verstopfungen oder Verklebungen in den Kanälen verursachen;

c) feuergefährliche, zerknallfähige, giftige, infektiöse, radioaktive Stoffe;

d) Jauche, Silosickersaft, Molke, Töteblut aus Schlächtereien, Räumgut aus Benzin-, Öl-, Fettabscheidern;

e) größere Farbstoffmengen;

f) Gase und Dämpfe;

g) Abwasser aus Kleinkläranlagen, wenn eine Sammelkläranlage vorhanden ist;

h) Abwasser aus Gewerbe- und Industriebetrieben, das

- schädliche Ausdünstungen oder üble Gerüche verbreitet,
- wärmer als + 35° C ist,
- einen pH-Wert von <6,5 oder >9,5 hat,
- aufschwimmende Öle und Fett enthält,
- > 20 mg/l unverseifbare Kohlenwasserstoffe enthält,
- ungelöste, insbesondere chlor- oder fluorhaltige organische Lösungsmittel enthält,

- schädliche Konzentrationen an Schwermetallen, Cyanid, Phenolen oder anderen Giftstoffen aufweist, (Grenzwerte für Schwermetalle haben besondere Bedeutung wegen der Klärschlammbeseitigung),
- als Kühlwasser benutzt worden ist,

i) Grund- und Quellwasser (Fremdwasser).

Die Merkblätter DWA-M 115 Teil 1 und 2 „Indirekteinleitung nicht häuslichen Abwassers" geben hierzu Informationen [1].

Der Unternehmensträger kann einzuleitendes Abwasser jederzeit untersuchen lassen und hat dazu das Recht, Grundstücke zu betreten.

Das Personal muss die Entwässerungssatzung kennen; sie soll in der Kläranlage aufliegen!

Besonders wichtig ist dies, wenn ihm die Überwachung der Indirekteinleiter übertragen wurde.

1.2.4 Europäische Gesetzgebung

Die Reinhaltung der Gewässer und die Bekämpfung der Gewässerverschmutzung wurden vom Europarat als besonders wichtig für das Allgemeinwohl erkannt. Er hat bereits 1968 die europäische Wasser-Charta verkündet, um ein besseres Verständnis für die Probleme des Gewässerschutzes zu wecken.

Um eine einheitlichen Wasserpolitik in Europa zu erreichen, hat sich die Europäische Gemeinschaft einen Ordnungsrahmen vorgegeben, die Wasserrahmenrichtlinie (WRRL). Sie wurde vom Europäischen Parlament und vom Rat erlassen und ist seit dem 22.12.2000 in Kraft. Die Deutschen Normen (DIN) werden zunehmend an die Europäischen Vorgaben angepasst und durch DIN-EN Normen ersetzt [21].

1.3 Hinweise zum Fachrechnen

Ein elektronischer Taschenrechner ist notwendig um Betriebswerte zu berechnen, wie Monatssummen oder Mittelwerte. Niemand darf sich auf das Ergebnis des Taschenrechners verlassen, sondern sollte die Ergebnisse abschätzen und fachlich beurteilen können. Das Komma an die falsche Stelle gesetzt und schon liegt der Wert um das 10-fache daneben! Deshalb empfiehlt es sich, Plausibilitätskontrollen durchführen.

Einfache mathematische *Formeln* sind häufig zur Berechnung von *Nutzinhalten*, *Mittelwerten* oder *Prozenten* erforderlich. Für lange Worte werden Buchstaben als Kurzzeichen verwendet.

Hier einige Beispiele dazu:

Berechnung Oberfläche und Nutzinhalt:

Bei Rechteckbecken

Die Formel lautet:
$$V = l \cdot b \cdot h_m$$
V = Nutzinhalt (Volumen) b = Breite
l = Länge h_m = mittlere Wassertiefe
Beispiel für ein Rechteckbecken mit den Maßen
l = 18 m, b = 5 m, h_m = 1,80 m.
Das ergibt $V = l \cdot b \cdot h_m = 18 \cdot 5 \cdot 1{,}80 = 162 \; m^3$

Bei Rundbecken oder Tropfkörper

Die Formel lautet:
$$V = A \cdot h_m; \text{ beim Rundbecken}$$
$$V = A \cdot h; \text{ beim Tropfkörper}$$
A = Oberfläche   h = Füllhöhe
h_m mittlere Wassertiefe

Für Kreisflächen

Die Formel lautet:

$A = \dfrac{d^2 \cdot \pi}{4}$

d = Durchmesser des Kreises;
π = eine Konstante (unveränderliche Zahl) = 3,14.
Beträgt der Kreisdurchmesser 6 m, ist zu rechnen:

$A = \dfrac{d^2 \cdot \pi}{4} = \dfrac{d \cdot d \cdot \pi}{4} = \dfrac{6 \cdot 6 \cdot 3{,}14}{4} = 28{,}26 = \sim 28 \text{ m}^2$.

Bei einem **Rundbecken** mit 6 m Durchmesser und einer mittleren Wassertiefe von 2,70 m ergibt sich ein Volumen:

$V = A \cdot h_m = 28 \cdot 2{,}7 = \sim 75 \text{ m}^3$.

> Beim Einsetzen von Zahlen in eine Formel ist darauf zu achten, dass Zahlen mit den gleichen Einheiten (Dimensionen) eingesetzt werden. Es führt zu einem falschen Ergebnis, cm mit m oder kg mit g oder s (Sekunden) mit h (Stunden) zu multiplizieren.

Berechnung eines Mittelwertes:

Zur Bestimmung, z. B. des BSB_5 im Kläranlagenablauf, wurden vom gleichen Abwasser drei Proben angesetzt, deren Ergebnisse kleine Unterschiede zeigten. Sie waren 23, 27 und 29 mg/l. Der korrekte Mittelwert dieser Werte (arithmetisches Mittel) wird errechnet, indem alle drei Werte zusammengezählt und durch die Zahl der Werte (drei) geteilt werden.

Der erste Schritt ist also → 23 + 27 + 29 = 79;
der zweite Schritt ist dann → 79 : 3 = 26,3 = ~ 26.
Der Mittelwert ist 26 mg/l.

Hier gilt die Formel:

$M = \dfrac{a + b + c + \ldots}{n}$ wobei

M = Mittelwert;   n = Zahl der zu mittelnden Werte
a, b, c . . . = Werte, aus denen der Mittelwert zu errechnen ist

Berechnung von Prozentsätzen:

Zuerst muss festgelegt werden, von welcher Gesamtmenge der Prozentsatz abgeleitet wird, also welche Zahl 100 % entspricht. Der hundertste Teil der Gesamtmenge ist dann 1 %. Nun ist zu berechnen, wie oft dieses Hundertstel in der Teilmenge enthalten ist, um den Prozentsatz dieser Teilmenge zu erhalten.

Als Formel kann angesetzt werden:

$TM = \dfrac{GM}{100} \cdot x \ [\%]$. Dabei ist

TM = Teilmenge, die in Prozenten errechnet werden soll
GM = Gesamtmenge
 x ist der Prozentsatz, der der Teilmenge entspricht.

In einem Klärwerk wurden in einer 24-h-Messung folgende BSB_5-Frachten ermittelt:

im Zulauf (Rohabwasser)	317 kg/d
nach der Vorklärung	243 kg/d
am Ablauf (nach der biologischen Reinigung)	26 kg/d

Berechnet werden soll, wie viel % der Gesamtverschmutzung

a) im Ablauf verblieben sind
b) im Klärwerk insgesamt abgebaut wurden
c) in der Vorklärung abgebaut wurden
d) im biologischen Teil abgebaut wurden und
e) wie viel % der dem biologischen Teil zugeführten Verschmutzung dort abgebaut wurden.

Berechnung zu a)

GM = 317 kg/d
TM = 26 kg/d

$x = TM : \dfrac{GM}{100} = 26 : \dfrac{3{,}17}{100} = 8{,}2 \ \%$

Im Ablauf sind noch 8,2 % der BSB_5-Fracht enthalten.

Berechnung zu b)

Wenn noch 8,2 % vorhanden sind, ist die Differenz zu 100 % also 91,8 %, abgebaut worden oder anders:

TM = 317 − 26 = 291 kg/d

GM = 317 kg/d

$x = 291 : \dfrac{317}{100} = 91{,}8\ \%$

Im Klärwerk wurden insgesamt 91,8 % der Gesamtverschmutzung abgebaut.

Berechnung zu c)

Von den 317 kg/d, sind nach der Vorklärung noch 243 kg/d vorhanden, also wurden 317 − 243 = 74 kg/d abgebaut.

TM = 74 kg/d

GM = 317 kg/d

$x = 74 : \dfrac{317}{100} = 74 : 3{,}17 = 23{,}4\ \%.$

In der Vorklärung wurden 23,4 % der BSB_5-Fracht abgebaut.

Berechnung zu d)

Im biologischen Teil wurde die Differenz zwischen 243 kg/d und 26 kg/d abgebaut.

243 − 26 = 217 kg/d.

TM = 217 kg/d

GM = 317 kg/d

$x = 217 : \dfrac{317}{100} = 68{,}4\ \%.$

Es wurde 68,4 % der Gesamtschmutzfracht abgebaut.

Probe:	Restverschmutzung	8,2 %	
	Abbau in der Vorklärung	23,4 %	23,4 %
	Abbau in der Biologie	<u>68,4 %</u>	<u>68,4 %</u>
		100,0 %	91,8 %

Berechnung zu e)

Dem biologischen Teil wurden 243 kg/d zugeführt. Dies ist jetzt die Gesamtmenge von der aus der Prozentsatz für die abgebaute Teilmenge zu errechnen ist.

243 – 26 = 217 kg/d

TM = 217 kg/d

GM = 243 kg/d

$x = 217 : \frac{243}{100} = 217 : 2{,}43 = 89{,}3\,\%.$

Im biologischen Teil wurden 89,3 % der zugeführten BSB_5-Fracht abgebaut (biologischer Abbaugrad).

1.4 Einführung in chemische Grundlagen

Chemie ist die Lehre von den Stoffen und den Stoffänderungen.

Auch in Kläranlagen erfolgen chemische Umsetzungen von Stoffen. In einer gut funktionierenden Anlage wird aus einem trüben, oft faulig riechenden Abwasser ein klares, nahezu geruchloses und fäulnisunfähiges Abwasser. In der Schlammfaulung wandelt sich der faulfähige Frischschlamm in einen schwarzen, erdig riechenden ausgefaulten Klärschlamm um. Diese Umsetzungen werden durch Lebewesen (im Wesentlichen durch Bakterien) bewirkt, man spricht daher von „biochemischen" Vorgängen.

Wenn den Bakterien in Wasser gelöster Sauerstoff zur Verfügung steht, handelt es sich um *aerobe Vorgänge*. Voraussetzung dafür ist die ausreichende Zuführung von Luft, z. B. bei der Selbstreinigung im Gewässer oder der biologischen Reinigung in Kläranlagen, also das Vorhandensein von gelöstem Sauerstoff.

Umsetzungen ohne gelösten Sauerstoff werden **anaerob** genannt, z. B. die Verdauung des Menschen oder die Schlammfaulung.

Die Grundstoffe, aus denen sich alle festen Stoffe, Flüssigkeiten und Gase zusammensetzen, sind Elemente. Das kleinste Teilchen eines Elementes ist das Atom. Es gibt 94 natürlich vorkommende Elemente (mit den künstlich hergestellten sind es 118), die jeweils mit Symbolen gekennzeichnet werden, z. B.:

Al	= Aluminium	K	= Kalium
As	= Arsen	Mg	= Magnesium
C	= Kohlenstoff	Mn	= Mangan
Ca	= Calcium	N	= Stickstoff
Cd	= Cadmium	Na	= Natrium
Cl	= Chlor	Ni	= Nickel
Cr	= Chrom	O	= Sauerstoff
Cu	= Kupfer	P	= Phosphor
Fe	= Eisen	Pb	= Blei
H	= Wasserstoff	S	= Schwefel
Hg	= Quecksilber	Zn	= Zink

Viele dieser Elemente reagieren miteinander und bilden chemische Verbindungen. Diese haben andere Eigenschaften als die Elemente, aus denen sie zusammengesetzt sind. Den kleinsten Teil einer Verbindung nennt man Molekül; es ist aus 2 oder mehr Atomen zusammengesetzt. Zwei Atome Wasserstoff (H^+) und ein Atom Sauerstoff (O^{2-}) verbinden sich z. B. miteinander zum Molekül H–O–H = Wasser = H_2O. Es können auch zwei gleiche Atome miteinander eine Verbindung eingehen, wie dies beim Sauerstoff der Fall ist, der als O_2 geschrieben wird. Dabei ist es unabhängig, ob der O_2 gasförmig, wie in der Luft vorhanden oder in Wasser gelöst ist.

1 Einführung in den Gewässerschutz

Weitere Beispiele von Verbindungen sind:

AOX	= adsorbierbare organische Halogenverbindungen
ATH	= Allylthioharnstoff
CaO	= Calciumoxid, Kalk (gebrannter Kalk) Ätzkalk
$Ca(OH)_2$	= Calciumhydroxid (gelöschter Kalk, Kalkhydrat)
CO_2	= Kohlenstoffdioxid, Kohlendioxid
CH_4	= Methan
HCl	= Salzsäure
H_2CO_3	= Kohlensäure
H_2S	= Schwefelwasserstoffgas (riecht nach faulen Eiern)
H_2SO_4	= Schwefelsäure
$KMnO_4$	= Kaliumpermanganat
K_2O	= Kaliumoxid (Kaliumgehalt im Schlamm)
MgO	= Magnesiumoxid (Magnesiumgehalt im Schlamm)
NaOH	= Natriumhydroxid (Ätznatron, in Wasser Natronlauge)
$NaNO_3$	= Natriumnitrat (Natronsalpeter)
NH_3	= Ammoniak (Salmiak)
NH_4	= Ammonium
NH_4-N	= Stickstoffanteil des Ammoniums
NO_2	= Nitrit
NO_3	= Nitrat
NO_3-N	= Stickstoffanteil des Nitrats
PO_4-P	= Phosphoranteil des Orthophosphats

Nicht mit den chemischen Kurzbezeichnungen verwechselt werden dürfen die folgenden Abkürzungen:

BSB_5 Biochemischer Sauerstoffbedarf in 5 Tagen

CSB Chemischer Sauerstoffbedarf

CKW chlorierte Kohlenwasserstoffverbindungen

N_{ges} Summe des organischen Stickstoffes (NH_4-N + NO_2-N + NO_3-N)

GesN Summe des organischen + anorganischen Stickstoffs
TKN total Kjeldahl nitrogen
P_{ges} Gesamtphosphor
PCB polychlorierte Biphenyle

Die Untersuchung einer Probe auf Art und Konzentration der in ihr enthaltenen chemischen Stoffe wird „Analyse" genannt.

Wird der Abwasserzufluss (in l/s oder m³/d) mit der Konzentration (in mg/l bzw. g/m³) multipliziert, so erhält man die Fracht, z. B. an Schmutzstoffen, die der Kläranlage oder einem Gewässer in einer bestimmten Zeit zugeleitet werden. Sie wird in Gewicht pro Zeit, z. B. in g/s oder kg/d ausgedrückt.

Mit dem Beispiel **eines Zuckerwürfels,** der in Wasser aufgelöst wird, lassen sich „Konzentration" und „mg/l" leichter vorstellen.

in 2 Tassen (1/4 l)	10 g/l	oder 1 %
in 2,7 l	1 g/l	oder 1 ‰
in 2.700 l (ein Tankwagen)	1 mg/l	oder 1 ppm
in 2,7 Millionen l (ein Tankschiff)	1 µg/l (Mikrogramm)/l	oder 1 ppb

oder auch:

			Beispiel: Der Gehalt eines Zuckerwürfels, aufgelöst in	
1 Prozent ist 1 Teil von hundert Teilen	**10 Gramm** pro Kilogramm	10 g/kg	 0,27 Liter	Tassen
1 Promille ist 1 Teil von tausend Teilen	**1 Gramm** pro Kilogramm	1 g/kg	 2,7 Liter	Labor- Flasche
1 ppm (part per million) ist 1 Teil von 1 Million Teilen	**1 Milli- gramm** pro Kilogramm	0,001 g/kg (10^{-3})	 2 700 Liter	Tankwagen
1 ppb (part per billion) ist 1 Teil von 1 Milliarde Teilen (b = billion, engl. für Milliarde)	**1 Mikro- gramm** pro Kilogramm	0,000 001 g/kg (10^{-6})	 2,7 Millionen Liter	Tanker
1 ppt (part per trillion) ist 1 Teil von 1 Billion Teilen (t = trillion, engl. für Billion)	**1 Nano- gramm** pro Kilogramm	0,000 000 001 g/kg (10^{-9})	2,7 Milliarden Liter	Talsperre Östertal
1 ppq (part per quadrillion) ist 1 Teil von 1 Billiarde Teilen (q = quadrillion, engl. für Billiarde)	**1 Pico- gramm** pro Kilogramm	0,000 000 000 001 g/kg (10^{-12})	2,7 Billionen Liter	Starnberger See

Bild 1.9: Die Darstellung niedriger Konzentrationen

2 Was ist Abwasser?

Das im Haushalt oder in Betrieben verwendete Wasser wird zum größten Teil beim Gebrauch durch feste Stoffe (Sand, Gemüsereste, Fäkalien) und flüssige (Harn, Milchreste) verschmutzt. Diese Verschmutzungen können in ungelöste (absetzbare Stoffe) und in gelöste Stoffe (Zuckerwasser) unterschieden werden.

Ein anderes Merkmal ist die chemische Zusammensetzung des Abwassers. Hier kann zwischen anorganischen (mineralischen) Stoffen (Sand, Salz, Metalle) und organischen Stoffen (Eiweiß, Zucker, Fett, Mineralöl, Fäkalien) unterschieden werden.

2.1 Abwasserarten

Abwasser ist das durch häuslichen, gewerblichen, landwirtschaftlichen oder sonstigen Gebrauch in seinen Eigenschaften veränderte Wasser. Abwasser ist auch das bei Trockenwetter damit zusammen abfließende Wasser sowie das von Niederschlägen aus dem Bereich von bebauten oder befestigten Flächen abfließende Regenwasser.

Bild 2.1: Begriffe der verschiedenen Abwasserarten

Die Kurzzeichen nach Arbeitsblatt ATV-DVWK-A 198 „Vereinheitlichung und Herleitung von Bemessungswerten für Abwasseranlagen" Q_H, Q_G, Q_S, Q_F, Q_R, Q_T, und Q_M, werden benutzt, um den Anfall der jeweiligen Arten in Formeln darzustellen. Dabei ist der Abfluss bei Trockenwetter: $Q_S + Q_F = Q_T$.

Häusliches Schmutzwasser ist das in Haushalten und kleinstgewerblichen Betrieben anfallende Schmutzwasser, wie Wasch-, Bade- und Spülwasser einschließlich Fäkalien und Urin.

Kommunales Schmutzwasser enthält neben häuslichem Schmutzwasser auch Schmutzwasser aus Industrie und Gewerbe.

Gewerbliches oder industrielles Schmutzwasser, kommt aus Industrie- oder Gewerbebetrieben, als Fabrikations- oder Produktionswasser, Reinigungs- oder Kühlwasser. Besondere Bedeutung für die Abwasserreinigung hat Schmutzwasser aus

- Molkereien,
- Brauereien,
- Schlachthöfen,
- fleisch-, fisch- oder lederverarbeitenden Betrieben,
- Zuckerfabriken,
- obst- und gemüseverarbeitenden Betrieben,
- Winzerbetrieben,
- Papierfabriken,
- Zechen und Hütten,
- Stahl-, Textil- und Chemiewerken.

Dieses betriebliche Schmutzwasser ist oft sehr einseitig zusammengesetzt, auch kann es durch Farbe oder extremen pH-Werten gekennzeichnet sein. Manches betriebliche Schmutzwasser muss deshalb vor der Einleitung in das Kanalnetz vorbehandelt werden. So muss z. B. Galvanik- oder Beizereiabwasser neutralisiert und entgiftet werden.

Fremdwasser ist ein zusammenfassender Begriff für Wasser, das nicht in die Kanalisation gehört und dann auch nicht in einer Kläranlage behandelt werden muss. Gemeint ist z. B. Grundwasser, das in undichte Kanäle eindringt; auch Dränwasser aus Dränungen zur Trockenlegung tiefliegender Keller oder durchnässter Grundstücke gehört dazu, sowie Wasser aus Brunnen, Baugruben oder Entwässerungsgräben. Es ist jedoch aus technischen und wirtschaftlichen Gründen nicht immer möglich das Fremdwasser aus dem Kanalnetz fernzuhalten. Vielen Kläranlagen fließt wegen des Fremdwassers ein Mehrfaches des eigentlichen Trockenwetterzuflusses zu. Nach § 3 Abs. 3 der Abwasserverordnung (AbwV) ist eine Verdünnung nicht zulässig. Selbst wenn nur 1 l/s Fremdwasser ständig in das Kanalnetz eindringen sollte, führt dies zu einem zusätzlichen Jahresschmutzwasserabfluss von 31.500 m^3. Außerdem darf Grundwasser wasserrechtlich nicht auf Dauer durch Dränleitungen abgesenkt werden.

Regenwasser ist Wasser, das als Niederschlag in Form von Regen, Hagel oder Schnee anfällt. Es fließt über befestigte Flächen wie Dächer, Höfe, Straßen und Plätze oder unbefestigte Flächen wie Grünanlagen und Gärten in die Kanalisation. Regenwasser selbst ist unterschiedlich, aber vorwiegend mineralisch verschmutzt. Zeitweise können auch nennenswerte organische Beimengungen auftreten durch Abschwemmungen von Schmutzstoffen. In der Umgebung von Industriebetrieben kann es durch Luftverunreinigungen oder Staubausstoß (Emissionen) erheblich verschmutzt werden. In das Kanalnetz abgeleitetes Regenwasser ist Abwasser.

Mischwasser entsteht, wenn in Kanälen Schmutzwasser und Regenwasser vermischt abgeleitet werden. Mischwasser ist Abwasser.

Unbehandeltes Abwasser wird auch **Rohabwasser** genannt.

2.2 Abwasseranfall

Der Schmutzwasseranfall entspricht etwa dem häuslichen Wasserverbrauch bzw. dem von Gewerbe und Industrie. Beim kommunalen Abwasser sind die Abflussspitzen auf der Kläranlage gegenüber den Verbrauchsspitzen im Wasserwerk abgeflacht.

Nachts, an Sonn- und Feiertagen sowie in der Urlaubszeit ist der Schmutzwasseranfall geringer als in den anderen Zeiten. In Urlaubsgebieten nimmt er in der Ferienzeit zu. In kleinen Orten sind die Tagesschwankungen ausgeprägter und größer als in Städten. In Bild 2.2 sind die Schwankungen des Schmutzwasserabflusses und der darin enthaltenen absetzbaren Stoffe einer Stadt mit 50 000 Einwohnern im Laufe eines Tages dargestellt.

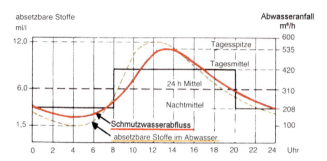

Bild 2.2: Schwankung des täglichen Schmutzwasserabflusses und der absetzbaren Stoffe einer Kleinstadt

Hier wird deutlich, dass die stündliche Tagesspitze kurz nach Mittag auftritt und etwa 1/14 des gesamten 24-h Tages erreicht, während nach Mitternacht der stündliche Zufluss auf 1/36 absinkt. Als Faustwert beträgt die Tagesspitze 3 - 5 l/s je 1 000 E.

In kleinen bis mittleren Gemeinden ist mit einem spezifischen, d. h. auf Einwohner und Tag bezogenen Schmutzwasseranfall von 100 – 150 l/(E · d) zu rechnen, der in Großstädten auf bis zu 300 l/(E · d) ansteigen kann, vorwiegend durch ortsübliche Gewerbe- und Industriebetriebe.

Der Anfall von betrieblichem Schmutzwasser lässt sich zwar am Wasserverbrauch beurteilen, aber von einigen Ausnahmen in der Lebensmittelindustrie abgesehen, wird etwas mehr verbraucht als dann als Schmutzwasser anfällt. Im Abschnitt Wasserwirtschaft sind dafür unter Wasserverbrauch Zahlen angegeben.

Der Anfall von *landwirtschaftlichem Schmutzwasser* hat sich wegen der häufig sehr intensivierten Betriebe in den letzten Jahren so verändert, dass allgemein verwendbare Angaben nicht möglich sind.

Der *Fremdwasseranfall* kann nur mit Hilfe von Durchflussmessungen bestimmt werden. Für Kanalnetzbemessungen ist zwar ein Faustwert von 0,05 bis 0,15 l/(s · ha) üblich. Für den Betrieb der Kläranlagen sind diese groben Annahmen nicht ausreichend. Hier helfen nur echte Messwerte. Dafür sind in [5] und [6] Arbeitshilfen vorhanden. Um ein repräsentatives Jahresergebnis zu erhalten, empfiehlt es sich das Fremdwasser bei einer automatischen Messeinrichtung monatlich zu ermitteln.

Mit Hilfe des Fremdwasseranfalls kann bei kleinen Kläranlagen ohne automatische Durchflussmesseinrichtung die *Jahresschmutzwassermenge* überschlägig ermittelt werden:

Fremdwasseranteil %	Spezifischer Jahresschmutzwasseranfall m^3/E
0 – 25	30 – 50
25 – 33	50 – 60
33 – 50	60 – 80
> 50	> 80

Bild 2.3: Zusammenhang zwischen Fremdwasseranteil und JSM

Diese Faustzahlen gelten nur, wenn der Abfluss nicht durch Industriebetriebe nennenswert beeinflusst wird. Beim Prozentsatz des Fremdwassers wird vom täglichen Trockenwetterabfluss als 100 % (mit Fremdwasser) ausgegangen. Für eine sichere Berechnung muss das Fremdwasser mindestens viermal im Jahr ermittelt worden sein. Eine Messung allein genügt nicht.

Der Abfluss des *Regenwassers* ist für die Bemessung von Kanälen, Regenbecken und Pumpwerken besonders wichtig.

Das Verhältnis von Schmutzwasserabfluss (bei Trockenwetter) (Q_S) zu Regenwasserabfluss (Q_R) ist sehr unterschiedlich, je nachdem ob der Spitzenabfluss bei Starkregen mit der Spitze des Trockenwetterabflusses verglichen wird. Die jeweiligen Jahresabflüsse (Jahresschmutzwassermenge = JSM, Jahresabwassermenge = JAM) der Kanalisation unterscheiden sich auch.

Beispiele:

Ländlicher Ort mit 3 000 E und 50 ha Einzugsgebiet

Spitzenabflüsse: Q_S 9 bis 12 l/s
Q_R 1 500 bis 2 500 l/s
$Q_S : Q_R$ = 1 : 100 bis 1 : 250

Jahresabflüsse: JSM 150.000 bis 200 000 m³
JAM 200.000 bis 300 000 m³
JSM : JAM = annähernd 1 : 1,5

Mittlere Stadt mit 30.000 E und 300 ha Einzugsgebiet

Spitzenabflüsse: Q_S 100 bis 150 l/s
Q_R 12 000 bis 20 000 l/s
$Q_S : Q_R$ = 1 : 80 bis 1 : 200

Jahresabflüsse: JSM 2 bis 3 Mio. m³
JAM 2,7 bis 4,5 Mio m³
JSM : JAM = annähernd 1 : 1,3

2.3 Abwasserbeschaffenheit und Einwohnerwert
2.3.1 Die Beschaffenheit des ungereinigten Abwassers

Um die Beschaffenheit des Rohabwassers zu beurteilen, wird es zuerst betrachtet, dann daran gerochen und schließlich physikalisch und chemisch untersucht. Die wichtigsten Kriterien, die über die Beschaffenheit Auskunft geben, sind

Farbe,
Trübung (Durchsichtigkeit),
Geruch,

Temperatur,
absetzbare und abfiltrierbare Stoffe,
pH-Wert,
gelöste und ungelöste Stoffe,
organische und anorganische (mineralische) Stoffe,
Messwerte für BSB_5, CSB, NH_4-N, NO_3-N, GesN, P_{ges}
ggf. Leitfähigkeit (Salzgehalt),
ggf. giftige (toxische) Stoffe,
Öle, Fette, brennbare, explosible Stoffe,
ggf. waschaktive Substanzen (Tenside),
ggf. infektiöse Stoffe.

Häusliches bzw. kommunales Schmutzwasser ist meist hellgrau, trüb und riecht dumpf muffig, solange es frisch ist. Die Temperaturen liegen meist zwischen 10 und 20°C je nach Jahreszeit. Zum Vergleich: Trinkwasser hat 8 bis 14°C und Grundwasser 6 bis 12°C. Schwarzgraue Farbe und der Geruch nach H_2S wird meistens durch angefaulte Eiweißverbindungen verursacht. Das Anfaulen kann durch Ablagerungen in Kanälen mit geringem Gefälle, durch lange Aufenthaltszeiten in Pumpwerken oder durch sehr lange Fließzeiten verursacht sein. Andere Farben oder Gerüche sind fast immer auf Einflüsse durch Betriebe zurückzuführen.

Der Anteil an *absetzbaren Stoffen* im Kläranlagenzulauf schwankt je nach Tageszeit (Bild 2.2). Er kann bis zu 20 ml/l betragen. Bei Starkregen wird die Trübung durch abgeschwemmte Ablagerungen oft noch verstärkt. Im häuslichen Schmutzwasser bestehen ca. 2/3 der Kohlenstoffverschmutzungen aus gelösten oder halbgelösten und 1/3 aus absetzbaren Stoffen.

Der *pH-Wert* (Wasserstoffionen-Konzentration) von häuslichem Schmutzwasser liegt zwischen 6,5 und 7,5, also im neutralen Bereich. Die Schädlichkeitsbereiche sind in der pH-Wert-Skala in Bild 2.4 dargestellt.

Biologisch gereinigtes Abwasser ist weitgehend geruchfrei, enthält keine absetzbaren Stoffe und hat eine Sichttiefe von mindestens 50 cm. Manchmal hat es eine leicht gelbliche Färbung, die vorwiegend durch Huminsäuren verursacht wird. Es ist fäulnisunfähig und hat einen pH-Wert um 7.

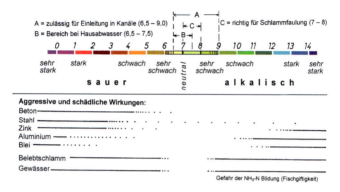

Bild 2.4: pH-Wert-Skala

Bei gewerblichem Schmutzwasser schwanken die Eigenschaften und Mengen der Inhaltsstoffe meistens stärker als beim häuslichen Schmutzwasser.

Trübungen werden durch ungelöste Stoffe in kolloidaler Form, also sehr fein verteilten Schwebstoffen, auch Suspensa genannt, verursacht und vermindern die Durchsichtigkeit.

Die Herkunft mancher Schmutzwasserarten kann am Geruch erkannt werden, so hat landwirtschaftliches Schmutzwasser häufig den typischen Jauche- oder Silogeruch. Schmutzwasser aus Brauereien riecht manchmal nach Maische (Treber) und das aus Molkereien nach Molke.

Andere und manchmal auch gefährliche Inhaltsstoffe, wie toxische Substanzen in ungenügend vorbehandeltem Galvanikabwasser, sind nicht immer mit Auge oder Nase erkennbar. Hierzu gehören auch Stoffgruppen mit den Bezeichnungen CKW (chlorierte Kohlenwasserstoffe, PCB (polychlorierte Biphenyle), AOX (adsorbierbare organische Halogenverbindungen) oder ähnliche, zu denen die Lösungsmittel Tri, Per und Tetra gehören. Sie sind gelöste organische Stoffe, die nur schwer oder nicht abbaubar sind. Manche wirken abbauhemmend. AOX wird auch als Schadstoff im AbwAG bewertet. Einige Schwermetalle können toxisch wirken, die Giftwirkung ist immer von der Konzentration abhängig.

Salze sind in jedem natürlichen Wasser enthalten, daher auch im Abwasser. Sulfatgehalte über 300 mg/l können Beton angreifen. Der Salzgehalt verändert die Leitfähigkeit. Bei ansonsten unveränderten Bedingungen steigt die Leitfähigkeit mit dem Salzgehalt.

Detergenzien kommen über Wasch- und Spülmittel ins Abwasser; sie verursachen die Schaumbildung im Wasser. Aus Waschmitteln stammt auch ein Teil der Phosphate, die, ebenso wie Nitrate, als Nährstoffe ein Gewässer belasten können.

In häuslichem Schmutzwasser muss immer mit *Krankheitserregern* (Bakterien, Viren, Parasiten, Wurmeiern) gerechnet werden. Ein Rest dieser pathogenen Keime ist auch in gut gereinigtem Abwasser noch vorhanden, wenn es nicht desinfiziert wird.

Wenn *brennbare Stoffe*, wie Benzin, Benzol oder Verdünner usw., in den Kanal gelangen, ist vor allem die Explosionsgefahr zu beachten.

Die wichtigsten Parameter zur Beurteilung der Beschaffenheit des Rohabwassers sind

    Biochemischer Sauerstoffbedarf (BSB_5)
    Chemischer Sauerstoffbedarf (CSB)
    Gesamtstickstoff, Summe aus organischem und anorganischem Stickstoff (GesN)
    Phosphor (P_{ges}).

BSB_5

Bei der Bestimmung des BSB_5 wird der O_2-Bedarf gemessen, der bei 20°C in fünf Tagen von den Mikroorganismen zum Abbau der organischen Stoffe benötigt wird. In der AbwV ist der BSB_5 der Maßstab für die Größenklasse einer Kläranlage.

Der BSB_5 von kommunalem Schmutzwasser liegt im Mittel zwischen 200 und 400 mg/l. Die Zahl für das dünnere Abwasser mit der niedrigen Konzentration gilt für Großstädte wegen des größeren spezifischen Wasserverbrauchs und für höheren Fremdwasseranteil. Ein Einwohner produziert täglich eine Schmutzmenge, die der Verschmutzungskennzahl von 60 g BSB_5 entspricht (Definition siehe Kap. 9.4).

Mit dem BSB_5 wird auch die Verschmutzung eines Betriebsabwassers gemessen. Wenn die BSB_5-Fracht durch 60 (bei Messung nach der Vorklärung durch 40), die Zahl, die für einen Einwohner gilt, geteilt wird, entspricht diese Schmutzmenge einem Einwohnergleichwert (EGW).

Bei der Herstellung folgender Produkte fällt im Abwasser durchschnittlich jeweils ein EGW an:

2 - 5 kg	Fleisch- und Wurstwaren	1 - 2 l	Kartoffelspiritus
1 - 2 kg	Butter	3 - 20 l	Bier
4 - 22 kg	Käse (ohne Molkeablauf)	0,2 - 0,3 kg	Zellstoff
0,5 - 2 kg	Fischkonserven	1 - 5 kg	Papier
2 kg	Obst- und Gemüsekonserven	1 kg	Seife

1 EGW fällt an beim Ablassen von 0,5 l Vollmilch oder beim Waschen von 1 - 5 kg Schmutzwäsche.

Die Summe aus der Zahl der Einwohner (EZ) und dem Einwohnergleichwert (EGW) ergibt den **Einwohnerwert (EW)**, z. B. für die **Ausbaugröße oder Belastung einer Kläranlage**.

CSB

Der CSB ist die Sauerstoffmenge, die erforderlich ist, alle organischen Stoffe chemisch zu oxidieren. Dabei wird der O_2-Verbrauch mit Hilfe eines Oxidationsmittels gemessen. Bei kommunalem Schmutzwasser liegt er im Mittel zwischen 400 und 600 mg/l bzw. täglich bei 120 g je Einwohner (siehe auch Kap. 9.3.2).

NH_4-N, GesN

Der Gehalt an Ammonium-Stickstoff (NH_4-N) in kommunalem Schmutzwasser liegt zwischen 20 und 50 mg/l. Einwohnerbezogen liegt der Stickstoffanfall bei 11 g/d GesN. Bei der Oxidation von NH_4-N zu Nitrat (NO_3-N) wird etwa die vierfache Menge an Sauerstoff wie bei der Oxidation der Kohlenstoffverbindungen (BSB_5) verbraucht, entsprechende Temperaturen und pH-Werte vorausgesetzt. Der Ammonium-Stickstoff steht mit dem Ammoniak-Stickstoff (NH_3-N) in einem Gleichgewicht. Steigt die NH_4-N-Konzentration, dann erhöhen sich auch die NH_3-N Werte. Bei warmen Wassertemperaturen kann Ammoniak bei höherem pH-Wert auf über 0,2 mg/l im Gewässer ansteigen und ist dann stark fischgiftig.

Die Messung des Gesamtstickstoffs (GesN) = Summe aller N-Verbindungen im Zulauf zur Kläranlage, ist als Betriebswert von Bedeutung. Denn erst im Verlauf der Abwasserreinigung wird der überwiegende Teil des organischen Stickstoffs in Ammoniumstickstoff umgewandelt.

Ohne diesen organischen Stickstoffanteil ist bei der Ermittlung des N-Abbaus der Kläranlage keine exakte Bilanzierung möglich. Nitrit und Nitrat sind im häuslichen Schmutzwasser dagegen kaum enthalten. Durch unkontrollierte Einleitungen wie nitrathaltiges Fremdwasser sind durchaus nennenswerte NO_3-N Konzentrationen möglich. Auch für die Ermittlung des Abbaugrades ist der GesN zu messen (siehe auch Kap. 9.3.6 ff.).

P_{ges}

Die Phosphorkonzentration im unbehandelten Schmutzwasser ist in den letzten Jahren deutlich zurückgegangen. Sie liegt heute zwischen 8 und 12,5 mg/l. Einwohnerbezogen rechnet man mit 1,8 g/d P_{ges}. Der Rückgang ist vor allem durch die Änderung der Waschmittelzusammensetzung eingetreten.

Phosphor gehört in Form von Phosphat neben dem bei der Stickstoffoxidation entstehenden Nitrat zu den Pflanzennährstoffen.

Beide Stoffe führen zu einer Überdüngung (Eutrophierung) der Gewässer (siehe auch Kap. 9.3.10).

2.3.2 Die Beschaffenheit des gereinigten Abwassers

Das gereinigte Abwasser muss bestimmte Anforderungen erfüllen, bevor es in ein Gewässer eingeleitet werden darf. Dazu gibt es gesetzliche Regelungen.

Bei den Kommunen sind im Anhang 1 der AbwV je nach Ausbaugröße einer Kläranlage teilweise unterschiedliche Anforderungswerte für BSB_5, CSB, NH_4-N, N_{ges} und P_{ges} festgelegt (siehe dazu Abschnitt 1.2 Wasserrecht).

N_{ges}
„N_{ges}" ist die Summe der Messwerte von NH_4-N, NO_3-N und NO_2-N ohne den Anteil des organischen Stickstoffes. Diese drei Stickstoffverbindungen sind aus derselben Probe zu bestimmen.

Weitere Kriterien
Biologisch gereinigtes Abwasser ist weitgehend geruchfrei, enthält keine absetzbaren Stoffe und hat eine Durchsichtigkeit von mindestens 50 cm. Manchmal hat es eine leicht gelbliche Färbung, die vorwiegend durch Huminsäuren verursacht wird.

In häuslichem Schmutzwasser muss immer mit *Krankheitserregern* (Bakterien, Viren, Parasiten, Wurmeiern) gerechnet werden. Ein Rest dieser pathogenen Keime ist auch in gut gereinigtem Abwasser noch vorhanden, wenn es nicht desinfiziert wird.

Die Analytik macht es heute möglich, auch geringe *Mikroverunreinigungen* nachzuweisen. So werden vereinzelt Mikroschadstoffe wie *Arzneimittelrückstände* im gereinigten Abwasser bzw. in Gewässern festgestellt. Derzeit existieren keine gesetzlichen Anforderungen an die Verminderung dieser Spurenstoffe/Arzneimittelrückstände. Eine akute Gefährdung der Umwelt durch diese Mikroverunreinigungen scheint nach den bisherigen Erkenntnissen durchaus möglich.

3 Abwasserableitung

3.1 Aufgabe der Kanalisation

Kanalisationsanlagen haben die Aufgabe, das Abwasser, also häusliches und betriebliches Schmutzwasser sowie häufig auch Regenwasser (Niederschlagswasser, Tauwasser bei Schneeschmelze) so abzuführen, dass für Mensch und Natur kein Schaden entsteht.

Kanäle können diese Aufgabe nur erfüllen, wenn sie ständig überwacht und gewartet werden. Bau und Unterhalt des Kanalnetzes kostet viel Geld. Diese Werte zu erhalten erfordert eine sorgfältige, dauernde Instandhaltung und Überwachung. Kanäle müssen gegen eindringendes und austretendes Wasser dicht sein, der freie Durchgang im gesamten Querschnitt muss erhalten werden. In manchen Gegenden werden Kanäle auch Siele oder Dolen genannt. Bestimmte Stoffe dürfen nicht in Kanäle eingeleitet werden. Insbesondere solche Stoffe nicht, die Baustoffe angreifen, die Abwasserreinigung beeinträchtigen, Gewässer schädigen und nicht zuletzt Leib und Leben des Personals gefährden können. Entsprechende Einleitungsverbote sind in der Entwässerungssatzung festgelegt.

3.2 Mischverfahren und Trennverfahren

Wenn Schmutz- und Regenwasser zusammen in einem Kanal abgeführt werden, spricht man vom Entwässerungssystem im Mischverfahren.

Beim Trennverfahren werden Schmutzwasser und Regenwasser getrennt voneinander in zwei verschiedenen Kanälen abgeleitet. Die Trennung beginnt schon in den Grundstücken. Die Anschlusskanäle müssen an den jeweils richtigen Sammelkanal, also Regenwasser an den Regenwasserkanal und Schmutzwasser an den Schmutzwasserkanal, angeschlossen werden.

Auch die Begriffe Misch- und Trennsystem bzw. Misch- und Trennkanalisation sind gebräuchlich.

Manche Gemeinden wenden in ihren Ortsteilen auch unterschiedliche Systeme an. Kläranlagen können nicht den gesamten Regenwasseranfall aufnehmen, deshalb werden an geeigneten Stellen Regenentlastungen angeordnet. Hier wird das stark verdünnte Mischwasser über Regenüberläufe oder nach Behandlung in Regenbecken direkt einem aufnahmefähigen Gewässer zugeführt.

Das konventionelle Ableitungsprinzip wird häufig bei Neuplanungen oder Kanalsanierungen durch das *modifizierte* Trennoder Mischsystem ersetzt oder ergänzt, um den ökologischen und ökonomischen Anforderungen besser gerecht zu werden. Bei den modifizierten Systemen wird nach *behandlungsbedürftigem* und *nicht behandlungsbedürftigem Regenwasser* unterschieden. Das unbelastete Regenwasser z. B. von Dächern muss nicht gereinigt werden, sondern kann für bestimmte Nutzung verwendet werden, auch versickert oder direkt in ein Gewässer eingeleitet werden.

Der Versickerung von Regenwasser wird große Bedeutung beigemessen. Mit der Regenwasserversickerung werden der natürliche Wasserkreislauf und das ökologische Gleichgewicht gefördert die durch die versiegelten Flächen der Siedlungen zerstört wurden.

3.3 Grundstücksentwässerung

Grundstücksentwässerungsanlagen erfassen das auf dem Grundstück anfallende Abwasser (Schmutz- und Regenwasser).

Beim Mischverfahren wird das Abwasser in einem Kanal zur öffentlichen Kanalisation geleitet (Bild 3.1). Bei der Entwässerung im Trennverfahren dagegen wird das Regenwasser in einer eigenen getrennten Leitung abgeführt, häufig auch auf dem Grundstück versickert. Wichtige Begriffe sind:

Fallleitung

senkrecht innerhalb des Gebäudes verlegte Leitungen, mit Entlüftung über Dach

Sammelleitung

liegende Leitung zur Aufnahme des Abwassers von Fallleitungen, die nicht im Erdreich oder unter der Grundplatte verlegt ist

Grundleitung

Entwässerungsleitung, die innerhalb eines Gebäudes oder unter den Fundamenten verlegt ist, an die Schmutzwasserfallleitungen oder Entwässerungsgegenstände direkt im Kellerbereich angeschlossen sind

Anschlussleitung

Kanal zwischen dem öffentlichen Abwasserkanal und der Grundstücksgrenze bzw. der ersten Reinigungsöffnung (z. B. Übergabeschacht) auf dem Grundstück

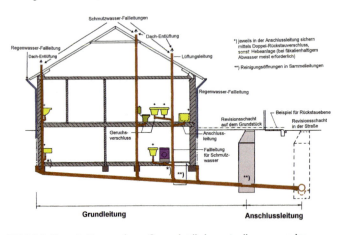

Bild 3.1: Darstellung einer Grundstücksentwässerung im Mischverfahren

Alle Leitungen müssen wasserdicht sein und frostfrei verlegt werden. Die Werkstoffe müssen ein Prüfzeichen haben. Durch Geruchsverschlüsse muss verhindert werden, dass Gase im Gebäude austreten. Die unter der Rückstauebene liegenden Entwässerungsgegenstände sind durch Abwasserhebeanlagen mit Druckschleifen gegen rückstauendes (Ab)Wasser aus der Kanalisation zu schützen (DIN 1986-100 [21]). Die Druckschleife sollte dabei das Abwasser mind. 20 cm über das Rückstauniveau, welches in der Regel der Straßenoberkante entspricht, anheben. Auch der Einsatz von Rückstauverschlüssen gegen das Eindringen von überstauendem Abwasser aus der Kanalisation ist ggf. zulässig.

Wenn ein bebautes Grundstück nicht an eine öffentliche Kanalisation anschließbar ist, wird das Abwasser über eine Kleinkläranlage (DIN 4261 [21]) gereinigt. Zur Wartung von Kleinkläranlagen siehe auch „Betrieb und Wartung von Kleinkläranlagen" [18].

Kleinkläranlagen können manchmal kostengünstig durch Druckentwässerungen vermieden werden. In ungünstigen Lagen kann damit Abwasser aus dem Grundstück auch in höher liegende Kanäle gepumpt werden.

Grundstücke, auf denen mit dem Anfall von Leichtstoffen, wie Benzin, Öl, Fett, zu rechnen ist, müssen vor Einleitung ins Kanalnetz Abscheider für Leichtflüssigkeiten, z. B. Benzinabscheider (DIN 1999 [21]), Fettabscheider (DIN 1940-43 [21]) angeordnet werden. Vielfach muss ein Schlammfang vorgeschaltet sein. Diese Einrichtungen sind nur wirksam, wenn sie regelmäßig kontrolliert und geräumt werden.

3.4 Bemessung von Kanälen

Kanäle haben normalerweise ein natürliches Freispiegelgefälle und werden nach der Kontinuitätsgleichung

$Q = v \cdot A$ bzw. $A = Q : v$

bemessen. Darin bedeuten

Q = Durchfluss in m^3/s; v = Fließgeschwindigkeit in m/s

A = benetzter, durchflossener Rohrquerschnitt in m^2

Der erforderliche Rohrquerschnitt A wird durch den maßgebenden Durchfluss und die Fließgeschwindigkeit bestimmt.

Beim Mischverfahren ist der maßgebende Durchfluss für den Mischwasserkanal

$$Q = Q_S + Q_F + Q_R = Q_T + Q_R,$$

wobei normalerweise Q_R die bestimmende Größe ist.

Beim Trennverfahren ist der maßgebende Durchfluss für den Schmutzwasserkanal

$$Q = 2\,Q_T = 2\,Q_s + Q_f$$

und für den Regenwasserkanal

$$Q = Q_R$$

Die Fließgeschwindigkeit v hängt vom Gefälle, der Wandrauigkeit und der Querschnittsform des Kanals ab. Eine genaue Berechnung ist kompliziert; man verwendet daher Bemessungstabellen. Je nach Wandrauigkeit können dort für bestimmte Querschnittsformen und Querschnittsgrößen bei Vollfüllung und für bestimmte Gefälle der entsprechende Durchfluss und die zugehörige Fließgeschwindigkeit abgelesen werden.

Um Ablagerungen zu verhindern muss eine *Mindestfließgeschwindigkeit* von 0,5 m/s eingehalten werden. Anderseits darf eine Maximalgeschwindigkeit bei Vollfüllung von 6 bis 8 m/s nicht überschritten werden, um den Abrieb der Kanalwandung in Grenzen zu halten.

Je größer das Gefälle ist, desto größer wird die Fließgeschwindigkeit und desto kleiner der benötigte Querschnitt. Das Gefälle J wird als Verhältnis von Höhenunterschied zu Länge oder in ‰ angegeben. Als Faustformel für Kreisprofile, mit der die Randbedingungen für die Fließgeschwindigkeit eingehalten werden, gilt

J = 1 : DN (in mm) für Mindestgefälle und

J = 1 : DN (in cm) für maximales Gefälle
  (DN = Durchmesser-Nennweite).

Wenn z. B. ein Kanal mit DN 200 verlegt wird, soll er mindestens ein Gefälle von 1 : 200 = 5 ‰ haben. Das ist 1 m Höhenunterschied auf 200 m Länge. Das Gefälle von 1 : 20 = 50 ‰ sollte nicht überschritten werden.

Die Bemessung von Kanalnetzen erfordert verhältnismäßig umfangreiche Berechnungen im Listenverfahren, die heute überwiegend mit EDV-Programmen durchgeführt werden.

3.5 Rohrmaterial, Querschnittsformen

Für die *Kanäle* selbst sind als Rohrmaterial üblich
Steinzeug
Beton
Stahlbeton
Faserzement; (früher Asbestzement)
Kunststoff
Stahl oder Guss, z. B. für Druckleitungen und Düker
Ortbeton, wenn Kanäle auf der Baustelle betoniert werden.

Manche Kanäle werden innen mit Steinzeug, Klinkern oder Zementmörtel ausgekleidet, auch Kunststoffbeschichtungen werden angeboten. Früher wurden größere Kanalquerschnitte auch gemauert.

Die Dichtungen in den Rohrverbindungen sind besonders wichtig. Moderne Dichtungen sind Rollringdichtung, Gleitringdichtung oder fest angebrachte Dichtmittel je nach Muffenart, Querschnittsform und Rohrwerkstoff. Diese Dichtungen müssen das Prüfzeichen des Instituts für Bautechnik in Berlin haben.

Die wichtigsten Forderungen der Prüfung sind
I wasserdichter Anschluss
I Wurzelfestigkeit
I Elastizität gegenüber Bewegungen im Rohrstoß
I Dauerbeständigkeit.

Die Abwasserbeschaffenheit kann sich auf die Kanalbaustoffe auswirken. Temperatur und pH-Wert sind besonders wichtig. Höhere Temperaturen bewirken einen schnelleren Sauerstoffverbrauch im Abwasser, es fault an und dadurch entstehen Schwefelwasserstoffverbindungen. Diese können z. B. die Kanaldichtungen oder -beschichtungen beschädigen. Deshalb darf gewerbliches Abwasser mit mehr als 35 °C nicht in den Kanal eingeleitet werten. Saure Abwässer mit pH-Wert unter 6 greifen alle zementhaltigen Kanal- und Schachtbaustoffe an.

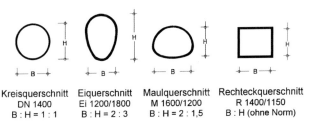

Kreisquerschnitt
DN 1400
B : H = 1 : 1

Eiquerschnitt
Ei 1200/1800
B : H = 2 : 3

Maulquerschnitt
M 1600/1200
B : H = 2 : 1,5

Rechteckquerschnitt
R 1400/1150
B : H (ohne Norm)

Bild 3.2: Rohrquerschnitte

Die häufigsten Querschnittformen (Profile) sind der Kreisquerschnitt und der Eiquerschnitt. Übliche Kreisprofile sind DN 150 bis DN 3000, wobei DN die Durchmessernennweite (Innendurchmesser) in mm bedeutet. Normale Eiprofile haben ein Verhältnis von Breite zu Höhe von 2 : 3 und reichen von 600/900 bis 1600/2400. Die spitzige Seite des Eiprofils ist unten, um bei kleinerem Abfluss größere Fülltiefen und dadurch weniger Ablagerungen zu erhalten. Daneben gibt es noch viele andere Querschnittformen, die entweder aus früherer Zeit stammen oder in Sonderfällen eingesetzt werden, z. B. gedrückte oder überhöhte Profile, Maul- oder Rinnenquerschnitte.

3.6 Schächte, Straßenabläufe

Die Kanäle müssen für Inspektion, Wartung und Instandsetzung zugänglich sein. Deshalb sind in gewissen Abständen Einsteigschächte (Bild 3.3) angebracht. Sie dienen auch der Be- und Entlüftung. Schächte werden bei einer Änderung der Fließrichtung, des Querschnitts oder des Gefälles und wenn Seitenkanäle einmünden, angeordnet. In geraden, durchlaufenden Kanalstrecken liegen die Schachtabstände zwischen 50 und 100 m. Die Kanalstrecke zwischen zwei Schächten wird Kanalhaltung genannt.

Als Baustoff für Schächte werden vorwiegend Betonschachtringe oder Fertigteilschächte in den verschiedensten Materialien verwendet. Die Schachtsohle wird als Rinne ausgebildet, die dem unteren Teil des Kanalquerschnittes entspricht. So wird ein durchgehender Abfluss bei niedrigen Wasserständen erreicht um Ablagerungen zu vermeiden.

Der Innendurchmesser beträgt > 1 m, die Schlupflochweite an der Schachtabdeckung mind. 610 mm. Die Schmutzfänger unter den Schachtabdeckungen (Bild 3.3) schützen den Kanal vor groben Verschmutzungen, z. B. Steinen, die durch die Lüftungsöffnungen der Schachtabdeckung in den Kanal kommen könnten; sie sind regelmäßig zu reinigen und dürfen auch aus Gründen des Personenschutzes nicht entfernt werden.

Zum Begehen der Schächte sind Steigeisen oder Leitern eingebaut. Diese Einstieghilfen werden Steiggang genannt. Steigeisen sind in regelmäßigen Abständen, dem Steigmaß (meistens 25 cm), angeordnet. Der Steiggang aus Steigeisen ist zweiläufig da sie jeweils versetzt stehen. Steigeisen sind aus Gusseisen. Leitern sind meistens aus Aluminium und zur Vermeidung von Funkenbildung mit Kunststoff überzogen. Beide sind nach Form und Abmessungen genormt. Um sicher einsteigen zu können im Schachthals, beginnt der Steiggang in der Regel 50 cm unter der Steigebene (Straße).

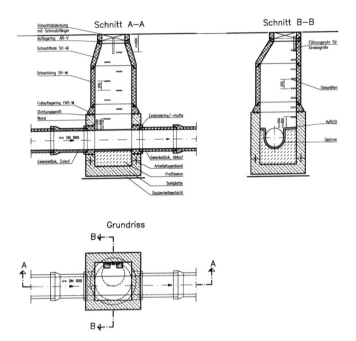

Bild 3.3: Schacht bis DN 500: rechteckiges Unterteil mit aufgesetzten Schachtringen (aus: Merkblatt DWA-M 158 Bauwerke der Kanalisation – Beispiele, [1])

Die volle Funktionsfähigkeit eines *Steigganges* ist für die Sicherheit des Betriebspersonals äußerst wichtig. Er muss so ausgebildet sein, dass man ihn „blind" gehen kann. Werden Schäden festgestellt, muss deren Beseitigung schnellstens veranlasst werden. Typische Defekte sind korrodierte, gelockerte oder gar abgebrochene Steigeisen.

Auch *Abdeckungen* von *Schächten* und *Straßenabläufen* (Bild 3.4) sowie Steiggänge müssen gewartet und bei Bedarf gereinigt werden. Die Abdeckungen erfordern einen größeren Unterhaltungsaufwand, da sie möglichst genau in einer Ebene mit der Straßenoberfläche liegen sollen. Vor allem durch Schwerlastverkehr wird der Schachtkonus beschädigt. Deshalb sind häufig Regulierungsarbeiten notwendig. Gegen das Klappern werden dämpfende Auflagen verwendet.

Grundstücksanschlüsse und Straßenabläufe werden meistens außerhalb der Schächte in den Kanal eingeführt. Diese Anschlüsse müssen den gleichen Anforderungen entsprechen, wie die Dichtungen der Rohrverbindungen.

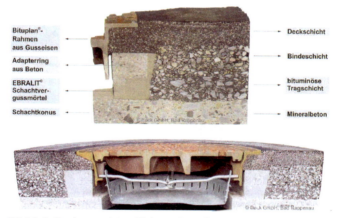

Bild 3.4: Fachgerechter Einbau einer Schachtabdeckung

Straßenabläufe (Bild 3.5) (Straßensinkkästen, Gullys) mit oder ohne Schlammeimer erfassen das Regenwasser von Straßen und Plätzen und leiten es zum Sammelkanal. Bei starkem Sandanfall sind vor den Zuläufen manchmal Geröllfänge angeordnet. Straßenabläufe sind aus Gusseisen oder Fertigbeton oder einer Kombination von beiden. Sie sind mindestens einmal im Jahr zu reinigen. Zur rationellen Reinigung mit wenig Handarbeit wurden Saugfahrzeuge mit Kraneinrichtung entwickelt.

Straßenabläufe

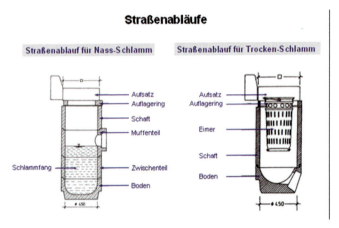

Bild 3.5: Straßenabläufe

3.7 Sonderbauwerke

Entlastungsbauwerke

In Mischwasserkanalisationen werden zur Entlastung des Spitzenabflusses bei Starkregen Regenüberläufe oder/und Regenbecken als Sonderbauwerke angeordnet. Sie trennen Zuflüsse, die über eine bestimmte Menge hinausgehen, zweigen diese zum Gewässer ab, bzw. speichern sie in Becken oder Stauraumkanälen. Die weiterführenden Kanäle und die Kläranlage werden so vor hydraulischer Überlastung oder gar Überschwemmung geschützt.

Für die Sonderbauwerke gelten folgende Kurzbezeichnungen:

Regenüberlauf	RÜ	Fangbecken	FB
Regenbecken	RB	Durchlaufbecken	DB
Regenüberlaufbecken	RÜB	Klärüberlauf	KÜ
Regenrückhaltebecken	RRB	Beckenüberlauf	BÜ
Regenklärbecken	RKB	Trennbauwerk	TB

Im RÜ (Bild 3.6) ist dafür eine Überlaufschwelle vorgesehen (einseitig oder doppelseitig), die erst überströmt wird, wenn im Kanal die Fülltiefe überschritten wird, die dem Abfluss bei der sogenannten kritischen Regenspende ($Q_{r\,krit}$) entspricht. In der Regel wird r_{krit} meist mit 15 l/(s · ha) angesetzt.

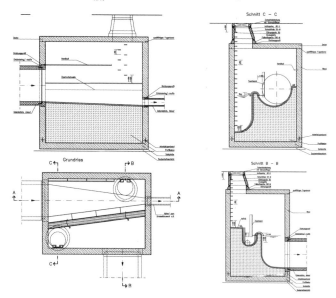

Bild 3.6: Regenüberlauf mit einseitiger Überlaufschwelle
(aus: Merkblatt DWA-M 158 Bauwerke der Kanalisation – Beispiele, [1])

Der Überlauf springt dann 5- bis 20mal im Jahr an. Der zur Kläranlage weiterführende Kanal wirkt als Drosselrohr. Durch Verwendung von einstellbaren Drosselorganen kann das Entlastungsverhalten optimiert werden.

Regenbecken haben die Aufgabe Spitzenabflüsse zu entlasten, sie sollen aber auch durch die Sedimentation (Absetzwirkung) im langsam durchströmten Speicherraum möglichst viel der im Kanal abgeschwemmten Schmutzstoffe vom Gewässer fernhalten.

Regenbecken sind: Regenüberlaufbecken (RÜB), Regenrückhaltebecken (RRB) und Regenklärbecken (RKB). Auch Kanalstauräume werden als RÜB betrieben, sie werden in Fangbecken (FB) u. Durchlaufbecken (DB) unterschieden (Bild 3.7).

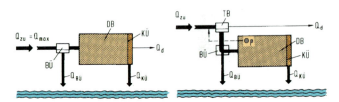

Durchlaufbecken im Hauptschluss   **Durchlaufbecken im Nebenschluss**

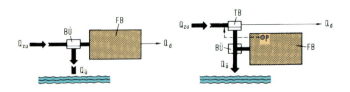

Fangbecken im Hauptschluss   **Fangbecken im Nebenschluss**

Bild 3.7: Regenbecken und ihre Funktion

Fangbecken sollen den stark verschmutzten Spülstoß bei Regenbeginn und kurzen Starkregen auffangen. FB haben keinen eigenen Überlauf zum Gewässer, sie werden nach Füllung nicht durchströmt. Der nicht mehr aufnehmbare Zufluss wird vor dem Becken am Beckenüberlauf (BÜ) zum Gewässer abgeschlagen. FB werden in kleineren Einzugsgebieten eingesetzt, DB in größeren. Durchlaufbecken werden auch nach Füllung noch beschickt und durchströmt. Am Beckenende befindet sich ein Klärüberlauf (KÜ), das Becken wirkt als Absetzbecken. Größere Zuflüsse, die die Klärwirkung beeinträchtigen würden, aber meist nur mehr gering verschmutzt sind, werden wie beim FB über einen BÜ vor dem Becken ins Gewässer entlastet.

Die Füllung der Becken (FB und DB) (Bild 3.8) wird durch Drosseleinrichtungen gesteuert, z. B. durch eine Pumpe, Wirbeldrossel, Schwimmerdrosselklappe, Waagedrossel, Raddrossel oder andere Regler.

Bild 3.8: Füllung eines Regenbeckens

Zur Räumung von Regenbecken haben sich automatische Spüleinrichtungen bewährt. Spülkippen erzeugen einen starken Spülschwall, der bei kleineren Kläranlagen zu hydraulischen Problemen führen kann, wenn das Becken nahe bei der Anlage liegt. Die stoßweise Zuführung von Sand und Schlamm bei der Beckenräumung kann zu Betriebsstörungen führen.

Solche Stöße können durch gleichmäßige Zuleitung vermieden werden, z. B. durch schwenkbare Rührwerke (Bild 3.9). Sie benötigen wesentlich weniger Energie als Wasserstrahlpumpen bei besserer Reinigung in toten Winkeln durch das Schwenken.

Der Beckeninhalt von Regenbecken ist der Kläranlage zuzuführen. RÜ und RÜB werden nach Arbeitsblatt DWA-A 128 „Richtlinien für die Bemessung und Gestaltung von Regenentlastungen in Mischwasserkanälen" [1] bemessen.

Je angeschlossenem Hektar versiegelter Niederschlagsfläche sind etwa 15 - 25 m³ Nutzraum erforderlich. Die kleinere Zahl gilt für die durchschnittliche Verschmutzung des Schmutzwassers in Gebieten mit geringer Niederschlagshöhe, die größere für stärker verschmutztes (z. B. durch Gewerbe und Industrie) und in Regionen mit hohem Niederschlag.

Bild 3.9: Rührwerke im Regenbecken

RRB werden gebaut, wenn kein Gewässer in erreichbarer Nähe ist. Sie verhindern bei Starkregen die großen Abflussspitzen in der Kanalisation, indem sie in ihren großen Nutzräumen einen Teil des Regenabflusses speichern und erst später langsam an den weiterführenden Kanal abgeben. RRB haben in der Regel einen Notüberlauf, der aber seltener als einmal im Jahr anspringt.

RKB kommen nur bei der Trennkanalisation vor. Der Regenabfluss wird im RKB vor der Einleitung in das Gewässer mechanisch geklärt, wenn dies zur Gewässerreinhaltung gefordert wurde. RKB wirken als Absetzbecken; der abgesetzte Schlamm muss deshalb der Kläranlage zugeführt werden.

Instandhaltung

Die Überwachung, Wartung und Inspektion der Regenbecken ist notwendig wegen der Beurteilung von Bauzustand, Betriebssicherheit und Funktionsfähigkeit so wie der Beurteilung der Auswirkungen hinsichtlich des Schadstoffrückhalts und auf das betroffene Gewässer.

Einige Bundesländer haben den Mindestumfang der Selbstüberwachung von Abwasseranlagen, also auch den von Regenbecken, einheitlich in Verordnungen geregelt (z. B. Funktionskontrolle der maschinellen Einrichtungen mindestens einmal pro Monat und nach jedem Regenereignis).

Eine gewissenhafte Instandhaltung schützt bei Haftungsangelegenheiten. Es sind z. B. folgende Inspektions- und Wartungstätigkeiten erforderlich:

- Art und Umfang von Ablagerungen feststellen, sowie Ablagerungen entfernen,
- Spüleinrichtung betätigen und prüfen; Becken und Einstiegsvorrichtungen nachreinigen,
- Drosseleinrichtung nachsehen und ggf. warten,
- Schieber, Klappen, Verschlüsse und Antriebe auf Gangbarkeit prüfen,
- Pumpen warten, auch monatlicher Probelauf von Reservepumpen bzw. umschalten von Reserve auf Normalbetrieb,
- Schutzanstriche und bauliche Teile halbjährlich nachsehen; Be- und Entlüftung nachsehen; Zwangsbelüfter überprüfen; Schwitzwasserbildung vermerken,
- Beleuchtung überprüfen,
- Messgeräte warten.

Unter „**Wartung**" sind auch die nach der Betriebsanweisung und der Bedienungsanleitung vorgeschriebenen Tätigkeiten zu verstehen. Dazu gehören vor allem Abschmieren und Öl wechseln in regelmäßigen Wartungsintervallen, das Eintragen der Betriebsstundenzahlen sowie Aufzeichnungen über die Messgeräte. In der Regel genügt das in Bild 3.10 gezeigte Arbeitsblatt der Aufzeichnungspflicht.

Betriebsaufzeichnungen zur Überwachung von Regenentlastungen

	Bezeichnung des Bauwerks:		Untere Brücke			Obere Brücke		
			offenes Durchlaufbecken			abgedecktes Fangbecken		
1	Jahr: 2017	Monat	Juli			Juli		
2		Tag	Do. 06.	Fr. 07.	Di. 18.	Do. 06.	Fr. 07.	Di. 18.
3		Uhrzeit	9 - 10^{00}	8 - 12^{00}	08:00	10 - 11^{00}	13 - 16^{30}	09:00
4	Regenereignis (ggf. Niederschlagshöhe in mm)		05.07. bis 07.07.		17.07.	05.07. bis 07.07.		17.07.
5	Füllstand	[m]	Überlauf	Überlauf	2,00	1,80	1,80	1,30
6	Benutzungsdauer	[h]	24	6	5	24	6	4
7	Überfallhöhe	BÜ [cm]	2	–		3	–	–
8		KÜ	10	2				
9	Überfalldauer	BÜ [h]	12	–		15	–	–
10		KÜ	18	6	–			
11	Einleitung ins Gewässer	[m³/s]						
12	geschätzt	[m³]	15.000	3.000		10.000		
13	Schäden im Gewässer	nicht erkennbar/ erkennbar	nicht erk.	nicht erk.		lehmtrüb		
14								
15	Nenneswerte Ablagerungen /Art		15 cm Schlamm	3 cm Schlamm		10 cm Schlamm	1 cm Schlamm	
16	Spüleinrichtung	überprüft	X					
17		betätigt	X	X		keine	handgeräumt	
18		gewartet	X					
19	Drosseleinrichtung	überprüft	= Pumpe				X	X
20		gewartet					X	X
21	Schieber, Antriebe, Klappen, Rechen usw.	überprüft	X			X		
22		gewartet	X			X		
23	Stand des Betriebsstundenzählers		2.468	2.492	2.497			
24	Pumpen	überprüft	X					
25		gewartet	X					
26	Be- und Entlüftung überprüft					X		
27	Beleuchtung überprüft					X		
28	Schutzanstriche überprüft							
29	Messgeräte	überprüft	X			keine vorhanden		
30		gewartet	X					
31	Bauliche Teile überprüft							
32	aufgewendete Arbeitszeit	[h]	1	4	1	1	4	1
33	Überwachung durchgeführt von (Handzeichen)							

© 2017 Verlag F. Hirthammer in der DWA

Bild 3.10: Betriebsaufzeichnungen zur Überwachung von Regenbecken (aus Betriebstagebuch für Kläranlagen [1])

Beurteilung der Auswirkungen auf das Gewässer

Um die Auswirkungen beurteilen zu können ist es meistens ausreichend, die Wirksamkeit eines Beckens abzuschätzen. Dazu genügt es Füllstände und Überlaufhöhen mit Hilfe eines Lattenpegels zu messen. Auf einem weißen Streifen daneben können mit den verbleibenden Schmutzrändern die Höhenkoten der höchsten Wasserstände abgelesen werden. Die Schmutzränder sind nach jeder Benutzung und Aufzeichnung der Werte wieder zu säubern. Rückhaltevorrichtungen an den Schwellen (Bild 3.11) verhindern, dass Grobstoffe ins Gewässer gelangen.

Bild 3.11: Regenüberlauf mit Kulissentauchwand (München)

Die über das gesamte Jahr hinweg notierten Aufzeichnungen werden in einem Jahresbericht „Kanalnetz" ausgewertet. Bei wasserwirtschaftlich bedeutenden Becken muss die Wirksamkeit jedes Beckens durch kontinuierliche Aufzeichnungen und deren Auswertung erfolgen.

Dazu gehören:

- Einstauzeitpunkt, -häufigkeit, -dauer,
- Entlastungszeitpunkt, -häufigkeit, -dauer,
- aus obigen Punkten: Berechnung oder Abschätzung der Einstau- und der Entlastungsmenge.

Einleitungsbauwerke

An Stellen, an denen Mischwasser aus Kanalisation oder Kläranlage in ein Gewässer eingeleitet wird, sind Bauwerke vorgesehen. Sie sind so zu gestalten, dass Sohle und Ufer des Gewässers auch bei starkem Durchfluss nicht gefährdet sind. Manchmal sind bei großen Einleitungen Grobrechen als Gitter angebracht; damit werden auch Unbefugte, z. B. Kinder, ferngehalten. Im Hochwasserbereich sind Auslaufbauwerke häufig mit selbsttätiger Rückstauklappe und einem Schieber ausgestattet, um Eindringen von Flusswasser in die Kanalisation zu verhindern.

Düker

Kanäle müssen manchmal Tiefpunkte (Straßen, Gewässer) kreuzen die tiefer liegen als die Kanaltrasse. Das Gefälle kann dann nicht beibehalten werden. Solche Kreuzungen heißen Düker. Der Kanal wird dann steil nach unten geführt (Dükeroberhaupt), mit leicht steigendem Gefälle unter dem Hindernis durchgeführt und dann mit mäßigem Gefälle wieder nach oben gezogen (Dükerunterhaupt). Der Kanal ist auf dieser Strecke ständig gefüllt. Bei der Bemessung ist darauf zu achten, dass die Mindestfließgeschwindigkeit nicht unterschritten wird um Ablagerungen zu vermeiden. Solche Bauwerke sind sehr überwachungs- und wartungsbedürftig und manchmal auch störanfällig.

3.8 Instandhaltung des Kanalnetzes

Der Kanalbetrieb ist eine der wesentlichen Aufgaben der Siedlungsentwässerung und eine „unsichtbare" Grundlage unseres Wohlstands. Die Aufgaben umfassen den Betrieb von Abwasserkanälen und -leitungen einschließlich der zugehörigen Sonderbauwerke. Bei öffentlichen Kanälen sind die Betreiber Gemeinden, Städte oder Verbände, bei privaten die Eigentümer, z. B. Industrieunternehmen, Grundstückseigentümer. Die Abwasseranlagen müssen von den Betreibern so unterhalten werden, dass Abwasser schadlos abgeleitet werden kann. Es müssen jederzeit Betriebssicherheit, Funktionsfähigkeit und Dichtheit gewährleistet sein. Dies wird im Wesentlichen durch die Instandhaltung erreicht.

In kleinen Gemeinden können viele Maßnahmen zur Instandhaltung oft nicht selbst wahrgenommen werden. Hier muss sich das Betriebspersonal auf die einfache Zustands- und Funktionskontrolle beschränken. Für eine Inspektion mit einer TV-Kamera muss dann z. B. eine Firma beauftragt werden (Bild 3.12).

Voraussetzung für einen ordnungsgemäßen Betrieb ist, dass die Anlagen des Kanalnetzes einwandfrei erstellt wurden und weiterhin instandgehalten werden. Hierfür ist die Weiterbildung des Betriebspersonals unerlässlich, die u. A. durch die Kurse der DWA erreicht wird.

Bild 3.12: Einsatz einer TV-Kamera (München)

Voraussetzungen für einen ordnungsgemäßen Betrieb sind:
- die genaue Ortskenntnis des Kanalnetzes mit seinen betrieblichen Einrichtungen und Anlagen,
- die fundierte Kenntnis der technischen Zusammenhänge und betrieblichen Abläufe innerhalb des Kanalnetzes sowie der Störungsmöglichkeiten und deren Beseitigung,
- die Kenntnis und Beachtung der Arbeitssicherheits- und Unfallverhütungsvorschriften und

- die eindeutige Zuordnung der Aufgaben- und Verantwortungsbereiche des Personals (Dienst- und Betriebsanweisung).

Dem Betriebspersonal müssen die Aufgaben der Betriebsanweisung, die Anforderungen der Selbstüberwachung und der Festlegungen in der Entwässerungssatzung bekannt sein. Das schließt Einleitungsverbote und Besonderheiten gewerblicher Einleiter mit ein. Ebenso muss das Personal Kenntnis über wasserrechtliche Einleitungserlaubnisse, ggf. auch über Wasserschutzgebietsverordnungen mit Schutzzonen-Karten und sonstige rechtliche Vereinbarungen, z. B. mit Firmen haben.

Unerlässlich für den Kanalbetrieb sind Bestandspläne (evtl. Kanalkataster) die der wirklichen Ausführung entsprechen sowie Funktionsbeschreibungen, u. U. auch Schaltpläne und Bedienungsanleitungen der Hersteller. Dies gilt auch für die zur Wartung und Inspektion benötigten Geräte und Fahrzeuge.

Alle Einzelheiten und eine genaue Beschreibung der Aufgaben (Wartungs- und Inspektionsplan) müssen in einer Dienst- und Betriebsanweisung für das Kanalbetriebspersonal entsprechend Arbeitsblatt DWA-A 199 „Dienst- und Betriebsanweisung für das Personal von Abwasseranlagen" [1] festgelegt sein. Diese muss auch die notwendigen Maßnahmen bei Betriebsstörungen beschreiben (Betriebsanweisung, Alarm- und Benachrichtigungsplan).

Einige der folgenden Hinweise sind dem Buch „Instandhaltungen von Kanalisationen" [17] entnommen.

3.8.1 Reinigung der Kanalisation

Die Reinigung von Kanälen ist ein wesentlicher Bestandteil der Wartung.

Ein Kanal sollte so geplant und gebaut werden, dass er sich im Betrieb möglichst selbst reinigt. Dies ist nur dann gewährleistet, wenn die Schleppkraft des abfließenden Abwassers groß genug ist damit sich die ungelösten Inhaltsstoffe (Sand, Kunststoffe,

Papier usw.) nicht absetzen und Ablagerungen bilden können. Günstig hierfür sind Fließgeschwindigkeiten von mindestens 0,6 m/s. Ist jedoch das Kanalgefälle zu klein, der Kanaldurchmesser zu groß oder reicht beim Mischsystem der Mischwasserabfluss nicht aus um den Kanal frei zu spülen, muss eine Kanalreinigung den störungsfreien Betrieb sicherstellen. Die Praxis hat gezeigt, dass auch bei sorgfältiger Planung und optimalen hydraulischen Verhältnissen im Kanal nicht auf eine bedarfsgerechte Reinigung verzichtet werden kann.

Ablagerungen können den Kanalquerschnitt verengen bis zum völligen Kanalverschluss. Die Folge ist Geruchsbelästigung und Gasbildung durch Fäulnis; auch Ratten können vermehrt auftreten, da ihnen Ablagerungen als Nahrung dienen.

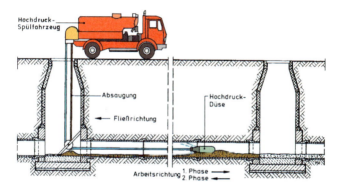

Bild 3.13: Hochdruckspülverfahren [17]

Die Kanalreinigung hat verschiedene Aufgaben. So ist eine Reinigung vor der Kanalinspektion oder vor einer Schadenbehebung mit einem deutlich höheren Reinigungsaufwand verbunden, als eine Reinigung zu Unterhaltszwecken. Die erforderliche Häufigkeit der Reinigung als Wartungsmaßnahme richtet sich nach den Randbedingungen wie Alter, Gefälle und Durchmesser des Kanals sowie kritischen Einleitungen, entsprechend den langzeitlichen Aufschreibungen. Eine bedarfsgerechte Kanalreinigung vermindert, ebenso wie die sorgfältige Straßenreinigung, die Gewässerverschmutzung bei Regen und erleichtert die Räumarbeit in den Regenbecken. Kleinen Gemeinden ist zu empfehlen, die Kanalreinigung von Fachfirmen vornehmen zu lassen, wenn das eigene Personal die Notwendigkeit festgestellt hat. Bei der Reinigung wird das Räumgut gleich durch das Kombifahrzeug (Wiederaufbereiter) entnommen.

Das Hochdruckspülverfahren (HD-Verfahren) (Bild 3.13), wird in Deutschland überwiegend angewandt. Mit diesem Reinigungsverfahren können Kanalquerschnitte bis DN 1500 gereinigt werden. Das Spülwasser aus dem Wassertank eines Spülfahrzeuges wird mittels Hochdruckpumpe und Hochdruckschlauch durch eine Reinigungsdüse an die Kanalwand gespritzt. An der Reinigungsdüse sind Düsenöffnungen (Düseneinsätze) so angeordnet, dass die Wasserstrahlen nach hinten in einem Winkel von ca. 15 bis 30° austreten (Bild 3.15).

Bild 3.14: Spülfahrzeug mit Wiederaufbereitung
(Quelle: Münchner Stadtentwässerung)

Durch den Druck, der an der Reinigungsdüse entsteht, wird diese gegen das Kanalgefälle in die Haltung getrieben und zieht den Schlauch nach. Die eigentliche Reinigung der Kanalhaltung erfolgt beim Zurückziehen des Schlauches mit der Schlauchhaspel zum Startschacht. Dabei beschleunigen die austretenden Wasserstrahlen das Abwasser, lösen verfestigte Ablagerungen, wirbeln das Räumgut im Kanal auf und transportieren es zum Startschacht.

Bild 3.15: Die Wirkung einer Reinigungsdüse

Dort wird das Waschwasser mittels Vakuum über den Schlauch des Saugfahrzeuges abgezogen. Häufig werden kombinierte Hochdruck-, Spül- und Saugfahrzeuge eingesetzt mit der wasser- und arbeitszeitsparenden Wasserrückgewinnung (Bild 3.16).

Die Anzahl der erforderlichen Reinigungsdurchgänge und die Geschwindigkeit der Reinigungsdüse (zwischen 4 und 60 m/min) ist der Verschmutzungsart und der Menge des zu transportierenden Räumgutes anzupassen. Die Hochdruckpumpe sollte einen so hohen Druck erzeugen, dass an der Reinigungsdüse noch ein Druck von 60 - 100 bar erreicht wird. Bei diesem Druck sind bei „gesunden" Kanalrohren keine Materialschäden zu erwarten.

Bei schadhaften Rohren ist Vorsicht geboten! Schadhafte Kanäle, die noch nicht saniert oder erneuert werden konnten, sollen mit reduziertem Wasserdruck und größerer Wassermenge gespült werden. Der Förderstrom der Hochdruckpumpe richtet sich nach Art, Höhe und Konsistenz der Ablagerungen sowie der Wasserführung. Ist die Ablagerungshöhe kleiner als 0,5 DN, sind

i. d. R. folgende Fördermengen ausreichend: 320 l/min für DN < 800, 390 bis 450 l/min für DN 800 bis DN 1200, 640 bis 800 l/min für DN > 1200.

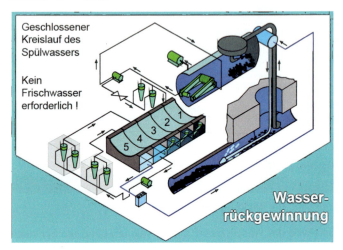

Bild 3.16: Wasserrückgewinnung Fa. Wiedemann & Reichardt

Je nach Verschmutzung und Innendurchmesser werden unterschiedliche Reinigungsdüsen verwendet:

- Radialdüsen (Wasseraustritt radial auf den Düsenumfang verteilt) und Rotationsdüsen (drehbar gelagerte Radialdüsen) zur Reinigung des gesamten Rohrumfanges,
- Sohlendüsen (Wasseraustritt in Richtung Rohrsohle) zur bevorzugten Reinigung der Kanalsohle (Bild 3.15) und zum Räumen schwerer Ablagerungen und
- Düsen zur Beseitigung von Verstopfungen (Wasseraustritt auch nach vorne).

Bei dem HD-Verfahren entstehen Aerosole (feinste in der Luft verteilte Abwassertröpfchen) die zur Gesundheitsgefährdung des Reinigungspersonals führen können. Hier helfen leichte Schachtabdeckungen mit Durchführungsöffnungen für Druck und Saugschlauch und eine Reduzierung des Spüldruckes schon ca. 10 m vor dem Startschacht beim Aufhaspeln des Schlauches.

Ein großer Vorteil des HD-Verfahrens ist, dass hier das Einsteigen von Schächten auf ein Minimum beschränkt ist. Auf einem Reinigungsfahrzeug müssen mindestens 2 Personen tätig sein. Der Hochdruckschlauch der Fahrzeuge ist 120 bis 350 m lang und ermöglicht auch die Reinigung mehrerer Haltungen in einem Arbeitsgang.

Zur Reinigung von Druckleitungen werden fast ausschließlich *„Molche"* verwendet. Es handelt sich um gelenkige Körper, deren Außendurchmesser etwa dem Innendurchmesser der Druckleitung entspricht (Bild 3.17). Sie werden an einer Schleuse in die Druckleitung eingebracht und vom unter Druck stehenden Schlamm oder Abwasser durch die Leitung transportiert. Durch diese Querschnittsverengung entsteht größere Fließgeschwindigkeit um die Ablagerungen zu lösen und weiter zu transportieren. Schließlich wird der Molch an der Empfangsschleuse wieder der Leitung entnommen.

Bild 3.17: Gelenkmolche (München)

Zu Reinigungsarbeiten gehört auch die mindestens jährliche Säuberung der Straßenabläufe. Zur rationellen Reinigung mit wenig Handarbeit wurden spezielle Saugfahrzeuge mit Kraneinrichtung entwickelt.

Das anfallende Räumgut hat einen TR von etwa 40 %; der organische Anteil beträgt 10 bis 40 %. Das Räumgut ist ähnlich wie Rechengut und Sandfanggut zu behandeln. Dafür ist ein vereinfachter Verwertungs- bzw. Beseitigungsnachweis erforderlich. Dieser ist in den Fahrzeugen mitzuführen.

3.8.2 Kanalinspektion

Durch die Inspektion kann der Reinigungsbedarf eines Kanals festgestellt oder der Erfolg der Reinigung überprüft werden. Die Inspektion ist eine wichtige Voraussetzung für das Erkennen von Schäden und ihren Ursachen. Die Inspektion erfolgt mit optischen Verfahren (qualitativ), z. B. Kanalfernsehuntersuchung (Bild 3.18) oder mit Messverfahren (quantitativ), z. B. Dichtheitsprüfung.

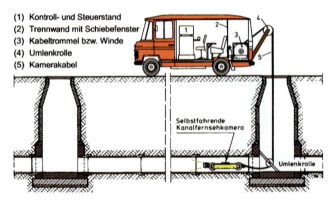

Bild 3.18 Inspektionen mit selbstfahrender Kamera [17]

„Einfache" Sichtprüfung

Auf eine 1 x jährliche einfache Sichtprüfung kann nicht verzichtet werden um Betriebsstörungen und eine mögliche Gefährdung von Boden und Grundwasser durch undichte Kanäle zu vermeiden (Inspektionsstrategie). Aufzeichnungen und Berichte von Inspektionen sind wenigstens 5 Jahre aufzubewahren.

Nach einigen Jahren Betriebserfahrung ist dem überwachenden Personal durch die Aufzeichnungen über die vorhergehenden Inspektionen ziemlich genau bekannt welche Kanalstrecken oder Anlagen häufig oder selten einer Nachschau bedürfen. Diese Kontrolle erfolgt in der Regel als „einfache" Sichtprüfung ohne Trockenlegung des Kanals. Sie umfasst das Öffnen der Kanalschächte, Reinigen der Schmutzfänger, Überprüfen der Wasserstände, Kontrolle auf erhöhte Gaskonzentration oder auffälligen Geruch, optische Inspektion von der Straße aus und ggf. Schadenfeststellung. Auch sollten die Schachtabdeckungen und Straßenabläufe im Verlauf der Kanaltrasse nachgesehen werden. Manchmal stehen sie heraus oder sinken ab.

Die Abdeckungen erfordern einen recht hohen Unterhaltungsaufwand, da sie möglichst genau in einer Ebene mit der Straßenoberfläche liegen sollen und beim Überfahren nicht klappern dürfen. Deshalb sind häufig Regulierungsarbeiten notwendig. Gegen das Klappern werden dämpfende Auflagen verwendet. Aber vor allem muss die Auflagefläche im Rahmen sauber gehalten werden.

Die getroffenen Feststellungen sind in einem Untersuchungsprotokoll festzuhalten (Bild 3.19). Um die Beobachtungen sofort aufzeichnen zu können, müssen die Bestandspläne greifbar sein, aus denen Bebauung, Straßenbezeichnung, Schacht-Nr. und alle notwendigen Einzelheiten hervorgehen. Die einfache Sichtprüfung erfolgt ggf. in Kombination mit der Kanalreinigung oder auch mit der Kanalspiegelung.

Kanalnetz – Einfache Sichtprüfung 2018

Blatt Nr. 2

Stadt, Markt, Gemeinde, ZV **Unterbrunn**   Ortsteil **Oberbrunn**

Tag/ Monat	erfaßbarer Bereich/ Straße (von Schacht-Nr. bis Schacht-Nr.)	Länge in m	Schacht-Nr.	explosive Gase	auffälliger Geruch	Deckel²⁾	Wandung	Steigeisen	Wassereintritt	vorhanden	Ursache³⁾	geringe	erheblich	Art⁴⁾	Fremdwasserzufl.
						im Schacht				im Kanal Rückstau		Ablagerungen			
1	2	3	4	5	6	7	8	9	10	11	12	13	14	15	16
3/8	Marktstraße 1401 - 1410	520	06 08						X	X	?				
3/8	Marktstraße 1410 - 1418	465	15 18		X								X	S (org)	
4/8	Utastraße 1201 - 1211	520	01 11				X						X	S (org)	
5/8	Orbstraße 1211 - 1225	854													
6/8	Orbstraße / Marktplatz 1225 - 1240	830	32 39							X	Haus- anschluß				X
7/8	Marktplatz / Ludwigstraße 1240 - 1249	520	42 49					X							X X

ergänzende Feststellungen zu den festgestellten Mängeln:

Marktstraße: Ursache des Rückstaus nicht erkennbar

Markt-/Utastraße: Ursachen für S(org) sind ein flaches Kanalstück und die Metzgerei Irl

Marktstraße (Schacht 1415): erhebliche Fahrbahnschäden

Marktplatz: verursacht der Überlauf Marktbrunnen das viele Fremdwasser?

sofort durchgeführte Maßnahmen: *Reinigung des Fettabscheiders bei der Metzgerei Irl*
Kanalspülung im Bereich der Markt- und Utastraße

noch erforderliche Maßnahmen: *umgehend: Marktstraße eingehende Sichtprüfung*

bald: Sanierung der Fahrbahn Marktstraße (Schacht 1415) und des Hausanschlusses in der Orbstraße

prüfen: Woher kommt der große Fremdwasseranfall am Marktplatz?

Sichtprüfung durchgeführt von **M. Fischer**   am **22. September 2018**

Bild 3.19: Beispiel eines Untersuchungsprotokolls

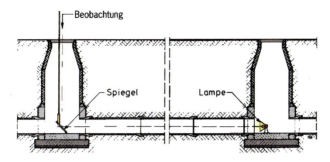

Bild 3.20: Prinzip der Kanalspiegelung [18]

Die *Kanalspiegelung* ist zwar die älteste aber auch die einfachste Art zur Inspektion nicht begehbarer Kanäle (Bild 3.20). In dem einen Schacht einer Haltung wird ein Scheinwerfer so angeordnet, dass die Haltung ausgeleuchtet wird und im Beobachtungsschacht ein Spiegel, der dem Kanalquerschnitt entspricht. Der Spiegel steht vor dem Kanal so geneigt, dass die Haltung oben vom Schachtrand aus eingesehen werden kann. Die Kanalspiegelung sollte allerdings nur für einfache Kontrollen verwendet werden, da eine genaue Beurteilung des Kanalzustandes damit nicht möglich ist.

„Eingehende" Sichtprüfung

Eine genauere Kontrolle der Kanäle sollte in Abständen von längstens 10 Jahren erfolgen. Diese eingehende Sichtprüfung wird meist als optische Inspektion mit Kamera oder durch Begehung der Kanäle durchgeführt. Voraussetzung dafür ist nicht nur die Reinigung, sondern auch die Trockenlegung des Kanals, damit auch der besonders kritische Sohlbereich unterhalb des ständigen Wasserdurchflusses kontrolliert werden kann. Folgende Schäden sind aufzunehmen:

Abflusshindernisse (z. B. Wurzeleinwuchs),

Undichtheiten,

Lageabweichungen,

mechanische Verschleißerscheinungen,

Korrosion,
Beschichtungsschäden,
Querschnittsverformungen,
Risse und Scherben,
Rohrbrüche und Einstürze.

Bei Schächten sind außerdem noch die Steighilfen zu kontrollieren. Die volle Funktionsfähigkeit eines Stiegganges ist für die Sicherheit des Betriebspersonals äußerst wichtig. Werden bei Inspektion oder Reinigung Schäden festgestellt, so müssen deren Beseitigungen schnellstens veranlasst werden. Typische Defekte sind:

- Steigeisen sind durch Korrosion beschädigt oder haben sich gelockert,
- das oberste Steigeisen sitzt zu tief,
- der Steiggang hat ein ungleichmäßiges Steigmaß, verläuft nicht im Lot, ist zu lang, hat keine Absturzsicherung oder endet nicht über dem Bankett.

Ein besonderes Augenmerk ist auf Grundstücks- und Schachtanschlüsse zu richten. Ein Großteil der vorhandenen Schäden der Kanalisationen (und Undichtheiten) wird durch die nicht fachgerechte Einbindung dieser Anschlüsse verursacht.

Bild 3.21: TV-Kamera mit schwenkbarem Kamerakopf

a) TV-Inspektion (Kanalfernsehuntersuchung)

In kleinen Gemeinden wird eine eigene Ausrüstung dafür kaum wirtschaftlich sein. Hier ist zu empfehlen, die Angebote von erfahrenen Fachfirmen einzuholen.

Zur TV-Inspektion nicht begehbarer Kanäle werden vorwiegend selbstfahrende digitale TV-Kameras eingesetzt. Ein flexibler Kamerakopf, der in alle Richtungen dreh- und schwenkbar ist, ermöglicht eine genaue Betrachtung der gesamten Rohrwandung (Bild 3.21). Selbst Risse mit 0,2 mm Breite sind feststellbar. Durch die langen Übertragungskabel ist die Inspektion mehrerer Haltungen direkt hintereinander möglich. Der Abstand der Kamera vom Schacht wird durch Längenvermessung des abgewickelten Kabels bestimmt. Während der Kamerabefahrung werden alle erforderlichen Informationen (Untersuchungsort, Kanalwerkstoff und -nennweite, Schadenbezeichnung, Position von Abzweigen und Stutzen) über eine Dateneingabekonsole erfasst und in das Monitorbild eingeblendet.

3.22: Digitale Aufzeichnungen im Inspektionsfahrzeug

Die Beobachtungs- und Steuereinrichtungen sind in den Inspektionsfahrzeugen installiert (Bild 3.22). Beim Aufzeichnen werden alle erfassten Bestands- und Zustandsdaten digital gespeichert, sodass sie für die Planung von Sanierungsmaßnahmen hilfreich sind.

Sie können zu Aufbau bzw. Aktualisierung einer Datenbank (Kanalkataster) verwendet werden. Die Inspektion der Anschlusskanäle erfolgt über den Revisionsschacht. Die sog. „Lindauer Schere" oder das „Kieler Stäbchen" mit einem biegefähigen Kamerasystem sind selbst bei DN 100 einsetzbar.

Auch mit Hilfe einer Satellitenkamera, die vom Sammler aus einen Kamerakopf bis 20 m in den Hausanschluss einführen kann (Bild 3.23), sind Inspektionen durchführbar.

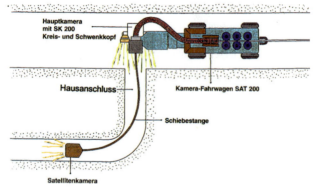

Bild 3.23: Satellitenkamera [17]

b) Begehung

Beim Begehen von Abwasserkanälen müssen die Unfallverhütungsvorschriften eingehalten werden. Die Inspektion erfolgt durch direkte Inaugenscheinnahme. Neben der schriftlichen Protokollierung werden festgestellte Schäden digital dokumentiert.

Rauchtest (Signalnebelverfahren)
Zur Feststellung unbekannter oder nicht genehmigter Leitungsanschlüsse an ein Abwassernetz (z. B. Dränleitung, Fehlan-

schluss beim Trennverfahren) eignet sich besonders die schnelle und preiswerte Methode des Rauchtests. Hierbei wird Rauch unter niedrigem Druck in eine abgesperrte Haltung geblasen oder eine Rauchbombe im Kanal gezündet. Die Beobachtung des Rauchaustritts erfolgt vom Gelände aus (Bild 3.24). Zur Dokumentation werden Fotoaufnahmen empfohlen.

Bild 3.24: Einsatz des Signalnebelverfahrens

Dichtheitsprüfung

Optische Inspektionen reichen zur vollständigen Beurteilung des Kanalzustandes nicht immer aus. Verschiedene Schäden (z. B. undichte Muffen ohne Versatz) sind optisch nicht feststellbar und können erst durch eine Dichtheitsprüfung nachgewiesen werden.

Besonders wichtig ist die Abnahme von Grundstücksanschlüssen. Sie sind nach Fertigstellung durch eine sachverständige Person des Kanalbetriebes abzunehmen, da hier häufig Fehler gemacht werden, die später nur schwer zu korrigieren sind. Wiederkehrende Dichtheitsprüfungen von Grundstücksentwässerungsanlagen sollten in der Entwässerungssatzung vorgeschrieben werden.

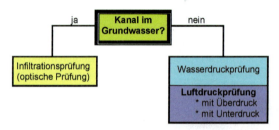

Bild 3.25: Entscheidungshilfe zur Prüfung der Wasserdichtheit

Der Prüfer darf sich nicht mit einer „Inaugenscheinnahme" begnügen. Es gibt verschiedene Methoden, mit denen die Wasserdichtheit nachgewiesen werden kann (Bild 3.25). In Abhängigkeit vom Anlass der Prüfung wird mit unterschiedlichen Prüfkriterien gearbeitet. An einen neu gebauten Kanal werden z. B. höhere Anforderungen an die Dichtheit gestellt als an einen alten Kanal, der im täglichen Betrieb zwar noch dicht ist, aber möglicherweise keine hohen Prüfdrucke überstehen würde. Die Dichtheitsprüfung von Abwasserleitungen wird auch im Arbeitsblatt DWA-A 139 „Einbau und Prüfung von Abwasserleitungen und -kanälen" und in der Merkblattreihe DWA-M 143 „Sanierung von Entwässerungssystemen außerhalb von Gebäuden" behandelt.

a) Infiltrationsprüfung von Kanälen im Grundwasser

Liegt der Kanal mindestens bis zum Rohrscheitel im Grundwasser, sind bereits bei der eingehenden Sichtprüfung undichte Stellen durch Grundwassereintritt (Infiltration) erkennbar (Bild 3.26). Trockenlegung und Reinigung werden dabei vorausgesetzt. Bei nicht immer vollständig im Grundwasser liegenden Kanälen sollte die Prüfung beim höchstmöglichen Grundwasserstand erfolgen.

b) Wasserdruckprüfung

Mit der Wasserdruckprüfung nach DIN EN 1610 [21] können neu erstellte Abwasserkanäle auf Dichtheit geprüft werden. Für die

Prüfung müssen alle Öffnungen des Abschnittes verschlossen werden, auch die zur Grundstücksentwässerung.

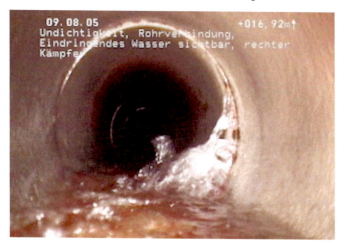

Bild 3.26: Grundwassereintritt an der Rohrverbindung

Der Prüfabschnitt muss luftfrei mit Wasser gefüllt und der erforderliche Prüfdruck eingestellt werden. Nach einer Vorbereitungszeit von etwa 1 Stunde (z. B. zur Wassersättigung der Rohrwandung bei zementgebundenen Werkstoffen) kann mit der Prüfung begonnen werden. Der Prüfdruck entspricht dem Wasserdruck, der sich durch Wasserauffüllung des Schachtes bis zur Geländeoberkante ergibt. Er sollte mind. 0,1 bar und max. 0,5 bar betragen (Bild 3.27).

Der Prüfabschnitt ist dicht, wenn die innerhalb 30 Minuten gemessene Wasserzugabe, die erforderlich ist, um den Prüfdruck aufrecht zu erhalten, nicht die Werte der DIN überschreitet. Die wiederkehrende Dichtheitsprüfung alter Freispiegelleitungen wird mit einem geringeren Wasserdruck durchgeführt, z. B. 0,05 bar über dem höchsten Punkt am Rohrscheitel oder Wasserauffüllung bis Rohrscheitel.

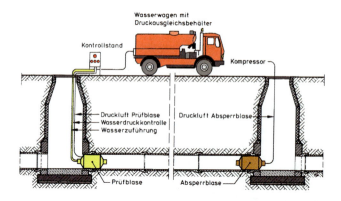

Bild 3.27: Haltungsweise Dichtheitsprüfung mit Wasser [18]

c) Luftdruckprüfung

Die Dichtheitsprüfung ist auch mit Luftüber- oder -unterdruck möglich. Während es für die Unterdruckprüfung noch keine normierten Prüfkriterien gibt, können neu erstellte Kanäle und Schächte nach DIN EN 1610 [21] alternativ zur Wasserdruckprüfung auch mit Luftüberdruck geprüft werden. Wegen ihrer vielen Vorteile wird die Prüfung mit Luft immer häufiger eingesetzt. Die wesentlichen Vorteile gegenüber der Wasserdruckprüfung sind:

schnelle Durchführbarkeit (ca. 30 min je Haltung),

keine Wasserbeschaffung notwendig,

Kosteneinsparung,

keine hohen Drücke im unteren Bereich von Steilstrecken.

d) Prüfobjekte (Muffen, Schächte)

Eine Prüfung auf Dichtheit kann an Haltungen, Kanal- oder Leitungsabschnitten, einzelner Rohrverbindungen und Schächten durchgeführt werden. Um Kosten zu sparen, sollte der Kanal soweit möglich, haltungsweise einschließlich der Anschlusskanäle geprüft werden. Ist dies nicht durchführbar, kann auch abschnittsweise oder jede einzelne Muffe geprüft werden. Ist eine Prüfung längerer Kanalabschnitte nicht möglich oder unwirtschaftlich, kann die Kanalwandung einer eingehenden Sichtprüfung unterzogen und jede Verbindungsstelle gesondert mit einem Muffenprüfgerät und Luft- oder Wasserdruck auf Dichtheit untersucht werden. Vorgaben für Prüfbedingungen werden in DIN EN 1610 [21] beschrieben.

3.8.3 Schadenbehebung

Wurden bei der Inspektion Kanalschäden festgestellt, sind Maßnahmen zu deren Behebung durchzuführen. Die geeignete Schadenbehebungsmaßnahme ist von den Randbedingungen im Einzelfall abhängig.

Die Schadenbehebung in der Kanalisation ist eine Pflichtaufgabe der Betreiber. Das Betriebspersonal wird in kleineren Gemeinden nur selten Kanalschäden selbst beheben. Es ist aber unerlässlich für den Betrieb, dass das Personal Kenntnisse darüber besitzt, wo und wie im Kanalnetz Schäden behoben werden bzw. wurden.

Einen Überblick über die praktizierten Verfahren gibt das Buch „Instandhaltung von Kanalisationen" [17]. Hieraus drei besonders häufig eingesetzte Verfahren:

Roboterverfahren

Durch den Einsatz ferngesteuerter Roboter können nichtbegehbare Kanäle mit Rissen, kleinen Scherbenausbrüchen, undichten Muffen und nicht fachgerecht eingebundenen Seitenzuläufen oder Wurzeleinwüchsen Instand gesetzt werden. Der Anwendungsbereich dieses Reparaturverfahrens erstreckt sich auf Nennweiten zwischen DN 150 und DN 800.

Kernstück der Roboter-Systeme sind selbstfahrende Trägergeräte, die u. A. mit Fräs- und Bohrköpfen, Spachtelvorrichtungen und Schalungen mit Mörtelzufuhr ausgerüstet werden können. Der Roboter (Bild 3.28) besteht aus drei gelenkig miteinander verbundenen Maschinenteilen, der Antriebseinheit, dem Steuerteil und dem Arbeitskopf. Eine TV-Kamera zur Beobachtung ist notwendig.

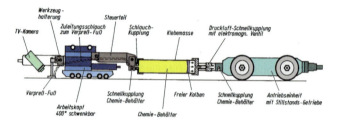

Bild 3.28: Roboter mit Überwachungskamera

Injektionsverfahren
Sie werden eingesetzt, wenn örtlich begrenzte und wenige Schadstellen in einem Kanal vorliegen (z. B. Risse, undichte Muffen).

Die endgültige bautechnische Schadenbehebung soll aber zu einem späteren Zeitpunkt erfolgen. Die Abdichtwirkung der Injektion beruht nicht nur auf einem Verschluss der Schadstelle, sondern vor allem auf eine Verfestigung des umgebenden Lockergesteins durch das Injektionsmittel.

Zu den heute gebräuchlichsten Injektionsmitteln zählen Lösungen auf der Basis von Wasserglas oder Kunststoffen und Zementsuspensionen (Bild 3.29).

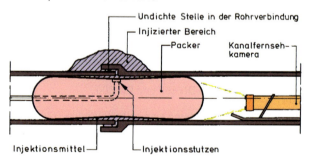

Bild 3.29: Abdichtung einer Rohrverbindung mit Epoxidharz [17]

Schlauchrelining

Das Schlauchrelining ist ein Verfahren zur Sanierung von Kanalabschnitten oder Haltungen. Dabei wird durch Einbringen eines mit Kunstharz getränkten, flexiblen Schlauchgewebes (z. B. Polyestergewebe, Glasfasern) ein neues selbsttragendes Innenrohr geschaffen.

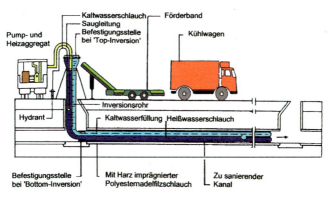

Bild 3.30: Schlauchrelining mit dem Insituform-Verfahren [17]

Es entsteht eine muffenlose Auskleidung, die formschlüssig an der bestehenden, schadhaften Rohrwandung anliegt. Durch die relativ dünne Wandung des Schlauches wird der Kanalquerschnitt nur unwesentlich reduziert. Die eingesetzten Verfahren unterscheiden sich vor allem in der Art der Einbringung des Schlauches über den Schacht und in der Art der Aushärtung des Kunstharzes (evtl. unterstützt durch Wärme oder UV-Licht). Das Ausfräsen von Seitenzuläufen erfolgt mittels Roboter von innen. Das dichte Einbinden der Seitenzuläufe sowie der Übergänge zwischen Rohr und Schacht muss dann noch durch geeignete Maßnahmen gewährleistet werden.

3.9 Indirekteinleiterüberwachung

Indirekteinleiter sind Gewerbe- und Industriebetriebe, die ihr Abwasser nicht direkt in ein Gewässer einleiten, sondern über ein öffentliches Kanalnetz und eine Kläranlage. An den Kanal sind sie aber direkt oder über eine Vorbehandlungsanlage angeschlossen.

Der Gegensatz dazu sind Einleiter, die ihre Abwässer über werkseigene Kanäle und Abwasserbehandlungsanlagen direkt in ein Gewässer einleiten, also Direkteinleiter. Gemeinden und Städte sind normalerweise Direkteinleiter.

Das in öffentliche Abwasseranlagen einzuleitende betriebliche Abwasser muss entsprechend der Entwässerungssatzung so beschaffen sein, dass insbesondere

- das Betriebs- und Überwachungspersonal nicht durch H_2S, SO_2, CO_2, Säuren oder Laugen mit extremen pH-Werten, zu hohe Abwassertemperaturen, feuergefährliche und explosible Stoffe sowie leichtflüchtige organische Lösemittel (wie z. B. CKW) gefährdet wird,
- die Bauwerke der Abwasseranlage nicht durch Abwasser mit extremen pH-Werten, hohe SO_4- oder NH_4-Konzentrationen, kalklösende Kohlensäure oder Lösemittel angegriffen oder zerstört werden und dass keine Feststoffablagerungen oder Verkrustungen auftreten können,
- die Funktion der Kläranlage nicht durch hohe Konzentrationen und Frachten an Schwermetallen, Säuren, Laugen, toxischen Stoffen oder Stoßbelastungen (auch durch abbaubare organische Abwasserinhaltsstoffe) gestört wird.

Industrie- und Gewerbebetriebe mit problematischen Abwasserinhaltsstoffen sind vor allem Verarbeitungsbetriebe für Obst und Gemüse, Brauereien, Brennereien, Schlachthöfe, fleischverarbeitende Betriebe, Molkereien, Metallbe- und -verarbeitung, Färbereien, Chemische Reinigungen, Großwäschereien, Papier- und Kartonfabriken, Lederfabriken.

Gemeinden und Städte schreiben in ihren jeweiligen Entwässerungssatzungen Einleitungsverbote für bestimmte Stoffe bzw. Benutzungsbeschränkungen vor (siehe Abschnitt Wasserrecht).

Ein wichtiger Aufgabenbereich des Kanalbetriebes ist es, die Festlegungen in der Satzung zu überwachen. Da hierzu auch die Entnahme von Abwasserproben und deren analytische Untersuchung gehören, werden diese Aufgaben in großen Städten oft eigenen Abteilungen mit entsprechenden Labors zugewiesen. Viele der notwendigen Untersuchungen können von einem üblichen Kläranlagenlabor nicht mehr vorgenommen werden. Dazu bedarf es einer besonderen personellen und gerätemäßigen Laborausstattung.

Kleine Gemeinden schalten dafür Laborfirmen ein, denen die Proben zugesandt werden. Wenn Proben regelmäßig genommen werden müssen, empfiehlt es sich, automatische Probenahmegeräte einzusetzen. Manchmal helfen hier die Fremdlabors oder die größere Nachbarstadt aus. In kleinen Gemeinden sind im Allgemeinen die für eine Überwachung in Frage kommenden Betriebe gut bekannt und nicht zahlreich. In manchen Fällen kann die Zusammenarbeit mit dem Betrieb bei der Überwachung nützlich sein. Hilfreich ist es, einen eigenen Messschacht für die Überwachung anzuordnen, in dem Proben gezogen und Abflussmessungen durchgeführt werden können, ohne das Werksgelände zu betreten. Betriebe können zur regelmäßigen Selbstüberwachung im Rahmen der Satzung verpflichtet werden, mit der sie die Inhaltsstoffe (Konzentration und Fracht) ihres Abwassers nachweisen müssen.

4 Vorgänge bei der Abwasserreinigung

Die naturwissenschaftlichen Grundlagen über die natürlichen Selbstreinigungsvorgänge in den Gewässern sind auch die für die Vorgänge der Abwasserreinigung in Kläranlagen. Was im Fluss Tage und Wochen dauert, wird dort in wenigen Stunden erreicht. Dies trifft vor allem für die biologischen Vorgänge einer Kläranlage zu. Die Bakterien, meistens schon im ankommenden Rohabwasser enthalten, werden dort künstlich in großen Mengen „gezüchtet", indem für günstige Lebensbedingungen mit ausreichend Sauerstoff und Nahrung (Schmutzzufuhr) gesorgt wird. Um Betriebsstörungen zu vermeiden und die Anlage wirtschaftlich betreiben zu können, muss das Abwasser vorbehandelt werden, z. B. mit Rechen, Sandfang und Vorklärung. Die im biologischen Teil entstehenden Bakterienflocken werden in der Nachklärung zurückgehalten.

Die verschiedenen Reinigungsschritte einer konventionellen Kläranlage sind in Bild 4.1 dargestellt.

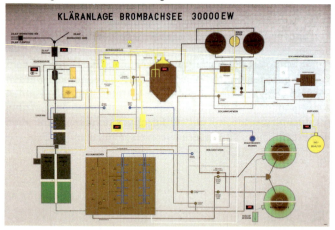

Bild 4.1: Schaltbild einer Kläranlage

Die abgesetzten Stoffe aus Vor- und Nachklärung werden als Schlamm in der Faulanlage ausgefault und dabei im Volumen verringert. Danach wird der Klärschlamm verwertet.

Bei der Abwasserbehandlung wird zwischen kommunalen Kläranlagen und Betriebskläranlagen (Industriekläranlagen) unterschieden. Kommunale Kläranlagen reinigen das Abwasser von Kommunen und Zweckverbänden. Betriebskläranlagen dagegen behandeln das Gewerbeabwasser mit speziellen Verfahren (z. B. Entgiften, Neutralisieren, Entschlammen). Wird das Industrieabwasser in der Betriebskläranlage nur soweit behandelt, dass es entsprechend der Entwässerungssatzung in das Kanalnetz einer Kommune eingeleitet (Indirekteinleiter) werden kann, werden diese als Vorreinigungs- oder Vorbehandlungsanlagen bezeichnet.

In den Kläranlagen werden verschiedene Klär- und Reinigungsverfahren angewandt. Bei der *mechanischen* (physikalischer Begriff) Reinigung werden Grobstoffe, Sand sowie die absetzbaren und aufschwimmenden Stoffe entfernt. Dafür werden Rechen, Sandfang und Absetzbecken benötigt. Durch die mechanische Klärung werden bei häuslichem Schmutzwasser 20 bis 30 % der Verschmutzung vermindert. Durch die nachfolgende biologische Reinigung werden die gelösten organischen Abwasserinhaltsstoffe mit Hilfe von Bakterien und Mikroorganismen durch deren Stoffwechsel abgebaut. Damit erreicht man einen Abbaugrad von 90 bis 98 % der organischen Schmutzstoffe. Auch die Stabilisierung des Schlammes in Faulbehältern wird durch Mikroorganismen erreicht.

Die zulässige Restverschmutzung für die Einleitung des gereinigten Abwassers ins Gewässer ist entsprechend der Ausbaugröße in der AbwV bzw. auch im Wasserrechtsbescheid festgelegt (siehe Abschnitt 1.2 Wasserrecht).

Da auch Stickstoff und Phosphor im Schmutzwasser enthalten sind und sie das Gewässer als Nährstoffe (Düngewirkung) belasten, müssen sie vermindert werden. Stickstoff wird durch biologische Verfahren, Phosphor biologisch und auch durch chemische Fällung verringert.

Wenn die jeweiligen Bauteile, z. B. Vorklärung, biologische Anlage und Nachklärung in einem einzigen Bauwerk kombiniert sind, spricht man von Kompaktanlagen oder Kombinationsbecken; wenn sie in bestimmter Form von Herstellerfirmen für verschiedene Größen angeboten werden von Typenbauweisen. Um die Personalkosten zu vermindern, werden auch bei kleinen Kläranlagen automatisch gesteuerte Maschinen verwendet. So sehr das zu begrüßen ist, so darf aber nicht vergessen werden, dass die Störanfälligkeiten und Wartungsaufwendungen mit jeder Maschine wachsen.

4.1 Mechanische Vorgänge

Alle Feststoffe verhalten sich im turbulenzfreien Abwasser grundsätzlich nach dem Gesetz der Schwerkraft. Stoffe, die eine größere Dichte als Wasser haben setzen sich ab, Stoffe mit geringerer Dichte schwimmen auf.

Im Sandfang wird die Turbulenz so verringert, dass sich die schweren Sandkörner gerade noch absetzen, während die feineren schlammigen Stoffe weitgehend in Schwebe bleiben. Im Absetzbecken wird die Fließgeschwindigkeit so stark verlangsamt, dass fast alle absetzbaren Stoffe absinken. Voraussetzung ist, dass das Becken gleichmäßig durchströmt wird. Verstopfte Einlaufvorrichtungen oder ungleichmäßiger Abfluss an der Ablaufkante (z. B. bei starkem Wind) machen das Durchströmen ungleichmäßig und behindern den Absetzvorgang.

Ähnliche Folgen hat es, wenn kaltes Abwasser – z. B. bei Schneeschmelze – zufließt. Da es dadurch eine größere Dichte hat als das im Becken, sinkt es nach unten. Dies wird Dichteströmungen genannt, mit der Auswirkung, dass der Absetzbereich im Becken durchmischt und dadurch ein sedimentieren (absetzen) des Schlammes verringert wird.

4.2 Biologische Vorgänge

Ein großer Teil der organischen Inhaltsstoffe des Abwassers, bei Hausabwasser etwa zwei Drittel, besteht aus gelösten oder sehr fein verteilten Stoffteilchen, die sich in einem Absetzbecken nicht absetzen. Mit Hilfe der biologischen Verfahren ist es möglich, auch diese Stoffe weitgehend zu vermindern.

Dabei werden die organischen Stoffe von Mikroorganismen aufgezehrt, insbesondere von Bakterien (einzellige Lebewesen). Sie vermehren sich rasch und bilden so den „biologischen Rasen" im Tropfkörper bzw. die „Belebtschlammflocke" in Belebungsanlagen. Neben Bakterien sind im biologischen Rasen bzw. in der Belebtschlammflocke auch höhere Organismen wie Protozoen (einzellige Organismen) und Metazoen (mehrzellige Organismen) vorhanden, die sich meist von freischwimmenden Bakterien und kleinen Schlammpartikeln ernähren. Sie tragen dadurch auch zur Reinigung des Abwassers bei. Sie sind auf Grund ihrer Größe im Mikroskop im Gegensatz zu den Bakterien leichter zu erkennen (Bild 4.2) und dienen als Merkmale zur Beurteilung der Artenvielfalt eines Belebtschlammes [11, 12].

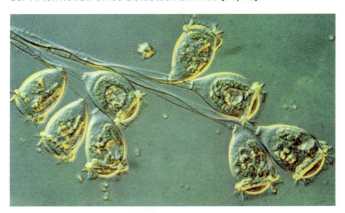

Bild 4.2: Organismen im Belebtschlamm

Die Gesamtheit der in einem Lebensraum vorhandenen Organismen wird als Lebensgemeinschaft (*Biozönose*) bezeichnet. Die Gesamtmasse der in einem Tropfkörper oder einem Belebungsbecken lebenden Organismen heißt *Biomasse*.

Die im Abwasser enthaltenen Schmutzstoffe werden also durch die Stoffwechseltätigkeit der Mikroorganismen abgebaut. Dabei oxidieren (=verbrennen) die organischen Stoffe teilweise zu Kohlensäure und wasserlöslichen Mineralsalzen, sie werden dann zum Zellaufbau der Mikroorganismen benötigt. Durch die Verbrennung wird die erforderliche Lebensenergie erzeugt. Der benötigte Sauerstoff wird durch die Atmung aufgenommen. Damit die biologische Abwasserreinigung funktioniert ist es wichtig, dass die Mikroorganismen mit dem Abwasser in Berührung gebracht werden und gleichzeitig ausreichend Sauerstoff erhalten.

Bild 4.3: Drehsprenger am Tropfkörper

Der aus dem Tropfkörper ausgespülte oder aus der Belebungsanlage abgezogene Schlamm setzt sich in einem Nachklärbecken ab. Die biologischen Verfahren basieren darauf, dass durch die Tätigkeit der Mikroorganismen die gelösten organischen

Schmutzstoffe größtenteils abgebaut werden und an größeren, absetzbaren Schlammflocken anhaften.

Zu den biologischen Verfahren zählen Tropfkörper, Rotationstauchkörper und Belebungsanlagen.

Beim *Tropfkörper* (Bild 4.3) siedelt sich die Biomasse (Bakterien, Protozoen und Metazoen) auf dem Füllmaterial als „biologischer Rasen" an, über den das vorgeklärte Abwasser rieselt. Ein ähnlicher Bakterienbewuchs bildet sich auf den Scheiben der Rotationstauchkörper, die im Abwasser, etwa zu 1/3 eingetaucht, langsam gedreht werden. Auch auf den Aufwuchsflächen bei Wirbelbettverfahren ist der biologische Rasen zu finden.

Bei *Belebungsanlagen* (Bild 4.4) wird die Biomasse in großen „Betonaquarien" (= Belebungsbecken) bei intensiver Belüftung (Sauerstoffversorgung) in ständiger Turbulenz gehalten und so mit dem Abwasser gemischt, dass die Schmutzstoffe (Nahrungsangebot) schnell aufgenommen werden können. Nahrungsangebot und Biomasse müssen zueinander in ein bestimmtes Verhältnis gebracht werden.

In schwachbelasteten Anlagen „nagen" die Bakterien, bildlich gesprochen, am Hungertuch, und vermehren sich auch nur in geringerem Maße. In mittel belasteten Anlagen entwickeln sie sich schneller, da größeres Nahrungsangebot in kürzerer Zeit vorhanden ist. Schwachbelastete Anlagen brauchen, bezogen auf die BSB_5-Belastung große Beckennutzräume, hochbelastete kleinere; dafür muss dann der Schlamm noch weiter stabilisiert werden.

Tatsächlich sind die Abbauvorgänge komplizierter als hier dargestellt werden kann und von vielen Einflüssen wie Temperatur, Zeit, pH-Wert, Nahrungsangebot, Nahrungszusammensetzung usw. abhängig.

Bild 4.4: Belebungsbecken

Ein anderer biologischer Vorgang ist die Algenentwicklung. Die im Abwasser reichlich vorhandenen Nährstoffe, wie Stickstoff und Phosphat, begünstigen je nach Jahreszeit an gut belichteten, nassen Stellen das Ansiedeln von Algenbewuchs. Er bildet dann vor allem in Ablaufrinnen oder auf der Tropfkörperoberfläche grüne Ränder und Flächen. Das hat keine schädlichen Auswirkungen auf die Abwasserreinigung, allerdings sind in den Gerinnen von Nachklärbecken Algen dennoch zu entfernen, da sie zur Erhöhung der Ablaufverschmutzung beitragen. Die Algen selbst tragen nahezu nichts zur konventionellen Abwasserreinigung bei. Sie belasten jedoch das Gewässer.

In aeroben Abwasserteichen findet zeitweise eine sehr kräftige Algenbildung statt. Auch hier verzehren die Algen selbst keinen Schmutz, aber bei Lichteinstrahlung produzieren sie Sauerstoff, der wiederum den Bakterienwuchs fördert. Diese Sauerstoffproduktion wird als Fotosynthese bezeichnet. Nachts verbrauchen die Algen wieder Sauerstoff, aber erheblich weniger, als sie produzieren. Wenn sie allerdings absterben, führt das zu einer weiteren Verschmutzung. Diese Vorgänge finden auch in einem Gewässer statt; deshalb ist es wichtig, dass möglichst keine Nährstoffe durch die Landwirtschaft oder die Kläranlagen eingeleitet werden.

4.2.1 Kohlenstoffabbau

Den Hauptanteil der gelösten organischen Stoffe im Abwasser bilden die Kohlenstoffverbindungen. Die wichtigsten sind Kohlenhydrate, Eiweiße und Fette. Sie werden bei der biologischen Abwasserreinigung durch Bakterien zuerst umgesetzt.

Der dafür benötigte Sauerstoffverbrauch wird als „biochemischer Sauerstoffverbrauch (BSB)" gemessen. Er ergibt sich aus dem Kohlenstoffabbau und dem Baustoffwechsel der Bakterien. Mit Hilfe dieser Messgröße kann der Grad der organischen Verschmutzung im Abwasser festgestellt werden (siehe Kapitel 9.4).

4.2.2 Stickstoffverminderung

Nitrifikation

Wenn die Kohlenstoffe schon sehr weit in der biologischen Stufe abgebaut sind, kann die Umsetzung der Stickstoffverbindungen von bestimmten Organismen (Nitrifikanten) erfolgen. Für ihre Umsetzung wird etwa die vierfache Menge Sauerstoff wie für den Abbau der Kohlenstoffverbindungen benötigt.

Im kommunalen Abwasser kommt der Stickstoff (N) größtenteils aus den menschlichen Ausscheidungen als Harnstoff; er zerfällt schon im Kanal zu Ammoniumstickstoff (NH_4-N), diesen Vorgang nennt man Ammonifikation. Je länger die Fließzeit zur Kläranlage ist, umso weiter ist dieser Vorgang fortgeschritten. Im Vorklärbecken wird dann weiterhin organischer Stickstoff in NH_4-N umgewandelt, sodass im Ablauf der Vorklärung der größte Teil des Stickstoffes als Ammoniumstickstoff vorliegt (Bild 4.5). Organischer Stickstoff und Ammoniumstickstoff als Summe werden Kjeldahl-Stickstoff (TKN) genannt:

$$TKN = orgN + NH_4\text{-}N$$

Ammoniumstickstoff oxidiert über Nitrit (NO_2-N) zu Nitrat (NO_3-N). Dieser Vorgang wird *Nitrifikation* genannt.

Die nitrifizierenden Bakterien sind empfindlicher als die kohlenstoffabbauenden Bakterien, haben wesentlich geringere Wachstumsraten und werden daher leicht von den Kohlenstoffabbauenden verdrängt. Daneben wird ihre Aktivität durch die Konzentration an gelöstem Sauerstoff und durch die Temperatur beeinflusst. Die Aktivität ist bei Sauerstoffkonzentrationen < 1,5 mg/l im Belebungsbecken – auch im Gewässer – und Temperaturen < 10 °C, stark eingeschränkt; der pH-Wert soll im neutralen Bereich liegen.

Voraussetzung für die Nitrifikation ist daher neben ausreichendem Sauerstoffgehalt und höheren Abwassertemperaturen ein weitgehender Kohlenstoffabbau, also eine ausreichend lange Belüftungszeit mit niedriger Schlammbelastung und einem daraus resultierenden hohen Schlammalter.

Denitrifikation

Die bei der Nitrifikation entstehenden Nitrate wirken im Gewässer als Düngestoffe und sind daher im Klärwerk weitgehend zu verringern. Dies ist nur möglich, wenn die Kohlenstoffverbindungen im Rohabwasser mit nitrathaltigem Abwasser zusammen geführt werden damit kein gelöster Sauerstoff vorhanden ist. Die Bakterien holen sich dann den zum Leben notwendigen Sauerstoff vom Nitrat (NO_3-N) bei dem er gebunden vorliegt. Dieser Vorgang wird als *Denitrifikation* bezeichnet. Der Stickstoff (N_2) entweicht dann als Gas in die Atmosphäre.

Voraussetzung dafür ist also eine Beckenzone, in die keine Luft (Sauerstoff) eingeblasen und in die auch kein sauerstoffhaltiges Abwasser eingeleitet wird; der gelöste Sauerstoff muss 0 mg/l sein, damit die Bakterien gezwungen werden, den gebundenen Sauerstoff aus dem Nitrat aufzunehmen. Diese Zone wird „anoxische Zone" genannt. Außerdem muss möglichst leicht abbaubares Substrat in dieser Zone vorhanden sein, das den Bakterien zur ausgewogenen Nahrungszusammensetzung dient.

Diese Denitrifikation ist auch aus anderen Gründen vorteilhaft: Ein Teil der zur Nitrifikation aufgewendeten Belüftungsenergie kann zurückgewonnen und eine ungewollte Denitrifikation mit Schwimmschlamm auf dem Nachklärbecken vermieden werden. Gleichzeitig verbessern sich die Absetzeigenschaften des Belebtschlammes.

Stickstoffbilanz

Die im Kanalnetz und in der Kläranlage ablaufenden Vorgänge der Stickstoffumsetzung können mengenmäßig erfasst und den einzelnen Verfahrensschritten zugeordnet werden.

Um die Zusammenhänge zu verdeutlichen wurden die einzelnen Stufen in der Bilanz (Bild 4.5) vereinfacht dargestellt und mögliche Einflüsse vernachlässigt. Belastungsspitzen aus Rückbelastungen durch Schlammwasser der Schlammbehandlung blieben ebenso unberücksichtigt. Verdünnung (Fremdwasser) vermindert die Stickstoffkonzentration.

Die Stickstoffganglinie unterliegt den üblichen Schwankungen der Abwasserinhaltsstoffe. Bei kommunalem Abwasser liegt im Rohabwasser die Stickstoffkonzentration TKN = orgN + NH_4-N zwischen 50 und 60 mg/l. Der Anteil an NH_4-N ist dabei höher als der Anteil an orgN. Man rechnet auf den Einwohner bezogen mit täglich 11 g TKN.

Stickstoff im Zulauf zur Kläranlage

Bei der Annahme eines täglichen Schmutzwasseranfalls von 200 l je Einwohner ergibt sich eine rechnerische Konzentration von: 11 000 mg TKN/(E · d) : 200 l/(E · d) = 55 mg/l TKN.

Stickstoff nach der mechanischen Reinigung

Der Prozess der Ammonifikation setzt sich im mechanischen Teil fort, sodass weiter orgN in NH_4-N umgewandelt wird. Der in der Vorklärung abgesetzte Schlamm enthält eine Masse von rund 1 g N/(E · d). Dies entspricht einem Stickstoffgehalt von etwa 5 mg/l TKN, der dadurch aus dem Abwasser entfernt wurde. Diese Zahlen gelten nicht für Abwasserteiche; durch Rücklösungen infolge der Fäulnisprozesse des Schlammes im ersten Teich liegen hier andere Verhältnisse vor.

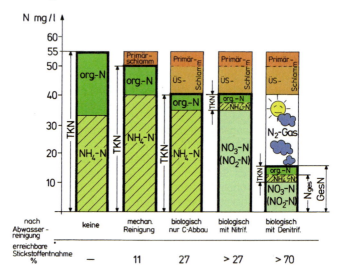

Bild 4.5: Stickstoffbilanz im Abwasser

Stickstoff nach der biologischen Reinigung (nur C-Abbau)

Jetzt liegt fast der gesamte Stickstoff als NH_4-N vor. In der biologischen Stufe wird organische Substanz in Bakterienmasse eingebaut und als Überschussschlamm entnommen. Für die Bildung dieser Biomasse wird durch die Bakterien Stickstoff benötigt. Der Stickstoff der dabei entfernt wird, liegt etwa bei 5 % des BSB_5 je Einwohner und Tag:

$0{,}05 \cdot 40$ g/(E · d) = 2 g N/(E · d), ergibt 10 mg/l N im Abwasser.

4 Vorgänge bei der Abwasserreinigung

Stickstoff nach der Nitrifikation

Im Belebungsbecken wird mit Hilfe von Sauerstoff NH_4-N über Nitrit (NO_2-N) zu Nitrat (NO_3-N) oxidiert. Auch bei schwachbelasteten Tropfkörpern oder Rotationstauchkörpern erfolgt dies in „ähnlicher" Weise. Diesen Vorgang nennt man Nitrifikation oder Stickstoff-Oxidation. Bei ausreichendem Schlammalter bzw. niedriger BSB_5-Schlammbelastung und günstigen Randbedingungen ist der NH_4-N-Gehalt im Ablauf kleiner als 3 mg/l. Das entstandene Nitrat wirkt aber auch als Nährstoff für Pflanzenwachstum im Gewässer. An der N-Bilanz im Schlamm ändert sich nur wenig.

Stickstoff nach der Denitrifikation

In anoxischen Becken oder Zonen finden die Bakterien keinen gelösten Sauerstoff mehr; sie sind daher gezwungen, ihn aus dem Nitrat (NO_3-N) aufzunehmen. Der übrig bleibende Stickstoff (N_2) ist ein Gas, das in die Atmosphäre entweicht. Dieser Vorgang heißt Denitrifikation. Zur Einhaltung von wasserrechtlichen Grenzwerten muss mehr als die Hälfte des Stickstoffs im Zulauf zum biologischen Teil der Kläranlage denitrifiziert werden können. Die verfahrenstechnische Umsetzung erfordert neben den dazu notwendigen Bauwerken und Einrichtungen hohe Fachkenntnis des Betriebspersonals.

Der Gesamtstickstoff im Ablauf (N_{ges})

Entsprechend dem Abwasserabgabengesetz (AbwAG) ist beim Einleiten von Abwasser in ein Gewässer auch für Stickstoff eine Abgabe zu bezahlen. Dieser Stickstoff (N_{ges}) ist nach Abwasserverordnung und AbwAG als Summe von NH_4-N + NO_3-N + NO_2-N definiert – also ohne organischen N. Bei einer wirkungsvollen Stickstoffverminderung ist im Ablauf der Kläranlage der N_{ges} kleiner als 12 mg/l.

Der Gesamtstickstoff (GesN)

Zur Unterscheidung zum N_{ges} wird die Summe aus organisch gebundenen Stickstoff und anorganischem Stickstoff mit GesN bezeichnet, d.h. N_{ges} + orgN = GesN. Die Messung dafür ist im

Zulauf wichtig, da hier der organische N (orgN) 20 mg/l und mehr betragen kann; der GesN wird auch benötigt für die Ermittlung des Abbaugrades von Stickstoff durch die Kläranlage.

4.2.3 Biologische Phosphorentnahme

Die Bakterien benötigen zum Aufbau ihrer Zellsubstanz Nährstoffe, dafür wird ein gewisser Anteil der im Abwasser gelösten Phosphor- und Stickstoffverbindungen gebraucht und in die Biomasse eingelagert. Phosphor liegt im Abwasser immer in Form von Verbindungen mit anderen Elementen vor, z. B. mit Sauerstoff als PO_4 (Phosphat). Die Bakterien haben die Eigenschaft, dass sie unter Stressbedingungen wesentlich mehr Phosphor aufnehmen können als normal, nämlich bis zu 5 % der Trockenmasse. Dieser Zustand tritt dann ein, wenn die Bakterien einem ständigen Wechsel von anaeroben (also weder gelöster noch gebundener Sauerstoff enthalten) und aeroben Bedingungen ausgesetzt werden. Dieses Verhalten nutzt man zur biologischen P-Entfernung. In einem Vorbecken oder in einem Teil des Belebungsbeckens werden anaerobe Verhältnisse hergestellt. Im anschließenden belüfteten Teil wird von speziellen Bakterien vermehrt P aufgenommen, die im Nachklärbecken mit dem Überschussschlamm entnommen werden. Im anaeroben Bereich kommt es hingegen zu Rücklösungserscheinungen.

Kennzeichnend für eine gute Funktion des Verfahrens ist also eine gegenüber dem Zulauf deutlich höhere Phosphat-Konzentration in den anaeroben Zonen. Im nachgeschalteten aeroben Beckenteil nehmen aber die Bakterien vermehrt Phosphor auf, so dass letztlich die Phosphat-Konzentration im Ablauf niedriger als die im Zulauf ist. Das aus dem Abwasser in den Bakterien eingelagerte Phosphat wird mit dem Überschussschlamm aus dem Kreislauf entnommen. Dabei ist zu erwähnen, dass anaerobe Bedingungen von merklicher Geruchsentwicklung begleitet werden können.

Die einzelnen Verfahrensabläufe der Phosphorverminderung in einer Kläranlage sind in der Beschreibung zu Bild 4.6 erläutert.

4.3 Chemische Vorgänge

Durch die chemische Abwasserbehandlung sollen vor allem folgende Ziele erreicht werden:

- Neutralisation saurer oder alkalischer Abwässer,
- Überführung gelöster anorganischer Stoffe in unlösliche Form, anschließende Abtrennung als Schlamm (Entgiften von Galvanikabwasser oder P-Verminderung),
- Abtrennung kolloidal gelöster Stoffe,
- Verbesserung des Wirkungsgrades von Absetz-, Flotations- und Filteranlagen.

4.3.1 Grundlagen

Neutralisation, Fällung von Metallsalzen und Entgiftung gehören verfahrenstechnisch in den Bereich der Vorbehandlung von Abwasser bestimmter Herkunft. Sie muss am Entstehungsort des Abwassers durchgeführt werden, damit die anschließende Behandlung zusammen mit kommunalem Abwasser nicht gestört wird. Andererseits sind die Konzentrationen der Schwermetalle im kommunalen Abwasser meist nicht so hoch, dass eine Schädigung der aeroben biologischen Stufe erfolgen würde. Die Metallsalze reichern sich aber im Schlamm an. Dadurch kann nicht nur die landwirtschaftliche Verwertung der Klärschlämme in Frage gestellt werden. Stark schwermetallhaltige Schlämme stellen ganz allgemein eine Umweltbelastung dar. Aus diesem Grunde ist die gezielte Vorbehandlung des metallsalzhaltigen Abwassers erforderlich.

Neutralisation

Unter Neutralisation versteht man die Aufhebung der ätzenden Wirkung von Säuren oder Laugen. Die Grundlage beruht auf der Tatsache, dass sich die Wirkungen von Säuren oder Laugen beim Mischen nicht addieren, sondern aufheben. Hierbei entstehen Salze und Wasser. Da für die biologische Abwasserreinigung der neutrale Bereich mit pH-Werten zwischen 7 und 7,5 besonders günstig ist, muss Abwasser aus Industrie- und Gewerbe mit hohem oder niedrigem pH-Wert neutralisiert werden; dafür werden verschiedene Säuren oder Laugen verwendet.

Fällung

Bei der Fällung werden gelöste Abwasserinhaltsstoffe durch chemische Reaktion mit einem Fällungsmittel in ungelöste Formen überführt. Ein Anwendungsgebiet ist die Entfernung von Schwermetallsalzen aus dem Abwasser. Sie kann einerseits vielfach gleichzeitig mit der Neutralisation in entsprechenden Vorbehandlungsanlagen der Betriebe durchgeführt werden. Andererseits weisen die unterschiedlichen Metallsalze jeweils einen bestimmten pH-Bereich auf, bei dem die Fällungsreaktion am wirksamsten verläuft. Dieser muss besonders eingestellt werden.

Entgiftung

Entgiftung bedeutet die Zerstörung giftig wirkender Stoffe oder Verbindungen und deren Überführung in eine für Bakterien nicht giftig wirkende Form. Zu den wichtigsten im Abwasser enthaltenen Giftstoffen gehören

Cyanid (CN), Chromat (CrO_4), Nitrit (NO_2) und Sulfid (S).

Cyanid ist beispielsweise der giftigste Bestandteil anorganisch verschmutzten Abwassers. Die Überführung erfolgt über eine Oxidation mit Natriumhypochlorit (NaOCl) zu Stickstoff und Kohlendioxid.

Flockung

Unter Flockung versteht man die Erzeugung von absetzbaren Flocken aus ungelösten, fein verteilten Stoffen. Da diese oft nur eine geringfügig höhere Dichte als Abwasser haben, ist häufig der Zusatz von Flockungshilfsmitteln (z. B. Polyelektrolyte) erforderlich. Als Flockungshilfsmittel werden Chemikalien bezeichnet, die im Abwasser selbst Flocken bilden (z. B. Metallsalze). Diese ermöglichen die Zusammenlagerung kleiner Flocken zu größeren mit höherer Dichte, die sich dadurch besser absetzen. Die Flockung wird gelegentlich eingesetzt, um schlechte Absetzeigenschaften von belebtem Schlamm im Nachklärbecken zu verbessern. Flockungshilfsmittel werden meist zur Verbesserung der statischen Eindickung von Schlamm und zu seiner maschinellen Entwässerung benötigt.

4.3.2 Phosphatfällung

Eine besondere Bedeutung bei der Abwasserreinigung hat die Phosphatfällung. Phosphate wirken im Gewässer als Pflanzennährstoffe. Deshalb müssen sie aus dem Abwasser möglichst weitgehend entfernt werden.

Phosphor-Bilanz

Eine Bilanzierung der im Abwasser gelösten Phosphor-Verbindungen ist nur möglich, wenn – ähnlich wie beim Stickstoff – die Messwerte auf P umgerechnet werden. Für die Messung müssen alle P-Verbindungen zu Phosphat aufgeschlossen werden. Man erhält dann den Gesamtphosphor = P_{ges}.

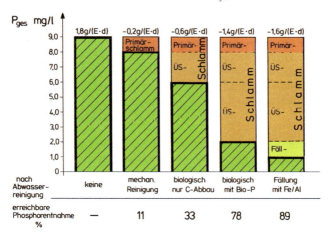

Bild 4.6: Phosphorbilanz im Abwasser

Die in der Kläranlage in den einzelnen Verfahrensstufen erreichbare P-Verminderung ist in Bild 4.6 dargestellt. Bei der Bilanzierung sind zusätzliche Rückbelastungen aus dem Schlammwasser der Schlammbehandlung oder der maschinellen Schlammentwässerung nicht berücksichtigt. Dies trifft ebenso auf das Problem der Rücklösung von Phosphor zu, wenn Überschussschlamm anaerob wird. Diese Fälle würden die Einfachheit der Darstellung erschweren.

Im kommunalen Abwasser kommt Phosphat zum überwiegenden Teil aus Wasch- und Reinigungsmitteln sowie menschlichen Ausscheidungen. Die Phosphorkonzentrationen im Zulauf der Kläranlage sind in den letzten Jahren stetig zurückgegangen; sie liegen bei kommunalen Abwässern zwischen 8,0 bis 12,5 mg/l. Man rechnet auf den Einwohner bezogen mit täglich 1,8 g P_{ges}.

Phosphor im Zulauf zur Kläranlage
Bei der Annahme eines täglichen Schmutzwasseranfalls von 200 l ergibt sich eine rechnerische Konzentration von:

1 800 mg P/(E · d) : 200 l/(E · d) = 9,0 mg/l

In der Praxis liegen die Konzentrationen oft niedriger. Dies ist meist durch hohen Fremdwasserzufluss oder großen Anteil an gewerblichem Schmutzwasser begründet. Unterschiedliche Fließzeiten im Kanalnetz führen aber zu keiner Veränderung der P-Konzentration.

Phosphor nach der mechanischen Reinigung
Bei einer Rechengutentnahme (z. B. Siebrechen) wird zwar deutlich Phosphor entfernt, aber mit der Rechengutwäsche und -presse dem Abwasser wieder zugeführt. Eine Verminderung des Phosphors findet durch den Schlammabzug in der Vorklärung statt.

Phosphor nach der biologischen Reinigung (nur C-Abbau)
Bei der biologischen Reinigung im Belebungsbecken werden etwa 0,4 g/(E · d) Phosphor durch Bakterien im Überschussschlamm gebunden. Auch bei Tropf- oder Rotationstauchkörpern erfolgt dies in ähnlicher Größenordnung. Damit werden bis zu 2,0 mg/l

P_{ges} aus dem Abwasser entfernt. Höhere Wirkungsgrade sind meist bereits auf eine Bio-P-Reaktion zurückzuführen.

Phosphor nach der biologischen Reinigung (mit Bio-P)

Bei gezielter biologischer Phosphorentnahme können weitere 0,8 g/(E · d) mit dem Überschussschlamm entnommen werden. Auf diese Weise vermindert sich die P_{ges}-Konzentration um weitere 4 mg/l. Bei optimierten Betriebsverhältnissen sind sogar noch bessere Werte erreichbar (siehe Kap. 4.2.3).

Phosphor nach der chemischen Fällung

Für die chemische Fällung bleibt dann nur noch ein geringer Rest. Bei richtiger Anwendung der verschiedenen verfahrenstechnischen Möglichkeiten und Optimierung der Phosphatfällung (Bild 4.6) und der unterschiedlichen Fällmittel sind Ablaufwerte erreichbar, die sicher unter P_{ges} = 1,0 mg/l liegen. Mit Flockungsfiltration sind sogar Werte < 0,3 mg/l zu erreichen.

Der Gesamtphosphor im Ablauf

Bei kommunalem Abwasser ist gemäß AbwV bislang in der Ausbaugröße ab 10 001 EW im Ablauf ein P_{ges} von 2 mg/l einzuhalten; bei Anlagen größer als 100 000 EW Ausbaugröße liegt dieser Wert bei 1 mg/l. Strengere Anforderungen sind z. B. in Seeneinzugsgebieten relevant; für kleinere Abwasseranlagen sind sie derzeit in der Diskussion.

Verfahrenstechnik

Die verschiedenen verfahrenstechnischen Möglichkeiten der Phosphatfällung sind in Kapitel 5.10 erläutert. Die von der Dosieranlage zugegebenen Fällmittel müssen sehr schnell intensiv mit dem Abwasser vermischt werden, gleichgültig, an welcher Stelle die Zugabe erfolgt. Allgemein kann man davon ausgehen, dass bei chemischen Fällungsverfahren die Schlammmengen um bis zu 20 % zunehmen, je nach der Menge des gefällten Phosphats.

5 Verfahrenstechnik der Abwasserreinigung

5.1 Allgemeines

In Deutschland gibt es etwa 9.000 kommunale Kläranlagen; dabei sind Kleinkläranlagen mit einer Ausbaugröße von weniger als 50 Einwohnern nicht berücksichtigt.

Anzahl	Ausbaugröße der Kläranlagen
240	größer 100 000 EW
1 880	10 001 bis 100 000 EW
980	5 001 bis 10 000 EW
2 300	1 000 bis 5 000 EW
3 600	kleiner 1 000 EW

Bild 5.1: Anzahl der kommunalen Kläranlagen in Deutschland

Die Abwasseranlage (Kanäle und Klärwerke) ist oft die teuerste Einrichtung die eine Kommune betreiben muss. Dazu einige Zahlen zu Bau und Betrieb von Kläranlagen:

Ausbaugröße EW	Baukosten €/EW	Mio. €
100 000	325 - 500	32 - 50
10 000	350 - 600	3 - 6
1 000	500 - 1 000	0,5 - 1

Bild 5. 2: Richtwerte für Baukosten von Kläranlagen

Ausbaugröße EW	Jahreskosten €/EW · a	Gesamtkosten €/m^3
100 000	15 - 35	0,40 - 0,80
10 000	30 - 45	0,50 - 1,00
1 000	50 - 100	1,00 - 2,00

Bild 5. 3: Betriebskosten der Abwasserreinigung

5 Verfahrenstechnik der Abwasserreinigung

Bezogen auf die Ausbaugröße einer Kläranlage sind kleinere und jüngere Anlagen teurer als große. Dazu kommen noch Bau- und Betriebskosten für das Kanalnetz und die dazugehörigen Bauwerke, wie Regenbecken oder Pumpwerke, die zwischen 30 bis 40 €/(E · a) liegen. Kostendeckende Schmutzwassergebühren liegen deshalb meistens bei mehr als 1,50 €/m^3.

Die Schmutzwasserzusammensetzung ist entscheidend für die wirtschaftlichste Lösung und die zweckmäßigste Kläranlage. Auch die örtlichen Gegebenheiten, wie Hochwasserschutz, Gewässerverhältnisse, Landschaftsschutz, Baugrundverhältnisse, Grundstücksgröße und Nähe zur Bebauung, sind von entscheidender Bedeutung. Dies zeigt, wie differenziert diese Vorgaben für die Planung einer Abwasseranlage sind. Die logische Folge daraus ist, dass es verschiedene Reinigungsverfahren mit unterschiedlichen Eigenschaften gibt. Als wesentliche Systeme sind hier zu nennen:

Naturnahe Abwasseranlagen (Abwasserteiche und Pflanzenkläranlagen)

Belüftete Teichanlagen

Tropfkörper

Rotationstauchkörper

Belebungsverfahren.

Auch für die technische Umsetzung der mechanischen (physikalischen), biologischen und chemischen Vorgänge gibt es häufig mehrere Möglichkeiten, die jeweils bestimmte Vor- und Nachteile haben. Auch müssen die maschinentechnischen Einrichtungen und Bauwerke aufeinander abgestimmt sein, mit dem Ziel wirtschaftliche und betriebssichere Einrichtungen für die Schmutz- und Mischwasserbehandlung zu schaffen.

Beschreibung der einzelnen Reinigungsschritte

Das Abwasser fließt in einer Kläranlage durch mehrere Verfahrensbereiche (Bild 5.4). Der mechanische Teil umfasst Rechen, Sandfang mit Schwimmstoffsammlung sowie Vorklärbecken. Bei kleinen Kläranlagen wird bei Anwendung des Belebungsverfahrens häufig auf die Vorklärung verzichtet.

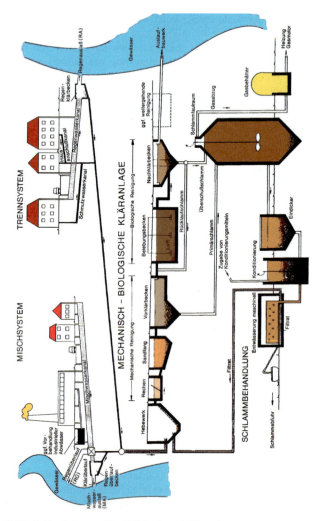

Bild 5.4: Verfahrensfließbild einer Kläranlage

Der biologische Teil einer technischen Anlage besteht aus Belebungs- und Nachklärbecken, manchmal auch aus Tropfkörper/Rotationstauchkörper mit Nachklärbecken. Im biologischen Teil wird die organische Verschmutzung abgebaut zusammen mit einer Nährstoffverminderung. Schließlich wird im chemischen Teil die Verminderung des Phosphors, durch Vor- oder/und Simultanfällung durchgeführt.

Die dem Abwasser entnommenen Stoffe müssen einer weiteren Behandlung unterzogen werden. Das gilt besonders für den Schlamm, der in einer eigenen Verfahrensstufe je nach Bedarf eingedickt, stabilisiert und entwässert wird.

Alle Reststoffe wie Rechengut, Sand, Schwimmstoffe und Schlamm müssen umweltverträglich entsorgt oder verwertet werden (siehe Abschnitt 6.3). Das Abwasser wird nach seiner Reinigung in den natürlichen Stoffkreislauf zurückgeführt. Gleiches sollte auch die Richtschnur bei Reststoffen sein.

Kläranlagen werden für die Behandlung des Schmutzwassers oder/und nur für einen Teil des Niederschlagswassers bemessen. Die Kanalisation muss jedoch in der Lage sein, bei Regenwetter sehr hohe Wassermengen abzuleiten.

Bei der Mischwasserkanalisation sind diese Abflüsse zu Beginn des Regens oft genauso verschmutzt wie der Trockenwetterabfluss. Im Kanal lagern sich besonders bei längerer Trockenheit und schwachem Gefälle erhebliche Schmutzmengen ab, die bei den wesentlich größeren Mischwasserabflüssen dann aufgewirbelt und weiter transportiert werden.

Diese Schmutzmengen dürfen nicht ins Gewässer gelangen. Die Kläranlage kann aber verfahrenstechnisch nicht so groß gebaut werden, um diese großen Abflüsse aufzunehmen. Kläranlagen werden normalerweise für den doppelten Schmutzwasseranfall, also für den Mischwasserzufluss Q_M bemessen:

$$Q_M = 2\ Q_T = 2 \cdot Q_S + Q_F$$

Die über diesen Zulauf zur Kläranlage hinausgehenden Zuflüsse müssen in Regenbecken behandelt werden. Der abgesetzte Schlamm und das im Becken gesammelte Mischwasser werden nach Abklingen des Regenereignisses zur Kläranlage geleitet.

Bauwerksarten und Reinigungsverfahren
In den folgenden Unterkapiteln werden die Bauwerke und die unterschiedlichen Reinigungsverfahren beschrieben. Dabei wird verstärkt auf den Betriebsaufwand eingegangen. Nachdem dieser auch von der Erfahrung und Fachkenntnis des Betriebspersonals abhängig ist, wurde von Vorgaben für den Zeitaufwand für einzelne Arbeiten in diesem Buch abgesehen. Maßgebend ist die Festlegung in der Dienst- und Betriebsanweisung, die für jede Kläranlage eigens aufzustellen ist und die in der Kläranlage aufliegen muss. Sie wird normalerweise durch das planende Ingenieurbüro oder Bauamt erstellt und durch den Dienstherrn für das Betriebspersonal festgesetzt (Arbeitsblatt DWA-A 199 und DWA-Themen "Muster-Betriebsanweisung für das Personal von kleinen Kläranlagen") [1].

Das Klärwärter-Taschenbuch ersetzt keinesfalls eine Betriebsanweisung!

Häufig ist in den Dienst- und Betriebsanweisungen vom verantwortlichen Betriebsleiter die Rede; diese Person ist schriftlich zu bestimmen. Bei kleinen und mittleren Anlagen ist darunter für Verwaltungsangelegenheiten meist der Bürgermeister zu verstehen. Für technische Belange ist es häufig so, dass der Klärwärter sein eigener Betriebsleiter sein soll, wenn nicht ein Stadtbauamt mit einem fachkundigen Ingenieur da ist. Wenn der Klärwärter als „Betriebsleiter" technischen Rat benötigt, z. B. bei besonderen Vorkommnissen, wendet er sich zweckmäßig – entsprechend der Dienstanweisung oder dem Dienstweg – an das Ingenieurbüro, das die Anlage geplant hat. Auch die zuständige technische Fachbehörde steht dafür zur Verfügung. In den DWA-Kanal- und Kläranlagen-Nachbarschaften hilft sicher auch der Obmann oder der Lehrer. Die Anschriften und Rufnummern sind deshalb in der Betriebsanweisung oder im Betriebstagebuch einzutragen.

Wenn von „Nachsehen" oder „Überprüfen" (Inspektion) gesprochen wird, sind darunter im Bedarfsfall auch Reinigung, Räumung oder kleinere Reparaturen zu verstehen.

Bei einigen Bauwerken werden Anregungen für die planerische Gestaltung von Einzelheiten gegeben, um Betrieb und Wartung zu erleichtern und zu vereinfachen.

5.2 Mischwasserentlastung

Um die Kläranlage bei stärkeren Regenfällen hydraulisch nicht zu überlasten und dem Gewässer die abgeschwemmten Schmutzstoffe aus der Kanalisation fernzuhalten, müssen Regenbecken vorgeschaltet werden. Näheres dazu ist im Kapitel 3 Abwasserableitung – Sonderbauwerke erläutert.

5.3 Rechen, Siebe

Aufgabe, Wirkungsweise und Bauformen

Rechen und Siebe sollen vor allem Textilien, Haare, Wattestäbchen, Zigarettenkippen, Slipeinlagen, größere Steine usw. zurückhalten, damit in nachfolgenden Teilen der Kläranlage (Rohrleitungen, Pumpen, Räumvorrichtungen, Faulbehälter) keine Betriebsstörungen verursacht werden. Je nach Abstand der Rechenstäbe werden sie als Fein- oder Grobrechen bezeichnet, mit Spaltweiten kleiner 10 mm als Feinstrechen. Manchmal ist ein Schutzrechen als Grobstofffang vorgeschaltet. Je geringer die Stababstände sind, umso mehr Rechengut wird aus dem Abwasser entfernt.

Eine Verminderung des Stababstandes auf die Hälfte bringt oft ein Vielfaches an Rechengut (Achtung bei Umbaumaßnahmen: die Fließgeschwindigkeit vor dem Rechen wird dadurch stark verringert und kann zu vermehrten Ablagerungen von Sand führen). Die nachfolgenden Einrichtungen der Kläranlage werden dann weniger mit diesen Stoffen belastet. Vor allem der Schlamm wird homogener und enthält kaum noch Fremdstoffe (Wattestäbchen, Kunststoffabfälle).

Die anfallende Menge des Rechenguts hängt auch von den Tageszeiten und vom Wetter ab (Starkregen bringen zusätzlich Rechengut). Die durchschnittliche Menge liegt bei etwa 5 bis 25 l/(E · a), bzw. etwa 4 bis 20 kg/(E · a), d. h. je 1 000 Einwohner 5 bis 25 m³ jährlich.

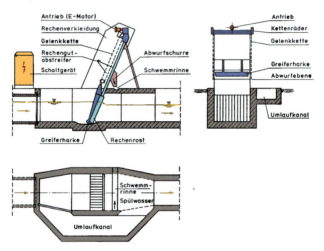

Bild 5. 5: Harkenrechen mit Umlaufkanal und Kettenantrieb

Bei einstraßigen Rechen sollte wegen der Betriebssicherheit ein Notumlauf mit Grobrechen vorhanden sein. Rechen sind sehr überwachungsbedürftig; solche mit Handräumung oder ohne automatische Steuerung entsprechen nicht mehr den heutigen Anforderungen.

Anregungen zu Gestaltung und Bau

- Auch kleine Anlagen sind mit automatischen Rechen auszustatten und, um Störungen im Winter zu vermeiden, zu überbauen; Heizung und Platz für Container ist vorzusehen, die Abluftbehandlung ist hier besonders wichtig; Ex-Gefahr beachten!
- Eine automatische Austragsvorrichtung mit Rechengutpresse und Absackeinrichtung für das Rechengut ist wichtig, der

Abwurf muss hoch genug für die ortsüblichen Container sein (Bild 5.6). Wöchentliche Leerung ist notwendig.
- Auf- und Abfahrten für den Rechengutcontainer ohne Schwelle und waagrecht anlegen. Boden säurefest machen!
- Im Container sind Löcher zur Entwässerung des Rechengutes vorzusehen, wenn keine Presse vorhanden ist.

Bild 5.6: Rechengutpresse mit Endlosverpackung
- Nur robuste, korrosionsbeständige Rechenkonstruktionen halten dem Dauerbetrieb stand (Edelstahlausführung).
- Notumlaufgerinne bei einstraßigen Rechen so hoch anordnen, dass es wirklich nur in Notfällen durchflossen wird. Der Querschnitt muss den maximalen Zufluss fassen können.

Allgemeines zum Betrieb der Rechenanlagen

Der abgelagerte Sand im Gerinne unmittelbar vor dem Rechen ist zu entfernen. Der Notumlaufrechen ist sauber zu halten. Im Übrigen muss auch das gesamte Rechenbauwerk von Schmutzrändern und Ablagerungen am besten durch tägliches Abspritzen freigehalten werden. Wenn Rechengut schon angefasst werden muss, sind Gummihandschuhe zu benutzen (siehe Abschnitt 10.3 Arbeitshygiene).

Maschinell geräumte Rechen sind Trommel-, Radial-, Greifer-, Filterstufen- und Wanderrostrechen. Teilweise werden die Begriffe Mitstromrechen und Gegenstromrechen verwendet. Beim Gegenstromrechen greift die räumende Rechenharke gegen die Strömung durch die Rechenharke, beim Mitstromrechen mit der Strömung.

Die maschinelle Räumvorrichtung ist täglich zu überprüfen. Die allgemeinen Hinweise zu maschinellen Vorrichtungen und die besonderen Betriebsanleitungen der Herstellerfirma sind zu befolgen: Ölwechsel, Abschmieren, Nachstellen usw.

Die Steuerungsanlage der Ein- und Ausschalt-Automatik ist täglich nachzusehen, wasserspiegelabhängige Einrichtungen sind wöchentlich zu säubern. Bei der Steuerung mittels Lufteinperlverfahren sind die Austrittsöffnungen täglich zu säubern.

In strengen Wintern kann auch in Gebäuden Vereisungsgefahr bestehen; Heizstrahler sind hier zweckmäßig.

Filterstufenrechen und Siebe

In den letzten Jahren werden verstärkt Filterstufenrechen eingesetzt, da hiermit mehr Faserstoffe entnommen werden können, die Betriebsstörungen verursachen. Siebe haben sich im Betrieb nicht besonders bewährt, denn bei starkem Fettanteil im Abwasser (Metzgereien, Gasthöfe) verkleben sie leicht. Für die Reinigung empfiehlt sich dann ein fest eingebautes Heißwasser-Hochdruckstrahlgerät. Siebanlagen können die Vorklärung auch nicht ersetzen.

Stufen- und Filterstufenrechen mit einem Stababstand von 6 bis 8 mm oder einer Lochweite von 6 mm werden vermehrt eingebaut. Der Vorteil hierbei ist, dass das im Abwasser mitgeführte Papier wie ein Filterpapier wirkt und somit auch viele Faserstoffe und Haare aus dem Abwasser entfernt werden können.

5 Verfahrenstechnik der Abwasserreinigung

Bild 5. 7: Filterstufenrechen mit Reinigungsbürste (Fa. FSM)

Rechengut-, Siebgutpressen

Die gute Wirkung der neuen Rechen führt zu einem höheren Rechengutanfall mit einem hohen Anteil an fäkalen Stoffen. Deshalb werden Rechengutwäscher vor dem Pressvorgang eingesetzt die einen Großteil der anhaftenden Fäkalstoffe wieder auswaschen. Das gewaschene Rechengut lässt sich besser entwässern und ist nicht so geruchsintensiv. Das Rechengutwaschwasser wird wieder dem Abwasserzufluss zugeführt als leicht abbaubarer Kohlenstoff.

Entsorgung des Rechengutes

Rechengut hat eine starke Anziehungskraft für Ratten, Krähen und Möwen. Es ist äußerst lästig und unhygienisch, wenn sie die Stoffe auf dem Gelände verstreuen. Um dies zu verhindern, aber auch um Fliegenplage, Geruchsbelästigung und den hässlichen Anblick zu vermeiden, ist das Rechengut in mit Deckel verschlossenen Tonnen oder Containern zu sammeln, bis es zur Verwertung abgefahren wird. Bei kleineren Anlagen empfiehlt sich die Verwendung von speziellen geruchsdichten Endlosschläuchen (Bild 5.8).

Bild 5.8: Absackeinrichtung für das Rechengut

Gemäß der TA Siedlungsabfall darf der organische Anteil von Stoffen, die deponiert werden sollen, 5 % nicht überschreiten (siehe auch Abschnitt 6.3 Reststoffe aus der Kläranlage); Rechengut kann nie so behandelt werden, dass es deponiert werden darf.

5.4 Sandfang

Aufgabe, Wirkungsweise und Bauformen

Der im Abwasser enthaltene Sand (auch Streusand bei Schneeschmelze) muss im Sandfang zurückgehalten werden. Er verursacht in den Schlammpumpen einen starken Verschleiß und führt im Faulbehälter leicht zu Verhärtungen (Zusammenpacken) des Schlammes.

Bei der älteren Bauart des unbelüfteten Langsandfangs wird durch eine Querschnittvergrößerung des Gerinnes die Fließgeschwindigkeit so verlangsamt, dass die gegenüber dem Wasser schwereren Sandkörner nicht mehr weitertransportiert werden und auf den Boden sinken. Da der Wasserzufluss schwankt, ist die Fließgeschwindigkeit meistens nicht optimal einstellbar. Deshalb setzen sich bei geringem Zufluss auch andere Stoffe, wie Fäkalien, ab.

Unbelüftete Sandfänge sind sehr wartungsintensiv und entsprechen nicht mehr der heutigen Technik.

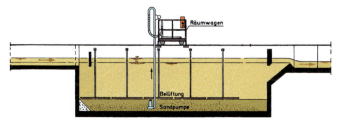

Bild 5.9: Belüfteter Langsandfang

Ein belüfteter Sandfang besteht aus einem langen Rechteckbecken, einer Sandablagerungsrinne an der Sohle und einer Belüftungseinrichtung, die den durchfließenden Abwasserstrom in eine spiralförmige Bewegung versetzt. Die Sandräumung verläuft maschinell mittels Räumschild und Drucklufttheber oder speziellen Sandpumpen (Bild 5.9). Bei diesem Sandfang kann bei richtiger Einstellung unabhängig vom Durchfluss, nahezu mit gleichem Wirkungsgrad der Sand ausgeschieden wird. Die Bemessung wird für den Trockenwetterzufluss mit etwa 20 Minuten Aufenthaltszeit durchgeführt. Die Sand-Schlammtrennung erfolgt mittels Umwälzströmung und Dichteunterschied durch den Lufteintrag an einer Beckenlängsseite (Bild 5.10).

Bild 5.10: Belüfteter Sandfang mit Schwimmstoffkammer

Die weitere Funktion ist eine Schwimmstoffabscheidung im seitlich angehängten Längsbecken; vom turbulent durchströmten Sandfangbecken ist es durch Tauchwand und Beruhigungseinrichtungen getrennt.

Die Steuerung der maschinellen Sandräumung erfolgt über Zeitschaltung oder durchflussabhängig automatisch. Wichtig ist immer die rechtzeitige Entnahme, damit sich der Sand nicht verfestigt. Der Sand kann dann gewaschen werden zur Verminderung des organischen Anteils oder nur klassiert (Bild 5.11). Gewaschener Sand kann z. B. beim Rohrleitungsbau zum Einsanden verwendet werden. Sand aus dem Sandfang ist, auch wenn er gewaschen ist, fast immer dunkel. Diese Färbung wird durch die im Abwasser vorhandenen Eiweißverbindungen verursacht. Der durchschnittliche Sandanfall beträgt je nach Bebauung und Straßenoberfläche 2 bis 20 l/(E · a).

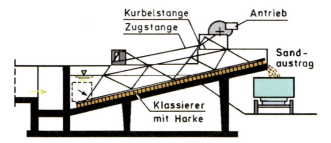

Bild 5.11: Sandklassierer

Von Zeit zu Zeit ist die Wirksamkeit eines Sandfanges durch einen Aufschlämmversuch mit Vorklärbeckenschlamm zu kontrollieren. Dabei kann festgestellt werden, wie groß der Sandanteil ist, der durch den Sandfang nicht zurückgehalten wurde. Das Aufschlämmen kann so vorgenommen werden:

Ein 1-l-Standzylinder wird bis zum 500-ml-Strich mit Schlamm (stinkt!) aus der Trichterspitze der Vorklärung gefüllt (dabei ist die Probeentnahme ziemlich zu Beginn des Schlammablassens vorzunehmen). Der Standzylinder wird dann mit Leitungswasser bis zum 1 000-ml-Strich vollgefüllt, mit der Hand abgedeckt (Handschuhe!) und kräftig geschüttelt. Nach kurzer Standzeit wird der Überstand wieder bis zum 500-ml-Strich abgegossen (dekantiert). Dann wieder aufgefüllt wie vorher usw. Nach 5maligem Dekantieren ist ein Sandgehalt recht gut zu erkennen. Jetzt die Menge bestimmen und die Korngröße des Sandes prüfen.

Wenn deutliche Mengen an Sand im Bodensatz des Messzylinders zu finden sind, sollte eine Kontrolle der Funktion des Sandfangs erfolgen, da er seine Aufgabe nicht mehr richtig erfüllt.

Im Rundsandfang sammelt sich der Sand durch die zentrifugale Strömung im Trichter und wird entnommen. Um den Schlammanteil gering zu halten, wird vor dem Räumen mit Druckluft bei geschlossenem Entnahmeschieber der Sand gespült. Eine Dauerbelüftung hält die Schlammstoffe leichter in Schwebe.

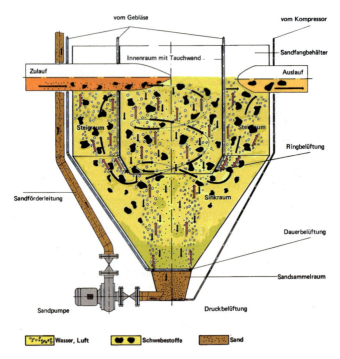

Bild 5.12: Querschnitt eines Rundsandfanges

Anregungen zu Gestaltung und Bau

- Belüftete Sandfänge sind auch bei kleinen Anlagen mit Schwimmstoffentnahme und automatischem Sandaustrag notwendig.
- Sandsilos bzw. Sandcontainer im Gebäude erleichtern den Winterbetrieb und eine wirkungsvolle Abluftbehandlung.

5.5 Absetzbecken

Aufgabe, Wirkungsweise und Bauformen

In Absetzbecken werden die absetzbaren Stoffe des Abwassers abgetrennt. Dabei wird auch wieder das Gesetz der Schwerkraft genutzt, nach der Stoffe, die eine größere Dichte als Wasser haben, nach unten sinken (sedimentieren) und leichtere nach oben schwimmen (flotieren). Dies wird als mechanische Abwasserreinigung bezeichnet im Unterschied zur biologischen Reinigung.

In einem Vorklärbecken mit 1/2-h Aufenthaltszeit können die absetzbaren Stoffe, die etwa 1/3 der Verschmutzung bei häuslichem Schmutzwasser sind, nahezu vollständig als Schlamm (Sediment) zur Beckensohle sinken, während die restlichen 2/3, die nicht absetzbaren Schwebstoffe und gelösten Stoffe, in den biologisch wirkenden Kläranlagenteil gelangen.

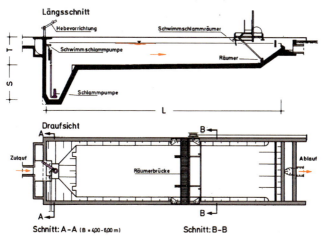

Bild 5.13: Vorklärbecken

In der Vorklärung steigen Schwimmstoffe (Fett, Öl) nach oben und werden durch eine Tauchwand am Ablauf zurückgehalten. Manchmal, wenn Reste des Bodenschlamms zu lange im Becken verbleiben, steigen auch Schlammfladen durch anhaftendes Faulgas als Schwimmschlamm auf. Das ist immer ein Zeichen, dass etwas nicht in Ordnung ist, z. B. Schaberleiste am Räumschild beschädigt oder Räumungshäufigkeit zu gering.

Bei Nachklärbecken von Belebungsanlagen mit Nitrifikation und langen Aufenthaltszeiten des belebten Schlammes zeigt sich öfters, besonders bei unterbelasteten Anlagen, eine deutliche Schwimmschlammbildung (nicht mit Blähschlamm verwechseln). Sie kann dadurch entstehen, dass im Bodenschlamm durch eine „wilde Denitrifikation" gasförmiger Stickstoff frei wird (nicht verwechseln mit Faulgas), der Schlammteilchen mit nach oben nimmt. Eine Tauchwand und eine wirkungsvolle Schwimmschlammentnahme ist deshalb auch in der Nachklärung notwendig.

Die theoretische Aufenthaltszeit im Absetzbecken lässt sich durch folgende Rechnung bestimmen: Der Nutzraum (Volumen in m^3) des Beckens wird durch den Abwasserzufluss (in m^3/h) geteilt.

Beispiel:

Mittlere Wassertiefe des Rechteckbeckens (ohne Trichter) vorne 2,0 m, hinten 1,8 m, im Mittel hm = 1,9 m.

Breite des Beckens b = 4 m, Länge des Beckens l = 15 m.

Wasserfläche A = Breite · Länge = b · l = 4 m · 15 m = 60 m^2,

Volumen V = Tiefe · Wasserfläche = hm · A
 = 1,9 m · 60 m^2 = ~ 114 m^3,

Zufluss in der Mittagsspitze (gegen 13 bis 14 Uhr) = 60 l/s; (Umrechnung l/s· 3,6 = m^3/h), also: Q = 40 · 3,6 = 216 m^3/h

Aufenthaltszeit t = V : Q = 114 m^3 : 216 m^3/h
 = 0,52 Stunden (~30 Min).

Die tatsächliche Aufenthaltszeit ist stets kleiner als die rechnerische. Viele Einflüsse können das bewirken, z. B. schwach durchströmte Zonen in den Ecken, verstopfte Einläufe, ungleichmäßiger Abfluss an der Ablaufkante, Temperaturschichtung durch Dichteströmungen.

Die Beckenformen unterscheiden sich nach der Strömungsbewegung des Wassers: Rechteckige Flachbecken (Bild 5.14) werden nahezu horizontal vom Abwasser durchflossen, runde von der Mitte aus zum Außenrand; bei Trichterbecken (vertikal durchflossen) steigt das Wasser von unten nach oben.

Bild 5.14: Zweistraßige Vorklärung als Längsbecken

Bei Nachklärbecken zeigt sich oft eine deutlich sichtbare Schlammgrenze (Flockenfilter). Während beim Trichterbecken der Schlamm durch das eigene Gewicht von selbst in die Trichterspitze absinkt und an den Schrägwänden abrutschen soll, wird er in Flachbecken durch Räumschilde in Sammeltrichter (auch Schlammtasche genannt) geschoben. Während Rundräumer kontinuierlich betrieben werden, müssen Längsräumer angehoben immer wieder ans andere Ende zurückfahren (Bild 5.15).

Bei rechteckigen Vorklärbecken reicht es, den Räumer mehrmals täglich einzuschalten; bei rechteckigen Nachklärbecken von Belebungsanlagen muss der Räumer jedoch kontinuierlich betrieben werden. Für Schwimmstoffe sind eigene Räumschilde an der

Räumerbrücke in Wasserspiegelhöhe angebracht. In Längsbecken werden auch Band- oder Saugräumer eingesetzt (Bild 5.16).

Bild 5.15: Bodenräumschild angehoben auf dem Rückweg

Der im Schlammtrichter gesammelte Primärschlamm dickt dort etwas ein und muss mind. 2mal täglich abgelassen und zum Faulbehälter gefördert werden. Ggf. vorhandene Schlammschächte sind nach dem Ablassen auszuspritzen damit es nicht stinkt. Deshalb Ablassen und Schachtreinigen möglichst zügig vornehmen. Durch eine Brauch- oder Betriebswasserleitung mit sehr kleinen Löchern, etwa 1 m über dem höchsten Schlammspiegel rundumgeführt, kann man die Schlammschachtreinigung vereinfachen.

Eine eigene Bauform von Absetzbecken stellt das Emscherbecken dar, bei dem der Schlamm von selbst in den im gleichen Bauwerk darunter liegenden Faulraum rutscht. Einzelheiten siehe unter Abschnitt „Emscherbecken". Für den Absetzraum des Emscherbeckens gelten die folgenden Hinweise, mit Ausnahme des Schlammablassens, sinngemäß.

Bild 5.16: Längsbecken mit Bandräumer

Anregungen zu Gestaltung und Bau

- In Schlammschächten sind leicht ablesbare Markierungen anzubringen um den Schlammanfall messen zu können, sofern dies nicht durch MID's (siehe Kap. 9.3) erfolgt.
- In Schlammpumpensümpfen die Schrägfläche am Ansaugstutzen möglichst steil und die Saugleitung kurz bauen.
- Schächte mit Schutzgeländer werden leichter sauber gehalten als solche mit Gitterrostabdeckung; Betriebswasseranschluss mit mindestens 6 bar Druck ist notwendig.
- Für Zahnschwellen, Rinnen und Tauchwände abwasserbeständiges Material verwenden (Edelstahl, kein Aluminium).
- In Absetzbecken immer maschinelle Schwimmschlammentnahme vorsehen. Die Rinnen mit starkem Gefälle ausführen. Am Hochpunkt ist ein Betriebswasseranschluss und am Tiefpunkt ein Schnellschlussschieber zweckmäßig.
- Vorklärbecken vor einer Belebungsanlage sollen eine Umgehungsleitung haben außer, es sind mehrstraßige Vorklärbecken vorhanden.

- Längsräumer müssen so gestaltet werden, dass Wartung und Reparaturen über festem Boden möglich sind.
- Räumer mit Verschiebebühnen sind oft störanfällig.
- Räumerendschalter mit zuschaltbaren Heizungen ausrüsten.
- Räumerlaufflächen sind ggf. heizbar zu bauen.

Betrieb und Wartung

Bild 5.17: Rinnenbürste

Die Schwimmstoffe in den Einlaufkammern sind 1- bis 2mal täglich zu entnehmen und mit dem Rohschlamm zu behandeln. Die Beckeneinläufe sind täglich zu überprüfen und mit einem gekrümmten Stabeisen oder der Wasserstrahllanze frei zu machen um eine einseitige Beschickung und Verstopfungen zu vermeiden. Schwimmschlamm im Becken ist täglich abzuziehen. Schlammablassen mehrmals täglich, auch sonn- und feiertags. Dabei Farbe des Schlammes beobachten; wenn er hellgrau wird, ist der Ablassschieber zu schließen und nach 5 bis 10 Minuten nochmals zu öffnen; endgültig schließen, wenn er wieder hellgrau wird. Lässt sich eine Änderung der Farbe nicht immer erkennen, kann der dicke Schlamm an seinem Fließverhalten im Strahl vom dünnen unterschieden werden: Geschlossener Strahl, dumpfer Ton = dicker Schlamm; zerrissener Strahl, plätschernder Ton = dünner Schlamm.

Die Schlammmenge durch Vermerken der Pumpzeit oder über Anzeige des Pumpensumpfinhaltes (Messlatte) oder Ablesen des MID feststellen und ins Betriebstagebuch eintragen; desgleichen die Analysenergebnisse (TR, GV) der Absetzproben. Wenigstens einmal wöchentlich ist der Schlamm auf den Schrägflächen der Schlammtrichter mit einem Schaber nach unten zu schieben. Je sorgfältiger das gemacht wird, umso weniger Schlammfladen steigen auf.

Rinnenreinigung

Wöchentlich sollten die Überfallkanten und Rinnen gesäubert sowie Fettränder entfernt werden. Automatisch arbeitende Rinnenbürsten erleichtern die Reinigung (Bild 5.17). Von der Verwendung chemischer Reinigungsmittel ist abzuraten, da diese Mittel meistens Chlorbenzol, andere Chlorkohlenwasserstoffe oder Säuren enthalten, die eine Beeinträchtigung der Vorgänge bei der Abwasserreinigung verursachen.

5.6 Tropfkörper

Aufgabe, Wirkungsweise und Bauformen

Der Tropfkörper mit Nachklärbecken (Bild 5.18) ist eine biologische Anlage. Ein Pumpwerk zur Beschickung ist meistens erforderlich.

Das Füllmaterial eines Tropfkörpers besteht aus geschichteten Brocken, meist Lavaschlacke oder Kunststoffkörpern auf einem wasserdurchlässigen Bodenrost. Die Umfassungswand hat in Höhe des Bodenrostes Lüftungsöffnungen. Das für die Füllung verwendete Material muss frost- und witterungsbeständig, sauber und sandfrei sein mit rauer Oberfläche und gleichmäßiger Körnung. Die gebrochenen Steine haben im Allgemeinen eine Korngröße von 40 bis 80 mm, in der Stützschicht über dem Bodenrost von 80 bis 150 mm. Das Kunststofffüllmaterial hat den Vorteil einer größeren spezifischen Oberfläche (Aufwuchsflächen).

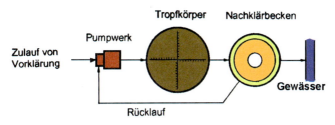

Bild 5.18: Fließbild eines Tropfkörpers

Das vorgeklärte Abwasser wird durch einen Drehsprenger gleichmäßig auf der Oberfläche der Tropfkörperfüllung verteilt. Die Arme des Drehsprengers werden meistens als einseitig gelochte Rohre ausgeführt, die in der Mitte des Tropfkörpers in einem drehbaren Lager (Königsstuhl) befestigt sind (Bild 5.19).

Der Antrieb für die Drehbewegung entsteht durch den Rückstoß des durch die Verteilungslöcher ausfließenden Wassers, er bedarf also keines Motors.

Das auf den Tropfkörper gepumpte Abwasser rieselt durch den Füllkörper bis zum Bodenrost und über die Ablaufrinne zum Nachklärbecken. Dabei trifft es auf eine Bakterienschicht, den sog. biologische Rasen, er ist mehrere mm dick. Dort sind die Kleinstlebewesen angesiedelt für die Reinigung des Abwassers. Gleichzeitig zieht Luft durch den Tropfkörper wie durch einen Kamin, damit die Mikroorganismen genügend Sauerstoff zum Leben haben.

Das Wasser löst auf seinem Weg durch die Hohlräume Teile des biologischen Bewuchses ab. Ohne diese Spülwirkung würde der durch das Wachstum der Organismen gebildete biologische Schlamm die Hohlräume zwischen den Gesteinsbrocken allmählich ausfüllen und verstopfen und den Durchfluss des Abwassers und der Luftzirkulation unterbinden. Je mehr der Tropfkörper mit organischen Stoffen belastet wird, umso schneller wächst der biologische Rasen und umso stärker muss er mit Rücklaufwasser aus dem Nachklärbecken (zur Verdünnung) gespült werden. So kann auch der Abbaugrad gesteigert werden.

Zur Bemessung von Tropfkörpern mit Lavabrocken werden je m^3 Füllung eine BSB_5-Raumbelastung von 400 g/d angesetzt. Bei einer Abwasserreinigung mit Nitrifikation darf sie nicht über 200 g/d liegen. Wegen der größeren Oberfläche kann bei Kunststoffelementen die Raumbelastung höher angesetzt werden.

5 Verfahrenstechnik der Abwasserreinigung

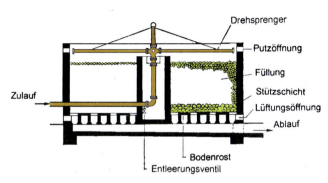

Bild 5.19: Schnitt durch einen Tropfkörper

Die Füllhöhen liegen zwischen 3 und 5 m. Der Abwasserzufluss, der auf die Oberfläche der Füllung (einschließlich Rücklaufwasser) gebracht wird, ist wichtig für die Spülwirkung.

Ein einfaches Beispiel für die überschlägige Berechnung einer solchen *Oberflächenbeschickung*:

Abwasserzufluss Q = 20 l/s = 72 m³/h; (u. U. ablesbar am Pumpenschild, aber dann die Pumpzeit berücksichtigen);

Tropfkörperdurchmesser d = 10 m;

Kreisoberfläche A = $\frac{d^2 \cdot \pi}{4}$ = $\frac{10 \cdot 10 \cdot 3{,}14}{4}$ = 78,5 m²;

Oberflächenbeschickung q = Q : A
q = 72 m³/h : 78,5 m² = ~ 0,9 m³/(m² · h) = 0,9 m/h.

Im Tagesdurchschnitt über 24 Stunden soll die Oberflächenbeschickung eines Tropfkörpers 0,8 m/h nicht unterschreiten, sicherer ist 1 m/h; daraus ergibt sich rechnerisch eine durchschnittliche Mischwasserkonzentration von ~130 mg/l BSB_5.

Anregungen zu Gestaltung und Bau

- Mit Tropfkörpern kann gegenüber Belebungsverfahren Energie gespart werden, sie sind robust im Betrieb und Wartungsfehler sind nahezu ausgeschlossen. Tropfkörperschlamm entwässert besser.
- Bei richtiger Bemessung und Verfahrenstechnik ist eine weitgehende Stickstoffoxidation (Nitrifikation) zu erreichen. Auch eine gezielte Denitrifikation ist möglich.
- Vom Arbeitspodest (über die Treppe erreichbar) aus ist die Aufstiegsvorrichtung bis auf Mauerhöhe zu führen zur Erleichterung der Sichtkontrolle von Drehsprenger und Oberfläche. Übersteigholme nicht vergessen.
- In kalten Gegenden: Gute Wärmeisolierung der Tropfkörperwände, ggf. teilweise abdecken in Form einer Kragplatte (Bild 5.20).
- Lüftungsöffnungen bei Frost abdecken; ggf. Windschutzbepflanzung

Bild 5.20: Tropfkörper mit Kragplatte und Geländer

Betrieb und Wartung

Der Wirkungsgrad des Tropfkörpers hängt auch von der richtigen Funktion des Drehsprengers ab. Tägliche Kontrolle der Ausflussöffnungen; wenn sie verstopft sind, müssen die Drehsprengerarme mit der dafür vorgesehenen Bürste gereinigt werden. Dafür werden Pumpen abgeschaltet und Reinigungsdeckel an den Rohrenden geöffnet. Je besser die Vorklärung funktioniert und je sauberer die Gerinne gehalten werden, umso weniger Verstopfungen gibt es.

Mit täglichen Absetzproben vom Tropfkörperablauf (Probenahmestelle vor der Nachklärung) können Veränderungen der Spülwirkung frühzeitig erkannt werden.

Wasserpfützen auf der Tropfkörperoberfläche oder auch fauliger Geruch sind Anzeichen für eine Verschlammung des Tropfkörpers; *Pfützenbildung* kann auch durch Pilzwachstum an der Oberfläche hervorgerufen werden. Bei diesen Störungen können folgende Maßnahmen helfen:

- Schrittweises Spülen des Tropfkörpers mit dem Drehsprenger. Die Spülwirkung wird stärker, wenn der Drehsprenger festgebunden (arretiert), mit allen Pumpen beschickt und in längeren Zeitabständen (eine Stunde oder mehr) um jeweils einen Schritt vorgerückt wird.
- Die Mischwasserkonzentration (Ablauf der Vorklärung und Rücklauf aus der Nachklärung) am Drehsprenger darf im Tagesmittel 130 mg/l BSB_5 nicht überschreiten. Dadurch wird sichergestellt, dass die Spülkraft zur Verminderung der Verstopfungsgefahr einerseits und das Anwachsen des biologischen Rasens andererseits ausreichend gesichert ist.

Wenn der Tropfkörper mit Unterbrechungen beschickt oder nur schwach gespült wird, kann es an der Oberfläche, besonders in der Nähe der Umfassungswand und auch in der Umgebung der Lüftungsöffnungen zur Entwicklung von Tropfkörperfliegen (Psychoda-Fliegen) kommen. Gegen die Fliegenplage hilft die ständige Beschickung und häufigere Spülung des Tropfkörpers.

Bei einigen Anlagen befinden sich Würmer (Fadenwürmer, Wenigborster) im Tropfkörper. Sie stören im Allgemeinen die Reinigungswirkung nicht, sodass keine besonderen betrieblichen Gegenmaßnahmen ergriffen werden müssen. Auch von Schnecken in einem Tropfkörper wurde berichtet. Dies scheint problematischer zu sein, da die Schneckenhäuser das Tropfkörpermaterial verstopfen können.

Im *Nachklärbecken* müssen Ablaufrinnen und Rohre oder Schlitze am Einlauf sauber gehalten werden. Aufschwimmende Schlammfladen oder aufsteigende Gasblasen zeigen faulenden Schlamm im Becken an. Der Schlamm muss dann häufiger abgezogen werden, die Trichterflächen sind sorgfältiger abzuschaben. Zur Prüfung der Klärwirkung des Nachklärbeckens sind die absetzbaren Stoffe im Ablauf mittels Imhofftrichter zu bestimmen. Die täglich zu messende Sichttiefe soll mindestens 50 cm betragen.

5.7 Rotationstauchkörper

Ein anderes biologisches Reinigungsverfahren ist der Rotationstauchkörper zusammen mit einem Nachklärbecken. Der biologische Rasen siedelt sich auf 2 bis 3 m großen Kunststoffflächen an, die auf waagerechten Achsen montiert sind und so zu großen Walzen zusammengefasst werden. Durch langsames Drehen im Abwasser, tauchen die Elemente etwa zu 1/3 ein. Dadurch werden die Kleinstlebewesen abwechselnd mit O_2 aus der Luft und Nahrung aus den organischen Schmutzstoffen des Abwassers versorgt. Bei Überlastung kann es vorkommen, dass der Bewuchs die Hohlräume zwischen den Kunststoffelementen ausfüllt, dann muss der Bewuchs ausgespült werden.

Eine höhere Rückführung aus der Nachklärung hilft auch hier. Der Stromverbrauch liegt sehr niedrig; die Baukosten entsprechen denen der anderen Tropfkörper.

Bei Rotationstauchkörpern ist es wie beim Tropfkörper auch möglich in einem getrennten Teil der Anlage die Stickstoffelimination ebenfalls zu erreichen. Eine Denitrifikation wird beispielsweise erreicht, indem ein vorgeschalteter Tauchkörper luftdicht abgedeckt oder ein vollständig überstauter Tauchkörper eingesetzt wird (Bild 5.21).

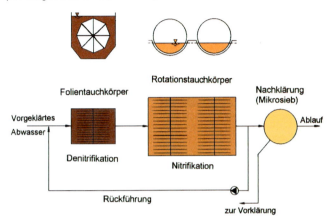

Bild 5.21: Tauchkörper mit vorgeschalteter Denitrifikation

5.8 Belebungsanlagen

Aufgabe, Wirkungsweise und Bauformen

Beim Belebungsverfahren (Bild 5.22) wird das Abwasser in einem Belüftungsbecken zusammen mit dem „Rücklaufschlamm" aus dem Nachklärbecken belüftet und durchmischt. Die Bakterien in den schwebenden Schlammflocken nehmen dabei die organischen Schmutzstoffe aus dem Abwasser als Nahrung auf und setzen sich im Nachklärbecken ab.

Der auf diesem biologischen Wege gebildete Flockenschlamm enthält unzählige Bakterien und Mikroorganismen (Biozönose) und heißt deshalb „Belebtschlamm". Er wird aus dem Nachklärbecken ständig in das Belebungsbecken zurückgeführt damit dort möglichst viele belebte Flocken ihre Reinigungsarbeit verrichten können. Da sich die Bakterien durch das Nahrungsangebot ständig vermehren, nimmt die Menge des Belebtschlammes zu. Der nicht benötigte „Überschussschlamm" muss deshalb abgezogen werden. Er wird meistens zum Zulauf des Vorklärbeckens geführt, dickt dort ein und wird dann gemischt mit dem Vorklärschlamm zur Schlammfaulung gepumpt, oder direkt aus der Nachklärung zur Schlammbehandlung geleitet.

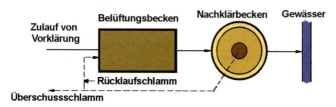

Bild 5.22: Schema einer Belebungsanlage

Dem Belebungsbecken werden Abwasser, Rücklaufschlamm und Luft zugeführt. Die Zuführungsmethoden sind verschiedenartig. Rücklaufschlamm wird z. B. vielfach an einer einzigen Stelle am Beckenanfang (vor Kopf) zugegeben, während die Abwasserzufuhr manchmal auf das erste Drittel der Beckenlänge verteilt ist. Eine Optimierung im Betrieb ergibt dann die richtige Betriebsweise. Die Luft wird dem ganzen Becken zugeführt; soweit Steuerungsmöglichkeiten bestehen, wird oft am Anfang mehr und am Beckenende weniger Luft eingetragen. Bei den Belüftungssystemen ist zu unterscheiden zwischen der energiewirtschaftlichen Druckluftbelüftung und der Belüftung mit Hilfe von Oberflächenbelüftern (Walzen mit horizontaler Achse und kreiselförmigen Rotoren mit vertikaler Achse) (Bild 5.23).

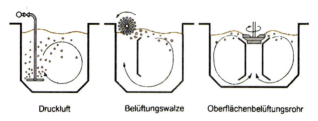

Bild 5.23: Belüftungseinrichtungen

Die Druckluft wird mit Gebläsen erzeugt und durch poröse Belüftungsrohre (Belüfterkerzen, Membranbelüftern) oder Platten ins Wasser geblasen; sie bestehen aus keramischem Material, Kunststoff oder aus Filz; auch mit Gummischläuchen überzogene Rohre sind im Einsatz. Weitere Belüftungseinrichtungen die vorwiegend eine gerichtete Strömung erzeugen (z. B. strahlförmig, Bild 5.24), sind ebenfalls im Einsatz.

Bild 5.24: Strahlbelüfter (Fa. Fuchs)

Eine besondere Verfahrenstechnik von Belebungsanlagen ist die Langzeitbelüftung. Sie wird vor allem für kleinere Ausbaugrößen eingesetzt, bei denen sich eine Schlammbehandlung in anaeroben Faulräumen finanziell nicht rentiert. Infolge der langzeitigen Belüftung werden der Belebtschlamm und damit die organische Verschmutzung so weitgehend von den Organismen aufgezehrt und oxidiert, dass stabilisierter Überschussschlamm anfällt. Dieser biologische Vorgang wird als aerobe Schlammstabilisierung bezeichnet.

Das Belebungsverfahren hat sich heute weitgehend für die Behandlung fast aller Abwasserarten durchgesetzt. Es hat gegenüber dem Tropfkörper vor allen Dingen folgende Vorteile:
- größere Betriebssicherheit auch bei niedrigen Abwassertemperaturen,

- die Vorklärung kommt mit einer geringeren Aufenthaltszeit aus,
- man kann Sauerstoffeintrag, Schlammgehalt und Rücklaufschlammverhältnis weitgehend steuern oder regeln und somit den Belastungen und Erfordernissen anpassen.

Dem stehen als Nachteile gegenüber:
- ein höherer Aufwand für die Betriebsüberwachung,
- wesentlich höhere Energiekosten,
- der Schlamm hat einen höheren Wassergehalt und lässt sich nicht so gut sedimentieren und entwässern,
- das Nachklärbecken muss deutlich größer sein.

Kohlenstoffabbau

Entsprechend den in Kapitel 4 dargelegten Zusammenhängen werden im Belebungsbecken zunächst nur die Kohlenstoffverbindungen abgebaut. Das gilt bis zu einer Schlammbelastung $B_{TS} > 0{,}3$ kg BSB_5/(kgTS · d), bzw. bis zu einem Schlammalter $t_{TS} <$ 4 Tage, d. h. bei relativ kurzen Aufenthaltszeiten des Abwassers im Belebungsbecken. Für diese Verhältnisse gilt auch das in Bild 5.22 dargestellte Grundschema des Belebungsverfahrens.

Stickstoffentnahme

Bei einer Verringerung der Schlammbelastung, also mit einer Verlängerung der Aufenthaltszeit der Biomasse, werden nicht nur die Kohlenstoffverbindungen weitgehend abgebaut. Bei $B_{TS} < 0{,}15$ kg BSB_5/(kgTS · d) beginnt auch die Oxidation der Stickstoffverbindungen, die *Nitrifikation*, und zwar umso vollständiger, je niedriger die Belastung und je höher die Temperatur ist.

Entscheidend ist die mit der Verringerung der Belastung verbundene Verlängerung des Schlammalters auf $t_{TS} > 10$ Tage. Hierdurch erhalten höherwertigere, langsamer wachsende Organismen, die Möglichkeit, sich im Belebtschlamm anzusiedeln. Je weiter das Schlammalter gesteigert wird, desto bessere Voraussetzungen finden die sog. Nitrifikanten vor, und umso sicherer erfolgt die Nitrifikation (Umwandlung von Ammonium- in Nitratstickstoff). Dafür muss der Sauerstoffgehalt im Belebungsbecken immer ≥2 mg/l betragen (Bild 5.25). Durch die

Nitrifikation werden die Nährstoffe im Abwasser allerdings nicht nennenswert vermindert, sie liegen nur in einer anderen chemischen Bindung vor, als Nitrat-Stickstoff NO_3-N.

Bild 5.25: Belebungsbecken mit Sauerstoffeintrag (Krumbach)

Der weitere Schritt der Nährstoffverminderung kann aber jetzt gezielt durch die *Denitrifikation* erfolgen. Dafür darf im Abwasser kein gelöster Sauerstoff (anoxische Zone) vorhanden sein, damit die Bakterien den im Nitrat gebundenen Sauerstoff zum Überleben aufnehmen. In den anoxischen Zonen muss dafür genügend leicht abbaubares Substrat (Kohlenstoffverbindungen im Rohabwasser) für die Mikroorganismen vorhanden sein.

Die Stickstoffverminderung kann also nur funktionieren, wenn das Belebungsbecken belüftete (aerobe) und unbelüftete (anoxische), also nur umgewälzte Zonen oder Bereiche, aufweist. Technisch ist das zu erreichen, wenn anoxische Becken oder Zonen vorschaltet werden (Bild 5.26).

Eine andere Möglichkeit besteht in einem Umlaufsystem durch aerobe und anoxische Bereiche (Bild 5.27).

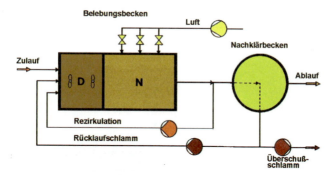

Bild 5.26: Vorgeschaltete Denitrifikation

Bei einer vorgeschalteten Denitrifikation werden Zulauf, nitrathaltiger Rücklaufschlamm und/oder nitrathaltiges Rezirkulationsabwasser in ein anoxisches Becken (oder Zone des Belebungsbeckens) geleitet. Der Beckeninhalt wird nur durch Rührwerke umgewälzt (Bild 5.28). Die Bakterien des Rücklaufschlammes bauen in diesem Beckenbereich einen Teil des BSB_5 (Kohlenstoffverbindungen) ab; dabei wird Sauerstoff durch die Organismen vom Nitrat (NO_3-N) verbraucht. Der dabei entstehende elementare Stickstoff (N_2) entweicht in die Luft.

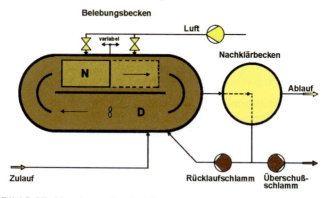

Bild 5.27: Simultane Denitrifikation

Im nachfolgenden belüfteten (aeroben) Becken wird weiter Kohlenstoff abgebaut und Ammonium-Stickstoff zu Nitrat-Stickstoff umgesetzt.

In einem Umlaufbecken mit simultaner Denitrifikation stellen sich von selbst im belüfteten Teil aerobe Verhältnisse (N-Zone) und durch die Sauerstoffzehrung des Abwasser-Schlamm-Gemisches anoxische Verhältnisse (D-Zone) ein (Bild 5.27).

Wenn Rücklaufschlamm, Rezirkulation und Abwasserzulauf im Bereich der anoxischen Zone zugegeben werden, laufen die beschriebenen Vorgänge der Denitrifikation ab. Anoxische Verhältnisse im ganzen Becken lassen sich auch mit gesteuertem Ein- und Ausschalten der Belüftung (intermittierende Nitrifikation/Denitrifikation) erreichen. Eine eigene Umwälzung zur Verhinderung einer Absetzwirkung ist dann erforderlich.

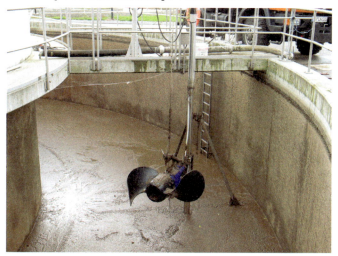

Bild 5.28: Rührwerk im Denifrikationsbecken bei Wartungsarbeiten

Bei richtiger Betriebsweise ist der Wirkungsgrad der beschriebenen Verfahren (es gibt noch viele weitere Varianten, auf die hier nicht eingegangen werden kann) etwa gleich, sie unterscheiden sich meist in ihrem baulichen Aufwand. Die simultane Denitrifikation hat den Vorteil der einfachen Bau- und Betriebsweise, sie benötigt dafür allerdings etwas mehr Beckenvolumen. Wenn Mischwasser mit hohem O_2-Gehalt in die Denitrifikationsstufe gelangt, wird die Stickstoffverminderung stark beeinträchtigt.

Das *Schlammalter* t_{TS} ist eine wichtige Kenngröße, um die Stickstoffoxidation beurteilen zu können. Je höher das Schlammalter, desto besser die NH_4-N-Abnahme. Das Schlammalter entspricht der mittleren Aufenthaltszeit der Mikroorganismen im Belebungsbecken. Es darf nicht mit der Durchflusszeit des Abwassers verwechselt werden.

Zu deren Bestimmung müssen Trockensubstanzgehalt und Abzug des täglichen Überschussschlammes (Überschussschlammproduktion) bekannt sein, damit die abgezogene Masse an Feststoffen mit der Masse an Feststoffen im Belebungsbecken ins Verhältnis gesetzt werden kann. Der Schlammabtrieb aus dem Nachklärbecken (insbesondere bei Mischwasserzufluss) darf nicht vernachlässigt werden. Zur Ermittlung sind der Zufluss (Q) und die abfiltrierbaren Stoffe (AS) erforderlich.

$$\text{Schlammalter } t_{TS} = \frac{TS_{BB} \cdot V_{BB}}{TS_{ÜS} \cdot Q_{ÜS} + AS \cdot Q} \quad \text{in d}$$

Auf die richtige Dimension achten (TSBB und TSÜS meist in g/l errechnet, entspricht kg/m³; AS meist in ml/l erhalten, das entspricht g/m³; also durch 1 000 teilen, dann kg/m³):

$$t_{TS} = \frac{kg/m^3 \cdot m^3}{kg/m^3 \cdot m^3/d + kg/m^3 \cdot m^3/d} \quad \text{in d}$$

Nur bei sehr gut wirkenden Nachklärbecken kann der Schlammabtrieb (AS · Q) vernachlässigt werden, er sollte aber vorher einige Male auch bei Mischwasserdurchfluss ermittelt worden sein.

Biologische Phosphorentnahme

Verfahrenstechnisch muss für die erhöhte Aufnahme von Phosphor durch die Bakterien dafür gesorgt werden, dass Rücklaufschlamm und Rohabwasser gemeinsam in ein sauerstofffreies Vorbecken oder eine sauerstofffreie Zone des Belebungsbeckens gelangen. Sauerstofffrei heißt: auch ohne Nitrat (NO_3-N). Der Rücklaufschlamm muss also vorher die Denitrifikationszone durchflossen haben.

Nach Durchlaufen dieses streng sauerstofffreien (anaeroben) Vorbeckens bzw. der anaeroben Zone des Belebungsbeckens nehmen die Bakterien später in der belüfteten (aeroben) Nitrifikationszone vermehrt Phosphor auf, der sich im Rücklaufschlamm anreichert. Durch die Entnahme des Überschussschlamms ergibt sich eine P-Verminderung.

Wegen der Schwankungen des Phosphat-Gehaltes im Abwasser ist nach bisher vorliegenden Betriebserfahrungen eine betriebssichere erhöhte biologische P-Entnahme möglich. Die Einhaltung eines bestimmten Grenzwertes ist jedoch schwierig. Daher ist eine unterstützende Zugabe von Fällmitteln zur chemischen Phosphatentnahme die Regel, siehe Kapitel 5.10.

Anregungen zu Gestaltung und Betrieb

- Vor der Bauabnahme der Belüftungseinrichtung ist es zweckmäßig, den Nachweis des garantierten Sauerstoffeintrages im Reinwasser zu verlangen.
- Der Lufteintrag muss weitgehend stufenlos regelbar sein auch für die Grundlast, angesteuert von Sauerstoffelektroden.
- Sauerstoffmesssonden so anordnen, dass Messergebnisse repräsentativ sind, z. B. nicht unmittelbar hinter Belüftungseinrichtungen.
- Die Belüftungskerzen müssen für Reinigung und Reparatur leicht und sicher ausgebaut werden können. Ablagerungen sind zu beseitigen (Bild 5.29).
- Drehkolbengebläse an Saug- und Druckseite sind mit Flanschen versehen um Reparaturen zu erleichtern.
- Gebläseräume sind sorgfältig gegen Schall zu isolieren und möglichst in einem eigenen Gebäude anzuordnen.

- Rücklaufschlammleitung nicht unterhalb des Wasserspiegels im Belebungsbecken ausmünden lassen, es sei denn es ist an anderer Stelle möglich den Rücklaufschlamm zu beobachten und Proben zu entnehmen.
- Die Wartung und die Geruchsbelästigung sind geringer, wenn die Leitungen für Abwasser und Schlamm zwischen den Bauwerken als Rohrleitungen ausgebildet werden, anstatt als offene Gerinne.
- Bei mehreren Belebungsbeckenstraßen wird die Verteilung des Rücklaufschlammes dann ungleichmäßig, wenn die Rücklaufschlammleitung unmittelbar vor der gemeinsamen Zulaufverteilung einmündet (Druckverluste in den verschieden langen Leitungen).
- Die Zuführung von Abwasser und Rücklaufschlamm vor Kopf (plug flow) erleichtert die Einrichtung von anoxischen Zonen.

Bild 5.29: Ablagerungen im Belebungsbecken

Betrieb und Wartung

Es ist häufig notwendig den Belebtschlamm täglich zu untersuchen. Dazu wird aus dem Belebungsbecken eine Probe im gut durchmischten Bereich entnommen (Bild 5.30) und in einem 1 000 ml-Standzylinder das abgesetzte Schlammvolumen gemessen.

Am Schlammvolumen und aus der Schlammtrockensubstanz ist zu ersehen, wie viel Überschussschlamm abgezogen werden muss. Besonderes Augenmerk ist auf Veränderungen des Aussehens und der Flockungs- und Absetzeigenschaften des Schlammes zu legen. Zur Kontrolle ist es sinnvoll, gelegentlich eine Absetzkurve des Belebtschlammes aufzunehmen, indem alle 5 Minuten an dem Standzylinder das jeweilige Schlammvolumen abgelesen und in einem Diagramm über die Zeitachse aufgetragen wird. Bei schlecht absetzendem Schlamm (wie Blähschlamm) kann ein zu großer Schlammgehalt vorgetäuscht werden und es würde zu viel Überschussschlamm entfernt werden. Bei ungewöhnlich rascher Veränderung des Schlammvolumens sind umgehend der Schlammtrockensubstanzgehalt zu bestimmen und der Schlammindex zu errechnen. Ein Blick ins Mikroskop ist meist sehr aussagekräftig.

Bild 5.30: Probenahme aus dem Belebungsbecken

Der Schlammindex sollte zwischen 50 und 150 ml/g liegen. Steigt er über 150 ml/g an und enthält der Belebtschlamm Fadenorganismen, so spricht man von Blähschlamm; er setzt sich sehr schlecht ab. Er „schwebt" im Nachklärbecken, teilweise treibt dieser leichte Schlamm über die Ablaufschwelle des Nachklärbeckens ab.

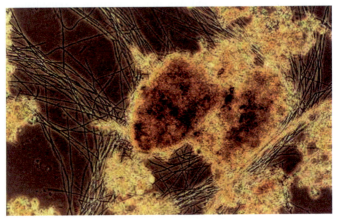

Bild 5.31: Blähschlamm mit Fadenbakterien

Blähschlamm kann sich immer dann stark entwickeln, wenn ganz bestimmte Bedingungen erfüllt sind (Nährstoffverhältnis, einseitige Zusammensetzung, Temperatur, Sauerstoffgehalt, pH-Wert), die für Fadenbakterien (Bild 5.31) besonders günstig sind. Darum hat es meist wenig Erfolg den belebten Schlamm zu entfernen und neuen Schlamm heranzuziehen. Nur wenn man Ursachen kennt und die Betriebsverhältnisse ändert, können die Lebensbedingungen der Bakterien so verbessert werden, dass die weitere Blähschlammentwicklung verhindert wird.

Biologen haben herausgefunden, dass eine Vielzahl verschiedener Bakterienarten Blähschlamm verursachen kann. Dies erklärt auch, dass es viele Gründe für die ungünstige Bakterienentwicklung gibt und nicht immer die gleichen Bekämpfungsmaßnahmen zum Erfolg führen. Oft entwickeln sich die

Fadenbakterien nur zu bestimmten Jahreszeiten, z. B. häufig im Frühjahr, was auf Temperatureinfluss schließen lässt. Auch besondere Belastungszustände durch angeschlossene Kampagnebetriebe, wie Konservenfabriken oder Brennereien, fördern die Blähschlammneigung. Ebenso wirkt sich angefaultes Abwasser sowie ein Mangel an Stickstoff oder Phosphor aus.

Bestimmte Betriebsweisen scheinen die Blähschlammentwicklung zu fördern. So neigen BSB_5-Raumbelastungen (BR) zwischen 0,5 und 0,7 kg/($m^3 \cdot$ d) besonders dazu. Volldurchmischte Belebungsbecken sind gefährdeter als längsdurchströmte Becken. Ein hydraulisch knapp bemessenes Nachklärbecken ist schon bei geringer Blähschlammneigung überfordert, während ein Nachklärbecken mit Belastungsreserven auch Blähschlamm in gewissen Grenzen zurückhalten kann. Eine bestimmte Gegenmaßnahme, die mit Sicherheit in allen Fällen hilft, gibt es nicht. Schlüssige Aussagen darüber lassen sich nur von *mikroskopischen Beurteilungen* durch Biologen in Instituten erwarten.

Sobald in einer Kläranlage im Belebungsbecken durch Nitrifikation Nitrat gebildet wird, kann es im Nachklärbecken durch Denitrifikation zum Schlammtreiben kommen, dies wird als „wilde Denitrifikation" bezeichnet. Das Aufschwimmen von an sich gut absetzbarem Schlamm ist nicht mit Blähschlamm zu verwechseln, denn hier setzt sich der fadenförmige Schlamm erst gar nicht ab, sondern bleibt in Schwebe; er schwimmt durch die Entwicklung von Stickstoff-Gasblasen in der Belebtschlammflocke auf. Es kann durchaus sein, dass nach dem Entweichen der Stickstoff-Gasblasen an der Oberfläche der Schlamm sich dann einwandfrei absetzt. Dieser Vorgang dauert allerdings mehrere Stunden und die Zeit steht im Nachklärbecken nicht zur Verfügung. Im Standzylinder ist die Erscheinung gut zu beobachten.

Der Prozess der Denitrifikation beruht darauf, dass viele Bakterienarten bei Mangel an gelöstem Sauerstoff den im Nitrat enthaltenen Sauerstoff verwenden können (Nitrat-Atmung).

Gegen Blähschlammbildung oder Schlammabtrieb durch Denitrifikation im Nachklärbecken kommen folgende Maßnahmen in Betracht die unter Umständen helfen, aber nicht immer:

1. Rücklaufschlamm aus dem Nachklärbecken verstärken. Das Rücklaufverhältnis (RV) berechnet sich

$$RV = \frac{TS_{BB} \cdot 100}{TS_{RS} - TS_{BB}} \quad [\%]$$

   TS_{BB} = Trockensubstanzgehalt in der Belebung [mg/l]
   TS_{RS} = Trockensubstanzgehalt im Rücklaufschlamm [mg/l]

2. Die Aufenthaltszeit des abgesetzten Schlammes am Boden der Nachklärung verkürzen (weniger als 1 Stunde), in dem die Geschwindigkeit des Nachklärbeckenräumers etwas vergrößert wird (bei Rundräumern bis zu 6 cm/s; evtl. sind auch die Räumschilde zu verlängern oder zu verdoppeln).

3. Aufenthaltszeit in der Vorklärung vermindern, z. B. durch Außerbetriebnahme einer Einheit. Dies gilt besonders, wenn das Rohabwasser schon angefault in der Kläranlage ankommt.

4. Wertvolle Hinweise dazu sind [14] zu entnehmen.

5. Wenn die Ursache bei Industrieabwasser, z. B. Zuckerfabrik, Brauerei, Molkerei, vermutet wird, kann das einseitige Nährstoffangebot, das die Fadenbakterien begünstigt, durch Zugabe von Stickstoff und Phosphor-Düngesalzen verbessert werden (vorher mikrosk. Untersuchung durch Biologen) (Verhältnis BSB_5 : N : P etwa 100 : 5 : 1).

6. Durch Zugabe von Fällungsmitteln, z. B. Eisensulfat, Eisenchlorid, Aluminiumsulfat, kann der Schlamm beschwert und die Flockenbildung und seine Absetzeigenschaft verbessert werden. Auch Kalkzugabe kann gegen Blähschlamm helfen. Wegen der Erhöhung des pH-Wertes und der Verkrustungsgefahr muss man hier besonders sorgfältig vorgehen.

7. Mit der Dosierung von 8 g H_2O_2/(kgTS · d) (H_2O_2 = Wasserstoffperoxid) kann Blähschlamm ggf. bekämpft werden.

8. Bei langen Belebungsbecken hilft es meistens, wenn Abwasser und Rücklaufschlamm vor Kopf, also an der Stirn-

seite des Belebungsbeckens, eingeleitet werden und gleichzeitig eine gut durchmischte anoxische Zone möglich ist.

Die Maßnahmen 3, 5, 6, 7 und 8 sollten nur nach Rücksprache mit der technischen Aufsichtsbehörde erfolgen.

Die regelmäßige mikroskopische Beobachtung des Belebtschlammes ist notwendig (dazu Kapitel 9.5). Dadurch kann womöglich das Entstehen von Blähschlamm schon im Anfangsstadium erkannt werden. Das Erkennen der fadenförmigen Organismen und deren Bekämpfungsmöglichkeiten sind für den Laien nicht einfach. Die Einschaltung einer Fachkraft mit mikroskopischen Kenntnissen und der Erfahrung in der Beurteilung bei Abwasseranlagen ist langfristig oft wesentlich billiger als die Zugabe von „Wundermitteln".

Bild 5.32: Schaumbildung im Belebungsbecken

Wichtig für die Überwachung des Betriebs ist die Kontrolle des Sauerstoffgehaltes im Belebungsbecken. Er soll in der N-Zone mindestens 2 mg/l betragen. Eine möglichst vollkommene Durchmischung (ausreichende Turbulenz) muss immer erhalten bleiben um Ablagerungen zu vermeiden, selbst wenn aus irgendeinem Grund, z. B. Ausfall der Rohabwasserpumpen, kein Abwasser mehr zufließen würde. Es ist meist zweckmäßig auch in diesem Fall weiter die Rührwerke weiter zu betreiben.

Schaum- bzw. Schwimmschlammbildung in Belebungsbecken kann auch zu starkem Schlammabtrieb führen und ist deshalb problematisch, weil sich im Schaum Organismen anreichern (Bild 5.32). Dabei ist zu klären, ob die Schaumbildung durch hydrophobe (wasserabstoßend) und/oder oberflächenaktive Abwasserinhaltsstoffe verursacht wird oder durch Organismen.

Abhilfemaßnahmen können sein:
- Besprühen mit kaltem Wasser,
- vermindern von turbulenzarmen Zonen,
- entnehmen des Schaums aus dem gesamten Kreislauf.

Die Beckenwände über dem Wasserspiegel sind regelmäßig von Fett- und Schaumrändern zu säubern um Geruchsbildung und Entstehung von Fettsäuren zu vermeiden.

Bild 5.33: Vor Inbetriebnahme Luftleitungen prüfen

Der Belebtschlamm aus dem Nachklärbecken ist ständig (kontinuierlich) in das Belebungsbecken zurückzuführen. Wenn dieser Schlamm mehr als eine Stunde im Nachklärbecken verbleibt, verliert er schon sehr an Aktivität, d. h. die Mikroorganismen sterben dann rasch ab.

Vor *Inbetriebnahme* sind alle Leitungen (Luft, Schlamm, Abwasserzu- und -ablauf) auf Baustellenreste hin zu überprüfen (Bild 5.33); eine Sprudelprobe ist hilfreich.

Zur *Einarbeitung* ist dem Belebungsbecken das gesamte vorgeklärte Abwasser zuzuführen. Gleichzeitig sind die Rücklaufschlammpumpen mit einem Rücklaufverhältnis von 1,0 zu betreiben. Überschussschlamm darf erst dann abgezogen werden, wenn der vorgesehene Schlammgehalt erreicht ist. Er ist während dieser Zeit laufend zu überprüfen. Die Einarbeitungszeit dauert 10 bis 20 Tage. Die auftretende verstärkte Schaumbildung ist nicht beängstigend; es findet ja nur eine teilweise biologische Reinigung statt. Bei kalter Witterung lassen sich Belebungsanlagen schwerer einarbeiten. Hier sollte mit einer langsam zu steigernden Teilbeschickung begonnen werden.

Vor den Gebläsen ist an der Frischluft-Ansaugstelle ein Luftfilter angebracht, um Luftverunreinigungen von den Belüftungskerzen im Belüftungsbecken fernzuhalten. Diese Luftfilter neigen bei Frost zu Vereisungen, die den Lufteintritt verhindern. Die Eisbildung kann vermieden werden, wenn eine Luftleitung aus einem warmen Raum bis vor das Luftfilter geführt wird.

Die Belüftungskerzen müssen laufend nachgesehen und in regelmäßigen Abständen, je nach Anlage, alle 3 bis 5 Jahre gereinigt werden (Bild 5.34). Wenn bei feinblasiger Belüftung die Poren der Kerzen zu verstopfen beginnen, zeigt das Amperemeter der Gebläse eine ansteigende Stromaufnahme; Druckanstieg ist auch am Manometer zu beobachten. Verstopfungen einzelner Kerzen sind meistens durch verminderte Turbulenz und geringeren Luftblasenaustritt erkennbar, Blasenbild beobachten!

Bild 5.34: Reinigen der Belüfterkerzen

In manchen Fällen kann das aufwändige Ausbauen der Kerzen zur Reinigung erspart werden, wenn in das jeweilige Luftrohr säurehaltiges Reinigungsmittel mit hohem Druck zerstäubt wird. Der Erfolg ist dann am Amperemeter bzw. Manometer ablesbar.

Auch Dampfstrahlgeräte eignen sich zur Reinigung, wenn die Kerzen aus dem Becken ausgehoben werden und am Ende der Strahllanze eine poröse Manschette angebracht wird, die man über der Belüfterkerze hin und her schiebt.

Die Betriebsanleitungen der Lieferfirmen sind sorgfältig zu beachten. Für die Untersuchung des Ablaufes der Nachklärung gilt das gleiche wie im Unterkapitel 5.6, Tropfkörper, beschrieben.

Die Betriebsführung stellt bei Belebungsanlagen unabhängig von der Ausbaugröße (d. h. ebenso für 100 EW wie für 100 000 EW) hohe Anforderungen an das Betriebspersonal. Hier müssen die Untersuchungen und Messungen in einer Häufigkeit durchgeführt werden, die weitgehend in der Entscheidung des Betriebspersonals liegen. Auf die Angabe der Häufigkeit wurde deshalb bewusst verzichtet. Aussagen treffen die Anforderungen an die Selbstüberwachung, die in jedem Bundesland eigens festgelegt sind. In vielen Fällen stellt dies aber wirklich nur den Mindestaufwand dar. Sobald Probleme erkennbar sind und nach Ursachen gesucht werden muss, wird der zeitliche und finanzielle Aufwand größer. Die Untersuchungen sind überdies nicht ganz einfach, bedürfen großer Sorgfalt und erfordern ein beträchtliches Maß an Geschicklichkeit und Gewissenhaftigkeit.

5.9 Kombinationsbecken

Kombinationsbecken sind Bauwerke, in denen mehrere funktionale Einheiten in einem gemeinsamen Bauwerk vereinigt sind.

5.9.1 Emscherbecken

Aufgabe, Wirkungsweise und Bauformen

Das Emscherbecken, auch Emscherbrunnen genannt, hat seinen Namen vom Fluss Emscher. Der Schlammfaulraum ist durch Trennwände und Rutschflächen (Imhoffrinne) vom Absetzraum getrennt. Die sich absetzenden Stoffe rutschen durch den Schlammschlitz in den darunterliegenden Faulraum (siehe Bild 5.35). Pumpen zur Schlammumwälzung sind zweckmäßig.

Betrieb und Wartung

Zu den Wartungsregeln und den täglichen Arbeiten, wie sie für das Betriebstagebuch vorgeschrieben und für Absetzanlagen notwendig sind, kommen noch einige Wartungsarbeiten hinzu, die mindestens wöchentlich durchzuführen sind. Der Schlammstand im Faulraum ist festzustellen, höchstzulässiger Stand ist 50 cm unter Schlammschlitz. Gasbläschen im Absetzraum sind sichere Zeichen für faulenden Schlamm auf den Rutschflächen oder mangelhaft ausgebildeten Schlammschlitz.

Besteht eine Umwälzmöglichkeit, ist der Schlamm aus der Trichterspitze über den Schwimmschlammraum bei gleichzeitiger Benetzung der Schwimmdecke umzupumpen (sehr geruchsintensiv!).

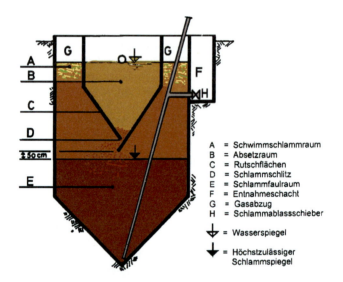

A = Schwimmschlammraum
B = Absetzraum
C = Rutschflächen
D = Schlammschlitz
E = Schlammfaulraum
F = Entnahmeschacht
G = Gasabzug
H = Schlammablassschieber

▽ = Wasserspiegel

▼ = Höchstzulässiger Schlammspiegel

Bild 5.35: Emscherbecken

Wird der ausgefaulte Schlamm abgelassen, muss eine Restschlammmenge zur Neueinarbeitung im Faulraum verbleiben. Verstopfungen können durch Wasserspülung (am besten mit Hochdruckspülgerät) gelöst werden.

5.9.2 Kompaktbauweisen

Kompakte Belebungsanlagen in zusammengesetzter Bauweise werden von mehreren Firmen hergestellt und führen verschiedene Namen. Ein Beispiel ist in Bild 5.36 dargestellt.

Kompaktanlagen haben meistens keine Vorklärung; sie werden als Belebungsbecken mit gemeinsamer Schlammstabilisierung mittels Langzeitbelüftung betrieben. Einzelne Typen haben auch eine getrennte aerobe Schlammstabilisierung. Alle Wartungshinweise für Belebungsanlagen gelten auch hier sinngemäß, d.h. auch diese Anlagen müssen sorgfältig überwacht und betrieben werden. Die für einen ordnungsgemäßen Betrieb erforderlichen Herstellerangaben zu den Arbeitsstunden reichen nur dann aus, wenn bei der Wartung auch die erforderlichen Messungen und Untersuchungen mit berücksichtig werden.

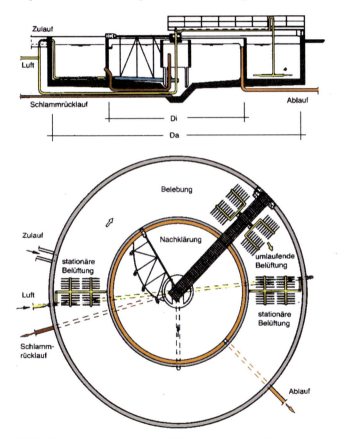

Bild 5.36: Belebungsbecken mit Gegenstrombelüftung

5.10 Phosphatfällung

Die Phosphatreduzierung ist notwendig zur Verminderung des Nährstoffeintrags ins Gewässer, sie trägt dadurch zur Verringerung des Pflanzenwachstums bei.

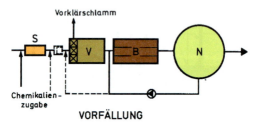

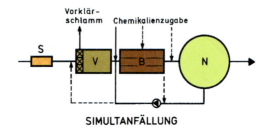

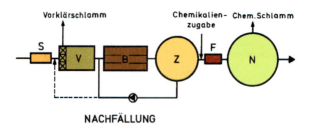

S = Sandfang   F = Flockung   B = Belebung
Z = Zwischenklärung   N = Nachklärung

Bild 5.37: Verfahrensfließbilder der Phosphatfällung

Die Mikroorganismen nehmen zwar Phosphor als Nahrung auf (beim Baustoffwechsel) und verringern dadurch schon die Ablaufkonzentration; dies alleine ist jedoch meist nicht ausreichend für die Einhaltung der wasserrechtlichen Werte. Deshalb muss chemisch Phosphat gebunden werden, der nach Absetzen als Schlamm aus dem Abwasser entfernt wird.

Durch Zugabe von Eisen- (z. B. $FeSO_4$) oder Aluminiumsalzen (z. B. $AlCl_3$) werden die im Abwasser gelösten Phosphate in schwer lösliche Verbindungen übergeführt, die mit dem Schlamm auf Grund der höheren Dichte abgeschieden werden können. Kalk wird ebenfalls zur Fällung eingesetzt, wobei im Wesentlichen die Verschiebung des pH-Wertes in den stark alkalischen Bereich die Fällungsreaktion auslöst. Diese Vorgänge bezeichnet man als Phosphatfällung.

Die verschiedenen verfahrenstechnischen Möglichkeiten der Phosphatfällung sind in Bild 5.37 dargestellt. Bei diesen Fällungsverfahren kann die Schlammmenge um bis zu 20 % zunehmen.

Vorfällung

Wenn das Fällmittel in eine sehr turbulent gemischte Zone im Zufluss zur Vorklärung (evtl. auch in den Sandfang oder eine Vorbelüftung) zugegeben wird (Bild 5.38), spricht man von Vorfällung.

Nachdem sich die Flocken gebildet haben, setzt sich der Fällungsschlamm zusammen mit den absetzbaren Stoffen in der Vorklärung ab. Gleichzeitig erfolgt mit der Fällungsmittelzugabe und die dadurch bewirkte Flockenbildung eine bessere Abscheidung feinster Schwebstoffe und u.U. eine Geruchsverminderung durch H_2S-Bindung. Der Wirkungsgrad der Vorklärung kann auf 40 bis 70 % der organischen Stoffe gesteigert werden. Als Folge davon wird die BSB_5-Verschmutzung manchmal soweit vermindert, dass kein ausgewogenes Nährstoffverhältnis für die Organismen im biologischen Teil zur Stickstoffumsetzung vorhanden sein kann.

Vorteilhaft an der Vorfällung ist, dass außer der Dosiereinrichtung und der Lagertanks (Gefahrstoffdatenblatt beachten!) für das Fällmittel keine weiteren Bauwerke benötigt werden.

Die Investitionskosten sind also gering. Nachteilig ist die Schwierigkeit, die Dosierung des Fällmittels an die stark schwankenden Konzentrationen im Zulauf anzupassen. Außerdem kann je nach Pufferwirkung und Konzentration der übrigen Abwasserinhaltsstoffe der Fällungsmittelverbrauch unwirtschaftlich sein.

Bild 5.38: Fällungsmitteldosierung in der turbulenten Zone

Simultanfällung

Bei Dosierung des Fällmittels in das Belebungsbecken – besser in dessen Ablauf – spricht man von Simultanfällung, auch hier ist eine turbulent gemischte Zone zwingend notwendig. Die Reaktion des Fällungsmittels zur Flockenbildung die zur Phosphatfällung führt, erfolgt nämlich gleichzeitig mit dem biologischen Abbau der organischen Stoffe im Belebungsbecken. Fällungsschlamm und Belebtschlamm werden gemeinsam im Nachklärbecken sedimentiert.

Vorteilhaft bei der Simultanfällung ist ebenfalls die Nutzung der vorhandenen Bauwerke der Kläranlage. Man benötigt also nur Vorratsbehälter, Dosiereinrichtung und Online-Messergebnisse für die optimierte Regelung der Dosierung.

Bei der Beurteilung des Schlammgehaltes ist zu berücksichtigen, dass der anorganische Anteil des Belebtschlammes durch die Fällungsmittelzugabe etwas ansteigt.

Die Simultanfällung wird sehr häufig angewendet, weil die Anpassung der Dosierung an die deutlich geringer schwankenden Ablaufwerte der biologischen Stufe einfacher ist. Als Ablaufwerte sind Werte < 1,0 mg/l für P_{ges} erreichbar, wenn der Schlammabtrieb <10 mg/l liegt (5 - 7 mg/l abfiltrierbare Stoffe verursachen ca. 0,1 mg/l P_{ges}-Erhöhung!). In manchen Fällen hat es sich auch gezeigt, dass fadenförmige Organismen (Blähschlammbildung durch Microthrix parvicella) durch Verwendung von aluminiumhaltigen Salzen (Fällungsmitteln) vermindert werden können.

Zweipunktfällung

Die Zweipunktfällung ist eine bewährte Möglichkeit zum Erreichen von sehr niedrigen P_{ges}-Werten im Ablauf des Klärwerks. Dabei wird das Fällungsmittel in den Zulauf des Vorklärbeckens und in den Ablauf des Belebungsbeckens dosiert. Dadurch findet eine Entlastung der biologischen Stufe statt; der Frischschlammanfall aus der Vorklärung wird dadurch natürlich vergrößert. Nach einer biologischen P-Verminderung im Belebungsbecken wird dann zur gezielten Erreichung der erforderlichen Einleitungswerte Fällungsmittel anhand einer Regelstrecke dosiert. Die Wirkung der Phosphorverminderung kann dann noch verstärkt werden durch eine nachgeschaltete Sandfilteranlage. Damit lassen sich Einleitungswerte von <0,5 mg/l P_{ges} erreichen.

5.11 Naturnahe Abwasserbehandlungsverfahren

Aufgabe, Wirkungsweise und Bauformen

Naturnahe Abwasseranlagen eignen sich vir allem für kleine ländliche Orte. Bei richtiger Bemessung und fachgerechtem

Betrieb sind sie in der Lage, das Abwasser fast ganzjährig biologisch zu reinigen. Allen Verfahren der biologischen Abwasserreinigung gemeinsam ist, dass die Reinigungswirkung auch hier durch Bakterien erfolgt.

Bei den Abwasserteichen wird zwischen Anlagen mit und ohne künstliche Belüftung unterschieden. Abwasserteiche werden häufig durch Zwischenschaltung eines Tropfkörpers oder Tauchkörpers den wasserrechtlichen Anforderungen gerecht. Nach den Bauformen werden natürlich belüftete (unbelüftete) und technisch (künstlich) belüftete Teiche unterschieden. Folgende Verfahren kommen zum Einsatz:

Absetzteiche
für die mechanische Abwasserreinigung, als erstes Becken nur zur Abscheidung der absetzbaren Stoffe aus dem Rohabwasser. Dieses Becken ist immer für die nachfolgend genannten Verfahren notwendig.

Bild 5.39: Abwasserteich, im Hintergrund der Absetzteich

Unbelüftete (natürlich belüftete) Abwasserteiche
zur biologischen Abwasserreinigung, nach vorgeschaltetem Absetzteich.

Belüftete (technisch belüftete) Abwasserteiche
zur biologischen Abwasserreinigung, mit dem Vorteil des geringeren Platzbedarfs.

Abwasserteiche mit biologischen Reaktoren
z. B. mit zwischengeschalteten Tropfkörpern oder Tauchkörpern zur biologischen Abwasserreinigung.

Schönungsteiche
ggf. zur weitergehenden Reinigung nach der biologischen Abwasserreinigung.

Pflanzenkläranlagen
zur biologischen Reinigung oder zur Qualitätsverbesserung biologisch gereinigten Abwassers. Sie kommen meist nur für kleinere Ausbaugrößen in Frage.

Auch bei naturnahen Abwasserbehandlungsverfahren ist ein Wärterraum mit 12 bis 18 m^2 notwendig damit darin unabhängig vom Wetter Eintragungen ins Betriebstagebuch vorgenommen werden können. Ein Platz für Laboruntersuchungen sowie eine Waschgelegenheit sind ebenso notwendig, wie die Unterbringung von Geräten. Zur Erleichterung der Aufzeichnungen für die Selbstüberwachung hat der DWA-Landesverband Bayern in Zusammenarbeit mit dem Bayer. Landesamt für Umwelt ein eigenes Betriebstagebuch für naturnahe Abwasseranlagen erarbeitet, das auch umfassende Erläuterungen enthält [6].

Abwasserteiche haben einige Vorteile:
- Die Absetzwirkung ist gut.
- Sie haben ein großes Puffervermögen gegen Zuflussspitzen, z. B. bei Mischwasserzufluss und Konzentrationsstößen.
- Die Baukosten sind wegen der Bauweise bei dichtem bindigem Boden niedrig.

- Betriebskosten und Wartungsaufwand liegen unter denen anderer Kläranlagen.
- Eine naturnahe Gestaltung ist möglich.

Nachteilig ist der verhältnismäßig große Flächenbedarf der Teiche. Wenn der Baugrund sehr durchlässig oder der Grundwasserstand hoch ist, entstehen beim Bau dann hohe Kosten. Geruchsbildungen sind nicht ganz auszuschließen. Wenn Schlamm geräumt werden muss, kann das sehr aufwändig sein.

Früher wurde häufig auf eine Rechenanlage verzichtet; Plastik- und Textilteile auf der Wasseroberfläche, an den Böschungen oder im Schlamm waren die Folgen. Dies kann auch bei vorhandenen Tauchwänden meist nicht vermieden werden. Neben dem unschönen Anblick führt dies zur Geruchsentwicklung. Ebenso stören diese Grobstoffe im Schlamm, wenn dieser landwirtschaftlich verwertet wird. Deshalb sind auch bei naturnahen Abwasseranlagen Rechen erforderlich.

Meistens werden mehrere Teiche hintereinander vom Abwasser durchflossen. Der erste ist der Absetzteich. Die nachfolgenden reinigen biologisch und wirken als Oxidationsteiche. Der dort anfallende Schlamm wird durch seine flächenhafte Verteilung sehr weitgehend mineralisiert.

Die DWA hat das Arbeitsblatt DWA-A 201 „Bemessung, Bau und Betrieb von Abwasserteichanlagen" [1] herausgegeben.

Beim Bau sollte darauf geachtet werden, dass Böschungen die mehr als einen Meter hoch sind, zweckmäßig in der Nähe des Wasserspiegels mit einer Berme zur Wartungserleichterung unterbrochen werden.

Manchmal wird angeregt die Teichlinsen (Wasserlinsen, Entengrütze) zu entfernen, weil sie den O_2-Eintrag stören, bei Massenauftreten. Dies ist sehr arbeitsintensiv. Solange nicht die Ablaufqualität so verschlechtert wird, dass sie den Anforderungen nicht mehr entspricht, sollte darauf verzichtet werden. Manchmal hilft gerichtetes Durchströmen durch Einbau von Leitwänden oder „Springbrunnen" die für die Turbulenz zur Verminderung von Teichlinsen sorgen. Keinesfalls dürfen die Teichlinsen in das Gewässer abgeleitet werden. Auch die Beseitigung der Eisdecke, die im Winter manchmal den O_2-Eintrag behindert, lohnt sich meistens nicht.

Wenn hier der BSB_5 oder der CSB gemessen wird, müssen die Proben filtriert [15] werden damit die Schwebstoffe, vorwiegend Plankton-Algen, entfernt werden. Die Algen würden sonst den BSB_5- oder CSB-Wert verfälschen durch den verstärkten O_2-Verbrauch der Algen. Algengetrübte Proben ergeben deshalb höhere Werte. Der Messfehler, der entsteht, wenn mit den Algen auch andere Schwebstoffe entfernt werden, ist bei Abwasserteichen so klein, dass er vernachlässigt werden kann.

Generell ist festzustellen, dass die Unterhaltung der Grasflächen und Böschungen (Biber!) bei Abwasserteichen meistens die umfangreichste Wartungsarbeit verursacht.

Bild 5.40: Biber an einem Abwasserteich

5.11.1 Abwasserteiche ohne technische Belüftung

Diesen natürlich belüfteten, man sagt auch unbelüfteten, Teichen ist ein Absetzteich (Bild 5.41) vorgeschaltet, der mit 0,5 m²/E und einer Wassertiefe von ≥1,50 m bemessen wird.

Bei Mischverfahren kann im Absetzteich auch ein Aufstauraum vorgesehen werden, der die Aufgabe eines Regenbeckens übernimmt.

Im Absetzteich wird die Fließgeschwindigkeit so verlangsamt, dass die absetzbaren Stoffe auf die Beckensohle sinken. Der abgesetzte Bodenschlamm fault unter dem darüber wegziehenden Abwasser ohne Trennung zwischen Absetzvorgang und Faulung (siehe Schlammfaulung).

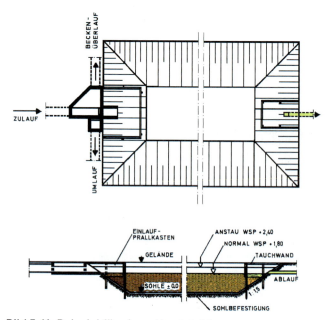

Bild 5.41: Beispiel für einen Absetzteich

Aufsteigendes Gas der Schlammfaulung reißt oft Schlammteilchen mit nach oben und es bildet sich eine dünne Schwimmschlammschicht, die den Betrieb im Gegensatz zu anderen Kläranlagen nicht stört. Schwimmstoffe werden durch Tauchwände (Bild 5.42) zurückgehalten.

Zwischen Tauchwand am Ablauf und Einleitungsstelle ins Gewässer darf kein Schwimmschlamm verbleiben, er verschlechtert die Qualität. Während also im Absetzteich hauptsächlich eine mechanische Klärung stattfindet, werden die gelösten Stoffe und Schwebstoffe im zweiten Teich, unter aeroben Verhältnissen von Bakterien abgebaut. Der hierzu notwendige Sauerstoff wird durch die Wasseroberfläche und Wasserpflanzen, wozu auch Algen gehören, eingetragen.

Dieser unbelüftete Teich wird mit etwa 10 m²/E bei Nutztiefen von 1,0 bis 1,5 m wesentlich größer. Hauptanwendungsbereich dieser Teiche liegt bei Ausbaugrößen bis zu 1 000 E. Die Teichflächen sollten in mehrere Teiche untergliedert werden. Die Aufenthaltszeit beträgt 20 bis 30 Tage.

Bild 5.42: Tauchwand im Zulauf

Betrieb und Wartung

Wenigstens 3- bis 4mal wöchentlich sind Abwasserteiche nachzusehen. Ein- bis zweimal wöchentlich und nach jedem stärkeren Regen sind die erforderlichen Eintragungen ins Betriebstagebuch [6] vorzunehmen. BSB_5-, CSB- und NH_4-N-Analysen werden oft vom Personal benachbarter Kläranlagen übernommen.

Die Messung des Schlammstandes genügt vierteljährlich. Dabei wird die Wassertiefe bis zum Schlamm möglichst immer an der gleichen Stelle im vorderen Drittel der Becken bestimmt. Dazu benützt man einen 3 bis 4 m langen Stab, an dessen unterem Ende eine Scheibe mit d = 20 cm befestigt ist. Von dort nach oben wird jeder Dezimeter gekennzeichnet. Mit einem solchen Peilstab (Schlammtaster) spürt man ziemlich genau, wo die Schlammschicht beginnt, wenn man ihn nicht zu schnell eintaucht. Manchmal ist es besser, die Schlammtiefe an mehreren Stellen zu messen und das Mittel zu errechnen. Ein Bedienungssteg mit Geländer ist dafür notwendig; Unfallverhütungsvorschriften beachten!

Einmal wöchentlich sind Regenüberläufe, Schächte, Rinnen und Überlaufkanten zu säubern und der Schwimmschlamm zwischen Tauchwand und Ablaufrinne abzuschöpfen.

Schlammräumung

Der Schlamm ist sollte einmal jährlich geräumt werden. Am besten erfolgt die Räumung in der Zeit von August bis November. Dabei muss darauf geachtet werden, dass die Dichtung des Teiches nicht beschädigt wird.

Bild 5.43: Schlammräumung

Vor der Räumung wird der Abwasserzulauf in den zweiten Teich geleitet. Das über dem Schlamm stehende Abwasser wird aus dem zu räumenden Absetzteich in den zweiten Teich gepumpt. Das Überpumpen muss langsam, z. B. auf ein bis zwei Tage verteilt, erfolgen, um den anderen Teich und damit das Gewässer nicht übermäßig zu belasten.

Der verbleibende, meist ziemlich flüssige Schlamm wird abgesaugt. Dies kann durch die bekannten Fäkalien-Saugwagen erfolgen. Gut bewährt haben sich dafür auch die Saugwagen, wie sie in der Landwirtschaft (Vakuumfass-Anhänger, Bild 5.44) eingesetzt werden. Auch Exzenterschnecken-, Gülle- oder Membranpumpen sind geeignet. Verschiedentlich werden kleine Moorraupenfahrzeuge mit breiter Ladeschaufel verwendet.

Bild 5.44: Vakuumfass

Der zähe Restschlamm muss manchmal mit Wasser flüssig gemacht werden, an ungünstigen Stellen ist mit einem Schaber nachzuhelfen. Möglich ist es auch, gleich den Schlamm mit Saugwagen unter Wasser abzuziehen; meist wird aber dabei auch sehr viel Abwasser mit abgesaugt.

Eine Restschlammschicht von 5 bis 10 cm Dicke muss immer auf der Teichsohle verbleiben um das Neueinarbeiten der Faulung zu erleichtern. Der Sand am Einlauf kann auch unter Wasser mit einem geeigneten Greifbagger herausgeholt werden. Vorsicht: Dichtung am Boden und an den Böschungen nicht zerstören. Wenn keine Felder zur Schlammverwertung zur Verfügung stehen, ist der Schlamm in einen Stapelraum zu pumpen, wo er trocknen kann bis er stichfest oder krümelig wird um dann abgefahren zu werden.

5.11.2 Abwasserteiche mit technischer Belüftung

Technisch belüftete Teiche haben den Vorteil, dass sie nur etwa ein Viertel der Fläche benötigen, wie sie für die natürlich belüfteten Teiche notwendig wären. Die künstliche Belüftung wird auch bei größeren Ausbaugrößen eingesetzt. Natürlich ist der Unterhaltungsaufwand höher, er ist aber geringer als bei konventionellen Anlagen. Der Vorteil ist aber, dass der Betrieb durch Steuerung der Luftzufuhr (Sauerstoffgehalt) an geänderte Betriebsbedingungen angepasst werden kann. Kurzzeitige Schwankungen in Menge, Konzentration und Zusammensetzung haben wegen des großen Teichvolumens nur geringe Auswirkung auf Betrieb und Reinigungswirkung. Belüftete Abwasserteiche haben sich auch bei stoßweisem Anfall von organisch hochbelastetem Abwasser aus Brauereien, Brennereien, Molkereien usw. bewährt. Die Bauweise ist ähnlich derjenigen der unbelüfteten Teiche, jedoch werden zur besseren Umwälzung und Sauerstoffausnutzung Wassertiefen von ca. 2,50 bis 3,00 m benötigt. Im Bereich des Wasserspiegels ist ein Wellenschutz aus Faschinen, Bachbettfolie oder Betonplatten zweckmäßig. Je nach Belüftungseinrichtung ist auch im Bereich der hohen Turbulenz eine Befestigung von Sohle und Böschung notwendig.

Zur Belüftung haben sich schwimmende Belüfterketten bewährt, die im Wasser langsam hin- und herpendeln und an denen Belüfterkerzen hängen (Bild 5.45). Eine andere Bauart sind Strahlbelüfter oder Tauchbelüfter.

Mehrere in Serie geschaltete Teiche erhöhen die Betriebssicherheit und die Verfahrenstechnik.

Bild 5.45: Abwasserteichanlage mit Belüfterketten

Die Wartungsarbeit entspricht der bei natürlich belüfteten Abwasserteichen. Zusätzlich muss die Belüftungseinrichtung nach Vorschrift des Herstellers regelmäßig kontrolliert und gewartet werden. Hinsichtlich der messtechnischen Selbstüberwachung gelten ähnliche Anforderungen wie an eine Belebungsanlage. Deshalb ist auch hier ein Wärterraum mit Laboreinrichtung, Kleiderspind und Waschgelegenheit notwendig.

Je nach Betriebsart müssen auch technisch belüftete Teiche regelmäßig entschlammt werden. Zu Schlammentnahme und Verwertung des Schlammes siehe Hinweise bei den natürlich belüfteten Teichen.

5.11.3 Abwasserteiche mit biologischen Reaktoren

Abwasserteiche mit zwischengeschalteten Tropfkörpern, Rotationstauchkörpern (ggf. mit kleinen Nachklärbecken damit der Schlamm dort zurückgehalten werden kann) oder ähnlichen Verfahren als biologische Stufe, werden meist bei beengten Platzverhältnissen, bei klimatisch ungünstigen Gebieten oder bei größerem Anteil an gewerblichen Abwässern gebaut; bestehende Teichanlagen können damit auch nachgerüstet werden.

Absetzteich und Nachklärteich bleiben dabei als einfache Teichanlagen erhalten. Die Bemessung der biologischen Reaktoren erfolgt wie bei herkömmlichen Verfahren. Bei der Dimensionierung der Maschinen und beim Betrieb dieser kleineren Kläranlagen ist auf die oft sehr geringen Zuflüsse zu achten.

5.11.4 Schönungsteiche

Im Gegensatz zu den bisher behandelten Teichen, sind Schönungsteiche keine selbständigen Kläranlagen, sondern werden konventionellen Kläranlagen zur Verbesserung der Reinigungswirkung nachgeschaltet. Sie werden nur mit biologisch gereinigtem Abwasser beschickt, sind etwa 1 m tief und werden für 1 bis 2 Tage Aufenthaltszeit bemessen.

5.11.5 Pflanzenkläranlagen

Ein weiteres Reinigungsverfahren sind Pflanzenkläranlagen. Diese sind einfache Anlagen mit einem geringen Energiebedarf, allerdings auch mit relativ hohem Flächenbedarf. Die Berichte über Betriebserfahrungen und Kosten sind sehr widersprüchlich. Die Anlagen haben sich jedoch insoweit bewährt; dass sie für kleine Einheiten eingesetzt werden können. Es werden unterschiedliche Begriffe verwendet.

Sinnvoll erscheint folgende Zuordnung:

Pflanzenkläranlage (Bild 5.46) sind Anlagen mit einem Bodenkörper, der mit ausgewählten Sumpfpflanzen besetzt ist. Das Abwasser wird durch oder über diesen Bodenkörper geleitet. Im Arbeitsblatt DWA-A 262 „Grundsätze für Bemessung, Bau und Betrieb von Kläranlagen mit bepflanzten und unbepflanzten Filtern zur Reinigung häuslichen und kommunalen Abwassers" [1] wird der Begriff „bepflanzter Filter" verwendet.

Wurzelraumanlage, bewachsener Bodenfilter, Schilf-Binsen-Kläranlage, hydrobotanische Stufe usw. sind weitere Bezeichnungen für andere Verfahrensvarianten. Das Filtermaterial besteht meist aus Sand oder Kies. Das Abwasser wird durch oder über diesen Bodenkörper geleitet, in dem neben anaeroben gleichzeitig auch aerobe Abbauprozesse stattfinden. Die Wurzeln beteiligen sich am Umwandlungsprozess der organischen Substanzen, eliminieren pathogene Keime und nehmen Schwermetalle sowie Nährstoffe auf.

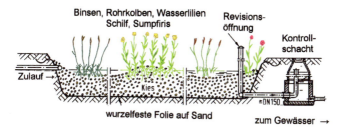

Bild 5.46: Schema einer Pflanzenkläranlage

Auch bei technischen Abwasserreinigungsanlagen bietet sich bei naturnaher Gestaltung die Verwendung von Sumpfpflanzen an. Immer häufiger ist zu beobachten, dass im Ablaufbereich von Teichen bewachsene Flachwasserzonen mit Sumpfpflanzen sind. Bei der Wartung ist zu beachten, dass der Aufwuchs regelmäßig geschnitten werden muss [18].

In jedem Fall ist eine vorausgehende wirkungsvolle Grobstoffentfernung und -entschlammung in Form von Rechen und Absetzbecken notwendig. Plastikteile oder andere Grobstoffe haben auf Pflanzenbeeten nichts zu suchen.

Wirkungsweise

Bei *vertikal durchströmten Pflanzenbeeten* wird die gesamte Oberfläche mit Abwasser beaufschlagt und sickert zur Sohle des Bodenfilters. Hier wird das Abwasser in Sammelleitungen gefasst und in ein Gewässer eingeleitet. Durch den intermittierenden Sickervorgang des Abwassers wird der Porenraum des Bodenfilters immer wieder mit Luft gefüllt.

In *horizontal durchströmten Pflanzenbeeten* wird das Abwasser (ggf. im Anschluss einer Mehrkammergrube zur Entfernung der absetzbaren Stoffe) über eine Einlaufkulisse in das Pflanzenbeet eingeleitet. Das Abwasser durchströmt den bewachsenen Bodenfilter. Am Ende des Pflanzenbeetes wird das Abwasser gesammelt und in ein Gewässer eingeleitet.

In den Pflanzenbeeten bildet sich ein Biofilm aus (sessilen) Mikroorganismen, durch die eine biologische Behandlung des Abwassers erfolgt. In der Bodenpassage wird das Abwasser auch durch physikalische und chemische Filterwirkungen, z. B. durch Adhäsion (das Aneinanderhaften zweier verschiedener Stoffe) und Adsorption (das Anlagern von gelösten Stoffen an der Oberfläche eines festen Stoffes) gereinigt.

Bild 5.47: Pflanzenbeete

Eingesetzte Pflanzen treiben im Bodenfilter Wurzeln. Die Durchwurzelung des Pflanzenbeetes soll einer Verstopfung des Porenraumes entgegenwirken. Gleichzeitig steht die Oberfläche der Pflanzenwurzeln den sessilen Mikroorganismen als Ansiedlungsfläche zur Verfügung. Schilfpflanzen sind besonders gut geeignet, in Pflanzenbeeten eingesetzt zu werden. Sie sind den Bedingungen des Abwassermilieus optimal angepasst. In unmittelbarer Umgebung ihrer Feinwurzeln und Rhizomen (Wurzelspitzen) wurden kleine aerobe Zonen durch Sauerstoffeintrag über die Wurzeln beobachtet, die den biologischen Reinigungsvorgängen förderlich sein können.

Auch Pflanzenkläranlagen müssen regelmäßig kontrolliert und gewartet werden. Wichtig ist vor allem zu überprüfen, ob die Vorklärung, die gleichmäßige Verteilung des Abwassers und der Filter gut funktionieren. Wie bei den Teichen ist die Entschlammung der Vorklärung regelmäßig durchzuführen.

5.12 Weitergehende Abwasserreinigung

Der Begriff der weitergehenden Abwasserbehandlung ist nicht klar bestimmt und ändert sich mit der Entwicklung der Abwassertechnik. Früher wurden die Phosphatfällung als 3. Reinigungsstufe ebenso wie die Stickstoff-Oxidation als weitergehende Abwasserbehandlung angesehen. Mit der wasserrechtlichen Notwendigkeit, diese Verfahrenstechnik auf vielen Kläranlagen anzuwenden, gehört sie zum Standard der Abwasserreinigung.

Alle Verfahren, die im kommunalen Bereich einen über die Anforderungswerte der Abwasserverordnung hinausgehenden Abbau bei Vollauslastung bringen, zählen zur weitergehenden Abwasserbehandlung.

Verfahren der Flockungsfiltration zur Phosphatfällung werden der weitergehenden Abwasserreinigung zugerechnet. Gleiches gilt für Mikrosiebung, Sandfilteranlagen, Abwasserentkeimung und Aktivkohlefiltration. Die Umkehrosmose wird auf kommunalen Kläranlagen, von Ausnahmen abgesehen, nicht angewendet, da sie in den Bereich der Vorbehandlung konzentrierter Abwässer oder Abwasserteilströme gehören. Auch die Anwendung der Flockungsfiltration ist noch die Ausnahme.

Um die Anforderungen der europäischen Badegewässerrichtlinie in hygienischer Hinsicht zu erreichen, werden auf einigen

Klärwerken UV- Entkeimungsanlagen während der Badesaison betrieben (Bild 5.48). Für einen effektiven Betrieb ist dafür allerdings eine vorgeschaltete Sandfilteranlage notwendig.

Bild 5.48: UV-Entkeimung

Das grundlegende Ziel der WRRL ist einen „guten Zustand der Gewässer" zu erreichen. Dies ist aber nur möglich, wenn sich das oberirdische Gewässer zumindest in einem guten ökologischen und chemischen Zustand befindet.

Seit einigen Jahren werden aufgrund verbesserter Analysemethoden vermehrt *anthropogene Spurenstoffe* in Gewässern nachgewiesen. Dabei handelt es sich um organische Verbindungen künstlichen Ursprungs, die u. a. auf Industriechemikalien, Pflanzenschutzmittel und *Medikamentenrückstände* zurückzuführen sind. Diese können toxisch wirken und lassen sich in der Umwelt nur sehr schlecht abbauen. Manche Substanzen können sich außerdem in Organismen anreichern (*Bioakkumulation*). Der Eintrag in Gewässer erfolgt überwiegend über den Abwasserpfad.

Konventionelle Kläranlagen können solche Stoffe nur teilweise oder gar nicht entfernen. Das ist nur durch eine zusätzliche Reinigungsstufe möglich. Dafür sind derzeit im Wesentlichen zwei Verfahrenstechniken – die Ozonung und die Aktivkohleadsorption (PAK) - Gegenstand von Forschung, Entwicklung und praktischer Erprobung auf großtechnischen Pilotanlagen.

Zur Einführung dieser Reinigungsstufe auf kommunalen Kläranlagen gibt es bisher noch keine verbindlichen Rahmenbedingungen. Außer für einige wenige *prioritäre Stoffe*, für die Obergrenzen im Gewässer festgelegt sind, bestehen derzeit für viele Spurenstoffe (z. B. Arzneimittel) keine rechtlich festgelegten Grenzwerte. Für die Zukunft lassen sich gesetzliche Vorgaben für die Entfernung von Spurenstoffen jedoch nicht ausschließen.

Bild 5.49: PAK-Anlage im Klärwerk Steinhäule

6 Reststoffe aus Abwasseranlagen

6.1 Herkunft der Reststoffe

Fast in allen Einrichtungen zur Abwasserableitung und Abwasserbehandlung fallen Reststoffe an (Bild 6.1).

Bei der Kanalisation ist es Räumgut aus den Straßensinkkästen, das sehr unterschiedlich zusammengesetzt ist. Auch Ablagerungen aus den Kanälen, Regenbecken oder Pumpwerken sind Reststoffe. Ferner gehören Fett, Öl und Benzin von Leichtstoffabscheidern aus der Grundstücksentwässerung dazu.

Schließlich fallen in Kläranlagen das Rechen- oder Siebgut sowie das Räumgut aus Sandfängen an. Auch Schwimmstoffe und Fett aus Sandfängen sind Reststoffe, die entsorgt werden müssen. Bleibt noch der große Bereich des Klärschlammes übrig, der in den verschiedensten Konzentrationen und Eigenschaften in einer Kläranlage entsteht und dessen Verwertung häufig die schwierigste Aufgabe ist.

Nach dem Gesetz zur Förderung der Kreislaufwirtschaft und Sicherung der umweltverträglichen Bewirtschaftung von Abfällen (Kreislaufwirtschaftsgesetz KrWG) vom 24.02.2012, zuletzt geändert am 20.07.2017 sind die genannten Abfälle, sobald sie die Kläranlage verlassen, „nicht gefährliche Abfälle" und unterliegen den im Zusammenhang mit dem KrWG erlassenen weiteren Rechtsvorschriften.

Nach dem KrWG sind Abfälle in erster Linie zu vermeiden (§ 7 Abs. 1 KrWG). Bei der Abwasserreinigung ist das nur in geringem Maße möglich. Aber das Volumen kann vermindert werden durch Entwässerung und Verminderung der organischen Anteile (Rechen- und Sandfanggut durch Waschung, Schlamm durch Faulung).

In zweiter Linie sind Abfälle stofflich zu verwerten oder zur Gewinnung von Energie zu nutzen (§ 7 Abs. 2 Satz 1 KrWG), das heißt also z. B. für Klärschlamm entsprechend § 11 KrWG und der Qualitätssicherung gem. § 12 KrWG:

Verwertung im Landschaftsbau/in der Landwirtschaft

oder

Verbrennung mit Energienutzung und Ascheverwertung.

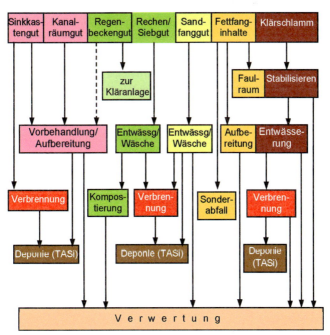

Bild. 6.1: Reststoffe aus Abwasseranlagen

Erst wenn die Möglichkeiten der Verwertung erschöpft sind, sind Abfälle dauerhaft von der Kreislaufwirtschaft auszuschließen und zur Wahrung des Wohls der Allgemeinheit zu beseitigen (§ 7 Abs. 2 Satz 3, KrWG).

Unter Beseitigung ist die Ablagerung der Asche nach der Verbrennung bzw. thermischen Behandlung zu verstehen, weil dann der organische Anteil im Klärschlamm < 5 % ist. Dies entspricht den Vorgaben der TA-Siedlungsabfall (TASi), die seit dem Jahr 2005 den organischen Anteil von Abfällen bei Einbau auf Deponien auf 5 % begrenzt.

Die Reststoffe lassen sich mit bewährten Behandlungs- und Verwertungsverfahren umweltgerecht behandeln. Gemeinsame Behandlungs- und Verwertungsmöglichkeiten aller Reststoffe aus der Abwasseranlage sollten dabei bevorzugt werden.

Reststoffe aus Kanalisation und Kläranlage sind ein nicht zu unterschätzender Problemstoff. Wegen der Restbelastung für die Umwelt und den hohen Kosten gilt daher wie allgemein in der Abfallwirtschaft der Grundsatz:

Verwertung ist besser als Beseitigung.

Ziel der Maßnahmen in einer Abwasseranlage sollte es sein, verwertungsfähige Produkte zu erzeugen.

6.2 Reststoffe aus dem Kanalnetz

Kanalräumgut

Mittels kombinierten Spül-, Saugfahrzeugen gibt es gute technische Möglichkeiten, auf einfache Weise das Kanalräumgut zu entnehmen.

Die Abhängigkeit von vielen Randbedingungen lässt eine zuverlässige Aussage über Menge und Zusammensetzung des Kanalräumgutes nicht zu.

Gemäß den Anforderungen der TASi ist eine Deponierung dieser Rückstände ohne eine entsprechende Vorbehandlung nicht zulässig; das sind Verfahren zur Aufbereitung von Rückständen aus der Kanalreinigung, wie Räumgutwaschanlagen und Sandrecyclinganlagen.

Sinkkasteninhalte

Die mit den Niederschlägen abgeschwemmten Feststoffe werden in den Straßensinkkästen zurückgehalten. Die Eimer sind 2 bis 3mal jährlich zu entleeren.

Bei den Rückständen handelt es sich um Grobstoffe sowie Abrieb von Straßenfahrzeugen (Bitumen, Reifen), Splitt, Laub und Bodenmaterial. In Ortszentren sind auch häufig Straßenabfälle, wie Zigarettenkippen, Dosen und Tüten zu finden.

Die Sinkkastenreinigung erfolgt mittels eigens konstruierten Reinigungsfahrzeugen. Die Inhalte werden meist in Müllverbrennungsanlagen beseitigt.

Bild 6.2: Sinkkasteninhalt

Regenbeckenräumgut

Die Verschmutzung des Abwassers bei Regen ist sehr unterschiedlich. Gelangt das Abwasser in Regenbecken, vermindert sich die Fließgeschwindigkeit und die bisher in Schwebe gehaltenen absetzbaren Stoffe sinken zu Boden. Es bildet sich am Beckenboden eine unterschiedlich dicke Schlammschicht.

Dieser Schlamm wird nach dem Regen mit dem Abwasserstrom zur Kläranlage geleitet. Viele Regenbecken haben zur Unterstützung automatische Spülvorrichtungen; ältere Regenbecken müssen teilweise nach jedem Regen von Hand gereinigt werden. Die Eigenschaften dieses Abfallstoffes entsprechen grundsätzlich jenen des Kanalräumguts.

Ablagerungen aus Pumpwerken

Abhängig von der konstruktiven Gestaltung des Pumpensumpfes und dem Förderstrom der Pumpe kann es im Einlaufbereich zu störenden Ablagerungen kommen die entfernt werden müssen. Die Eigenschaften dieser Reststoffe entsprechen denen des Regenbeckengutes.

6.3 Reststoffe aus der Kläranlage

Rechengut, Siebgut

Bild 6.3: Rechengutanfall

Das Rechen- und Siebgut ist vielfach fehlgeleiteter Hausmüll. Es besteht im Wesentlichen aus Fäkalien, Papier, Hygieneartikeln, Feuchttüchern, Kunststoffen, Zigarettenfiltern.

Die Reststoffe bezogen auf den Trockenrückstand (TR) setzen sich wie folgt zusammen:
- Glühverlust > 90 %
- Sand- und Tonanteil ca. 70 %

- Fettgehalt 0,1 bis 2,0 %
- spez. nasser Rechengutanfall 5 bis 15 l/(E · a) bei 15 mm Stababstand, bis 50 l/(E · a) bei Feinstrechen
- TR-Gehalt 8 % (nicht gepresst) bis 50 % (gepresst).

Zur Senkung von Transportvolumen und Einsparung von weiteren Behandlungsgebühren ist daher auf Dauer eine Rechengutentwässerung zweckmäßig. Üblich sind hydraulische Kolbenpressen, Walzenpressen oder Schneckenpressen.

Bild 6.4: Rechengut nach der Wäsche

Mit zunehmender Entnahmemenge von feinsten Teilchen durch kleine Stababstände werden aber auch die organischen Anteile im Rechengut immer höher. Dies ist in mehrfacher Hinsicht unerwünscht:

- leicht verfügbare Biomasse (Substrat) geht dem weiteren Reinigungsprozess verloren,
- der Rechengutanfall wird deutlich größer,
- die Geruchsprobleme steigen, Ungeziefer nimmt zu.

Bei der Rechengutentwässerung wird zwar durch den Pressdruck mit dem Wasser auch ein gewisser Anteil an organischer Masse ausgeschwemmt (insbesondere Fäkalstoffe), doch der weitaus größere Teil bleibt an den Grobstoffen haften. Abhilfe schafft hier eine vorgeschaltete *Rechengutwäsche*. Auf diese Weise kann der fäkale Anteil im Rechengut deutlich vermindert werden (Bild 6.4).

Eine einfachere Entsorgung des Rechengutes wird durch die Wäsche nicht erreicht, da der organische Anteil im Trockenrückstand durch Papieranteil immer noch deutlich über 5 % liegt. Eine ökologische Variante ist die Kompostierung. Abhängig vom Entwässerungsgrad und der Zusammensetzung des Rechengutes hat es einen guten Heizwert, sodass auch eine energetische Verwertung möglich ist.

Vielfach haben sich Rechengutpressen in Verbindung mit Vorrichtungen zum Abpacken in Endlosschläuchen bewährt (Bild 6.5).

Bild 6.5: Hygienische Verpackung des Rechenguts

Sandfanggut

Sand gelangt überwiegend aus Straßenabläufen und Schachtöffnungen in die Kanalisation. Zum Schutz und störungsfreiem Betrieb der Einrichtungen im Klärwerk muss Sand aus dem Abwasser entfernt werden. Sandfanggut enthält neben Sand auch Bestandteile (Glas, Fäkalien, Speisereste) die im Rechen nicht zurückgehalten wurden. Es lässt sich beschreiben:

- Glühverlust 10 bis 50 % bezogen auf TR
- Spezifischer Sandfanganfall 2 bis 5 l/(E · a)
- Anfall bezogen auf die Abwassermenge ca. 6 l/1 000 m^3 Abwasser.

Das durch Pumpen (meist Drucklufthebern) aus dem Sandfang geförderte Räumgut enthält eine Mischung aus Wasser, Sand mit organischen Partikeln und Schlammstoffen. Daher sind zur Auswaschung der organischen Stoffe und zur Trennung von Sand und Wasser zusätzliche Einrichtungen erforderlich. Als zweckmäßig haben sich Sandklassierer zur Fest-/Flüssigtrennung erwiesen; manchmal sind auch Hydrozyklone im Gebrauch.

Mit Sandwaschanlagen ist eine weitgehende Entfernung von anhaftenden organischen Stoffen möglich. Die Sandgutbeseitigung über die geordnete Ablagerung auf Hausmülldeponien ist nur erlaubt, wenn der organische Anteil < 5 % ist. Bei größeren Kläranlagen kann es sinnvoll sein den Sand soweit aufzubereiten, dass er z. B. für Kanalbaumaßnahmen wiederverwendet werden kann.

Fett, Schwimmstoffe, Mineralöl

Fett fällt in den Fettkammern belüfteter Sandfänge zusammen mit sonstigen Schwimmstoffen an. Bei kommunalen Kläranlagen ist mit einer Menge von täglich ~1l/1 000EW zu rechnen. Kläranlagen mit Faulbehältern können die Schwimmstoffe verwerten (Co-Vergärung, siehe Kap. 7.9), wenn das Abwasser mit Feinstrechen behandelt wurde. Fette in Belebungsbecken verursachen starke Geruchsbelästigung und erhöhte biologische Belastung (Bild 6.6). Zu beachten ist, dass Mineralöl die Faulung stört und daher unbedingt als Sondermüll beseitigt werden muss.

Bild 6.6: Fett im Belebungsbecken

6.4 Klärschlamm

6.4.1 Schlammarten

Beim größten Teil der Reststoffe handelt es sich um Klärschlamm der bei der Abwasserreinigung anfällt. Dies geschieht an verschiedenen Stellen sowie in unterschiedlicher Art und Menge, je nachdem wie das Abwasser mechanisch, biologisch oder chemisch behandelt wurde. Je nach Herkunft, Beschaffenheit oder Behandlung werden die Schlämme entsprechend bezeichnet.

Klärschlamm ist der bei der Behandlung von Abwasser anfallende Schlamm, auch wenn er entwässert oder getrocknet wurde.

Rohschlamm ist Schlamm in einem Klärwerk ohne vorherige Behandlung. Er neigt zu saurer Gärung und Geruchsbildung.

6 Reststoffe aus Abwasseranlagen

Vorklärschlamm (Primärschlamm) ist der aus der Vorklärung entnommene Schlamm. Er enthält meist noch Teilchen von Fäkalien, Gemüse, Obst, Textilien, Papier usw. und ist dickbreiig. Er hat einen hohen Anteil an organischen Feststoffen. Sein Wasseranteil liegt zwischen 93 und 97 %.

Nachklärschlamm (Sekundärschlamm) ist Schlamm aus der Nachklärung. Er ist gleichförmiger (homogener) und flockiger als Vorklärschlamm. Er setzt sich langsamer ab und lässt sich nicht so leicht eindicken. Sein Wasseranteil liegt zwischen 97 und 99 %.

Tertiärschlamm ist Fällungsschlamm; er entsteht durch Zugabe von chemischen Stoffen zur Phosphatverminderung.

Schwimmschlamm ist die sich auf Absetzbecken und Belebungsbecken bildende Schlammschicht. In Absetzbecken oder Teichen sind das oft auftreibende Fladen von Bodenschlamm, dem kleine Gasbläschen oder Fettteilchen anhaften.

Belebtschlamm besteht aus Bakterienflocken der Belebungsanlage. Es sind vorwiegend anhaftende aerobe Mikroorganismen von flockiger Struktur, ohne gröbere Stoffe. Der Wasseranteil liegt über 99,0 %

Rücklaufschlamm setzt sich in der Nachklärung ab und wird von dort in das Belebungsbecken zurückgepumpt, um die Bakteriendichte aufrecht zu erhalten.

Überschussschlamm ist ein Teil des Rücklaufschlammes (~10 %), der nicht in die Belebung zurückgeführt, sondern der Schlammbehandlung zugeführt wird. Der aus einem Tropfkörper abgespülte biologische Rasen ist dem Überschussschlamm gleichzusetzen.

Blähschlamm ist ein Belebtschlamm, der sich in der Nachklärung schwer absetzt. Das große Volumen des Schlammes entsteht durch eine starke Entwicklung von Fadenbakterien. Der Blähschlamm hat bei großem Volumen nur wenig Trockensubstanz und deshalb einen hohen Schlammindex > 150 ml/g TS.

Faulschlamm ist ausgefaulter Schlamm, der in Faulbehältern anaerob – ohne Luftzufuhr – behandelt wurde.

Stabilisierter Schlamm ist so behandelt, dass die organischen Inhaltsstoffe weitgehend verringert wurden. Er fault nicht mehr geruchsbildend weiter. Anaerob stabilisierter Schlamm wurde in einem Faulbehälter ohne Anwesenheit von Luftsauerstoff behandelt. Aerob stabilisierter Schlamm dagegen entsteht durch Belüftung im Belebungsbecken. Ausgefaulter Schlamm hat einen Wasseranteil von 92 bis 97 %, aerob stabilisierter Schlamm 96 bis 98 %.

Impfschlamm ist Schlamm, der zur Erleichterung und/oder Intensivierung biologischer Prozesse, z. B. der Schlammfaulung, zugegeben wird.

Nassschlamm ist der aus einem Faulbehälter oder einer aeroben Stabilisierung abgezogene Schlamm, bevor er weiter mechanisch behandelt wird.

Bei der weiteren Schlammbehandlung wird zwischen eingedicktem, entwässertem und getrocknetem Schlamm unterschieden. Eingedickter Schlamm kommt aus statischen oder maschinellen Eindickern. Wird der Schlamm maschinell entwässert, ist der Trockenrückstand meist > 20 - 30 %. Von getrocknetem Schlamm wird gesprochen, wenn er in thermischen oder solaren Trocknungsanlagen so behandelt wurde, dass er krümelig bis streufähig ist und einen Feststoffanteil von > 50 % hat.

Um Missverständnisse bei einigen im Umgang mit Schlamm häufig vorkommenden Benennungen, z. B. Trockensubstanz, Feststoffgehalt oder Wasseranteil zu vermeiden, wird auf die Tabelle 6.7 verwiesen, deren Inhalt auf Angaben in DIN EN 1085 und DIN 38 409-2 [21], beruht.

Fäkalschlamm ist der Schlamm, der aus Kleinkläranlagen (Hauskläranlagen) oder abflusslosen Gruben entnommen wird zur Mitbehandlung in größeren Kläranlagen.

Benennung	Zeichen	Einheit	Erklärung
Trockensubstanz Feststoffe (Trockenmasse)	TS mT	kg, g, mg	TS mit vorherigem Filtrieren
Wasservolumen Wassermenge		l, m^3	
Trockensubstanz-gehalt Feststoff**gehalt** (Trockenmassen-konzentration)	TSR	kg/m^3 g/l	„Gehalt" ist immer eine Konzentration
Gehalt der abfiltrierbaren Stoffe		mg/l	z. B. beim Filtern von Algen
Wasser**gehalt**		g/l, mg/l	wird (nicht ganz richtig) auch in % angegeben
Trockenrückstand Feststoffanteil (Trockenmas-senanteil)	TR	kg/kg %	TR ohne vorheriges Filtrieren „Anteil" bei Angaben in %
Wasser**anteil**		%	
Glührückstand Glühverlust	GR GV	% %	z. B. bei Untersuchung der absetzbaren Stoffe, des Klär- oder Belebt-schlammes, dem Roh- oder Faulschlamm

Bild 6.7: Begriffserläuterungen zu Schlammkennwerten

6.4.2 Schlammverwertung

Allgemeines

Klärschlamm kann über drei Wege entsorgt werden:
Thermische Behandlung
Landwirtschaftliche Verwertung
Rekultivierung, Landschaftsbau

Für die thermische Behandlung gibt es keine rechtlichen Vorgaben hinsichtlich z. B. Grenzwerten bei der Klärschlammannahme. Hier gelten die Vereinbarungen, die zwischen Klärschlammerzeuger und Verbrenner getroffen werden.

Bei der landwirtschaftlichen Verwertung gilt das Abfall- und Düngerecht. Es sind die Klärschlammverordnung (AbfKlärV), das Düngegesetz (DüngG), die Düngeverordnung (DüV) sowie die Düngemittelverordnung (DüMV) zu beachten. Bei der Verwertung im Landschaftsbau/Rekultivierung ist ebenfalls die AbfKlärV anzuwenden.

Eine Deponierung von Klärschlamm ist seit 2005 nicht mehr zulässig.

Am 3. Oktober 2017 ist die „Verordnung zur Neuordnung der Klärschlammverwertung" samt der Klärschlammverordnung (Artikel 1) in Kraft getreten. Sie regelt die Verwertung von Klärschlamm, Klärschlammgemisch und Klärschlammkompost. Ihre wesentlichen Inhalte sind:

- Ausdehnung des Anwendungsbereichs auch auf den Landschaftsbau,
- Verschärfung der Grenzwerte bei Klärschlamm und Boden,
- stärkere Verzahnung mit dem Düngemittelrecht (z. B. Bezugnahme auf Schadstoffregelung der DüMV),
- Festlegung von Anforderungen an eine freiwillige Qualitätssicherung bei der Klärschlammverwertung,
- Anforderungen an die Phosphorrückgewinnung aus Klärschlamm oder -verbrennungsasche bei gleichzeitiger Beendigung der bodenbezogenen Klärschlammverwertung.

Folgende Termine sind in der „Verordnung zur Neuordnung der Klärschlammverwertung" verankert und für den Kläranlagenbetreiber wichtig:

31.12.2023: Bis zu diesem Zeitpunkt muss der Klärschlammerzeuger der zuständigen Behörde einen Bericht über geplante und eingeleitete Maßnahmen zur P-Rückgewinnung, zur Auf- oder Einbringung von Klärschlamm auf oder in Böden oder zur sonstigen Klärschlammentsorgung nach dem Kreislaufwirtschaftsgesetz vorlegen.

Im Jahr **2023** sind außerdem Klärschlammuntersuchung auf den Phosphorgehalt und Gehalt an basisch wirksamen Stoffen insgesamt, bewertet als Calciumoxid durchzuführen. Das Ergebnis ist dem Bericht beizufügen.

Im Jahr **2027** sind die Klärschlammuntersuchungen zu wiederholen und die Ergebnisse bei der zuständigen Behörde vorzulegen.

Ab dem **01.01.2029** können Kläranlagen > 100.000 EW ihren Klärschlamm nicht mehr bodenbezogen verwerten, sondern es muss bei Phosphorgehalten ≥20g/kg TM der Phosphor zurückgewonnen werden oder der Klärschlamm in Klärschlammmonoverbrennungsanlagen verbrannt werden. Ab dem **01.01.2032** gilt dies für Kläranlagen > 50.000 EW.

Was ist bei landwirtschaftlicher Verwertung zu beachten?

Aus kommunalen Kläranlagen wird Klärschlamm auch stofflich verwertet, meist in der Landwirtschaft, verschiedentlich auch im Landschaftsbau. Diese Verwertung des Klärschlammes wird der Forderung „Verwertung geht vor Beseitigung" am ehesten gerecht. Der Schlamm wird dadurch wieder in den natürlichen Stoffkreislauf zurückgeführt. Dies wird oft mit dem englischen Wort „recycling" bezeichnet.

Auf der anderen Seite stellt Klärschlamm im Abwassereinigungsprozess eine Schadstoffsenke für eine Vielzahl von Abwasserinhaltsstoffen aus Haushalt, Gewerbe und Industrie dar. Durch die landwirtschaftliche Verwertung werden die aus dem Abwasser abgetrennten Schadstoffe wieder großflächig auf Böden ausgebracht und können möglicherweise auch ins Gewässer und das Grundwasser gelangen. Daher gibt es auch Bestrebungen die landwirtschaftliche und landschaftsbauliche Klärschlammverwertung zu beenden. Der Nährstoffgehalt ist allerdings sehr hoch; unter Berücksichtigung des Düngemittelrechts ist dies vor der Aufbringung zu klären.

Klärschlamm	Stickstoff		Phosphat, angegeben als P_2O_5	Kali K_2O
	gesamt	davon Ammonium-N		
nicht entwässert (ca. 5 % TR)	190	55	195	30
mäßig entwässert (ca. 25 %TR)	120	20	180	20
stark entwässert (ca. 35 % TR)	105	13	175	23

Bild 6.8: Mittlere Nährstoffgehalte in Abhängigkeit vom Entwässerungsgrad (kg/5 t Klärschlamm - Trockenmasse)

Bei maschineller Entwässerung und Klärschlammtrocknung verringert sich der Stickstoffgehalt im Klärschlamm. Ein Teil des Stickstoffs wird mit dem Filtrat bzw. mit dem Brüdenkondensat in die Kläranlage zurückgeleitet (Rückbelastung auf Biologie!), ein Teil wird bei der Klärschlammtrocknung als Ammoniak freigesetzt.

Durch eine landwirtschaftliche Schlammverwertung wird der Humusgehalt erhöht und dadurch der Boden verbessert; Mangel an Spurenelementen können mit Klärschlamm wirkungsvoll und wirtschaftlich behoben werden.

Durch Ausbringen von Klärschlamm kann der Landwirt Düngerkosten einsparen. Für die Kläranlage ist die Verwertung von Klärschlamm in der Landwirtschaft meistens kostengünstiger als jeder andere Verwertungsweg. Deshalb trägt sie häufig auch die Kosten für die Bodenanalysen.

Technik und Organisation allein nützen nichts, wenn nicht die Bereitschaft der Landwirte zur Klärschlammabnahme gepflegt wird. Nur auf der Basis einer vertrauensvollen Zusammenarbeit zwischen Landwirten und Kläranlagenpersonal ist eine landwirtschaftliche Klärschlammverwertung möglich.

Bild 6.9: Schlammabgabe einer Kläranlage

Was ist beim Ausbringen zu beachten und wann kann Klärschlamm ausgebracht werden?

Die Ausbringungszeiten sowie weitere Bedingungen zur Klärschlammausbringung regelt die Düngeverordnung. So ist kein Aufbringen von Düngemitteln mit wesentlichem Gehalt an Stickstoff (entspricht Klärschlamm) auf Ackerflächen nach Ernte der letzten Hauptfrucht (z. B. nach Getreideernte) bis zum 31. Januar möglich. Es gibt jedoch folgende Ausnahmen; eine Klärschlammaufbringung ist bis in die Höhe des Stickstoffdüngebedarfs möglich bis zum 1. Oktober (Herbstdüngung) zu:

- Zwischenfrüchten und Winterraps, bei Aussaat bis 15.09.,
- Wintergerste nach Getreidevorfrucht, bei Aussaat bis 1.10.,
- jedoch insgesamt nicht mehr als 30 kg NH_4-N oder 60 kg Gesamt-N je Hektar.

In der DüV wird eine Stickstoffobergrenze für organische und organisch-mineralische Düngemittel einschließlich Wirtschaftsdüngern und Gärresten von 170 kg Gesamt-N/ha · Jahr im Durchschnitt der landwirtschaftlich genutzten Flächen des Betriebes angegeben. Außerdem können phosphathaltige Düngemittel (wie Klärschlämme) auf hochversorgten Böden (> 20 mg P_2O_5/100g Boden) nur in Höhe der Phosphatabfuhr durch die Ernteprodukte aufgebracht werden. In diese Verordnung wird auch der Abstand zum Gewässer bei Klärschlammaufbringung geregelt. Ein Aufbringen auf überschwemmten, wassergesättigten, gefrorenen oder schneebedeckten Boden ist nicht zulässig.

Wohin darf Klärschlamm nicht ausgebracht werden?

Aufbringungsbeschränkungen von Klärschlamm regelt die AbfKlärV. Klärschlamm darf nicht ausgebracht werden:

- auf Grünland, Dauergrünland, Ackerfutteranbauflächen, Maisanbauflächen ausgenommen zur Körnernutzung und zur Verwendung in der Biogaserzeugung, sofern keine Einarbeitung des Klärschlamms vor der Saat erfolgt ist, Zuckerrübenanbauflächen, sofern die Zuckerrübenblätter verfüttert werden sollen und im Anbaujahr keine Auf- oder Einbringung des Klärschlamms vor der Saat erfolgt ist,
- auf Anbauflächen für Gemüse, Obst oder Hopfen,
- auf Forstflächen,
- in Haus- und Kleingarten,
- in Wasserschutzgebieten der Schutzzonen I, II und III,
- in Naturschutzgebieten, Nationalparks, nationalen Naturmonumenten, Naturdenkmälern, geschützten Landschaftsbestandteilen und gesetzlich geschützten Biotopen

Darf Klärschlamm am Feldrain gelagert werden?

Klärschlamm darf bereitgestellt werden:

- nur auf dem vorgesehenen Boden oder auf angrenzender Ackerfläche,
- nur in der für die Auf- oder Einbringung auf oder in den Boden benötigten Menge und
- längstens für eine Woche vor der Auf- oder Einbringung.

Ist die Aufbringungsmenge begrenzt?

Nach der AbfKlärV ist die zulässige Aufbringungsmenge auf 5 t Klärschlamm-Trockenmasse je Hektar innerhalb von 3 Kalenderjahren begrenzt.

Sind Untersuchungen im Boden erforderlich?

Bei der landwirtschaftlichen Klärschlammverwertung muss der Kläranlagenbetreiber vor dem erstmaligen Auf- oder Einbringen des Klärschlamms die Bodenart der Auf- oder Einbringungsfläche bestimmen lassen. Außerdem ist eine Bodenuntersuchung auf Schwermetalle (Cd, Pb, Cr, Cu, Hg, Ni, Zn), auf den Phosphatgehalt und den pH-Wert sowie auf organische Schadstoffe (polychlorierte Biphenyle und Benzo(a)pyren) durchführen zu lassen. (Tabelle 6.11)

Die Bodenuntersuchungen sind mindestens alle zehn Jahre zu wiederholen. Der Kläranlagenbetreiber hat eine notifizierte (=amtlich zugelassene) Untersuchungsstelle mit der Probenahme zu beauftragen.

Sind Untersuchungen im Klärschlamm erforderlich?

Wenn Klärschlamm in die Landwirtschaft oder in den Landschaftsbau abgegeben wird, ist er regelmäßig von einer notifizierten Untersuchungsstelle untersuchen zu lassen. Folgende ist zu beachten:

- Untersuchungen auf Schwermetalle (Arsen, Blei, Cadmium, Chrom, ChromVI, Nickel, Quecksilber, Thallium, Kupfer, Zink), AOX, Gesamtstickstoff, Ammonium, Phosphor, Trockenrückstand, organische Substanz (GV), Calciumoxid, Eisen, pH-Wert.
- Untersuchungshäufigkeit für diese Parameter je angefangene 250 t Trockenmasse, jedoch höchstens einmal monatlich.
- Kläranlagen mit jährlichem Klärschlammanfall ≤ 750 t Trockenmasse sind mindestens alle 3 Monate zu untersuchen.
- Kläranlagen < 1000 E sind mindestens alle 2 Jahre zu untersuchen (Behörde kann die Untersuchungshäufigkeit auf 12 Monate verkürzen oder auf 48 Monate ausdehnen).

- PFT (Summe PFOA und PFOS), Summe der Dioxine und dl-PCB, PCB, Benzoapyren sind mindestens alle 2 Jahre zu untersuchen.
- Bei Kläranlagen < 1000 E kann diese Untersuchung nach einer Erstuntersuchung bei Behördenzustimmung entfallen.
- Der Kläranlagenbetreiber muss die Probennahme und Probenuntersuchung von einem notifizierten Labor durchführen lassen.

Bild: 6.10: Probenahme

Welche boden- und klärschlammbezogenen Grenzwerte gelten?

Die boden- und klärschlammbezogenen Grenzwerte zeigt die nachfolgende Tabelle (Bild 6.11).

Bestehen Nachweispflichten?

Anzeigeverfahren
Der Landwirt hat dem Klärschlammbetreiber die genaue Bezeichnung der Aufbringungsfläche (Gemarkung, Flur, Flurnummer, Größe in ha) und nächste beabsichtigte Bodennutzung mitzuteilen.

Der Klärschlammbetreiber hat spätestens drei Wochen vor Aufbringung des Klärschlamms der für die Aufbringungsfläche zuständigen Behörde, auch der landwirtschaftlichen Fachbehörde, die beabsichtigte Aufbringung anzuzeigen.

Lieferscheinverfahren
Der Kläranlagenbetreiber leitet diese Angaben bis zum 31. März des Folgejahres an die zuständigen Behörden weiter.

Grenzwerte	im Klärschlamm mg/kg TM	im Boden mg/kg TM		
		Ton	Lehm/Schluff	Sand
anorganisch:				
Arsen	40	-	-	-
Blei	150	100	70	40
Cadmium	1,5	1,5	1	0,4
Chrom	-	100	60	30
ChromVI	2	-	-	-
Kupfer	900	60	40	20
Nickel	80	70	50	15
Quecksilber	1,0	1	0,5	0,1
Thallium	1,0	-	-	-
Zink	4000	200	150	60
organisch: AOX	400	-	-	-

Grenzwerte	im Klärschlamm mg/kg TM	in Böden mit Humusgehalt > 8 %	in Böden mit Humusgehalt ≤ 8 %
Polychlorierte Biphenyle (PCB), je Kongener	0,1	0,1	0,05
Summe der Dioxine und dl-PCB	30 ng TE/kg TM	-	-
PFT (Summe PFOA und PFOS)	0,1	-	-
Benzo(a)pyren	1	1	0,3

Bild 6.11: Tabelle der Grenzwerte (mg/kg TM)

Die Anzeigen und Lieferscheine werden von den Kläranlagenbetreibern, ggf. digital über das „Bayerische Klärschlammnetz" (internetbasiertes DV-System) erstellt. Zusätzlich erstellen die Landwirtschaftsbehörden jährlich über die aufgebrachten Klärschlämme einen Aufbringungsplan. Er dient dem Schutz des Grundwassers und des Bodens vor übermäßigem Eintrag von Pflanzennährstoffen (Überdüngung).

Wie wird Klärschlamm ausgebracht?

Eine bewährte Methode ist die Nassabfuhr mit etwa 5 % TR, da der Schlamm mit den gleichen Geräten ausgebracht werden kann wie die Gülle. Auf bodennahe Ausbringung ist zu achten.

Die Ausbringung von entwässertem Schlamm ist technisch gut gelöst, erfordert aber den Einsatz spezieller Geräte. Bei TR-Gehalten zwischen 25 bis 30 % kann er schwieriger aufzubringen sein, da der Schlamm noch „kleben" kann. Die Lagerung des entwässerten Schlammes auf der Kläranlage ist durch das geringere Volumen um vieles einfacher, der Transport ist kostengünstiger.

Für Transport und Verteilung des Klärschlammes hat sich eine Zusammenarbeit zwischen Kläranlagenbetreiber und landwirtschaftlichen Maschinenringen bewährt. Diese Organisationen sind in der Lage, die Verfügbarkeit

- großräumiger Fässer und Tankfahrzeuge,
- spezieller Verteilereinrichtungen, z. B. moderne Streugeräte für entwässerten Schlamm oder für Nassschlamm,
- von Personal,
- und von geeigneten landwirtschaftlichen Nutzflächen,

zu organisieren und aufeinander abzustimmen.

Vorteilhaft für Kläranlagenbetreiber und Landwirt ist die Übernahme der organisatorischen Abwicklung durch die Firmen. Die Überwachung der ordnungsgemäßen Aufbringung obliegt den Kreisverwaltungsbehörden. Die Klärschlammabfuhr kostet ~200 bis 300 €/t Klärschlamm-Trockenmasse.

Welche Anforderungen stellt die Düngemittelverordnung?

In der Düngemittelverordnung (DüMV) werden u. a. die nachfolgenden Anforderungen an den Klärschlamm gestellt, wenn er

als Düngemittel in Verkehr gebracht wird, bzw. landwirtschaftlich verwertet wird:
- Klärschlamm der für Aufbringung nach AbfKlärV zulässig ist,
- Zugabe von Kalk nur in einer Qualität, die zugelassenen Düngemitteln entspricht,
- Zugabe von Bioabfällen, nur im Rahmen der Aufbereitung (z. B. im Faulbehälter) und nur in einer Qualität, die der Bioabfallverordnung entspricht,
- keine Rückführung von Rechen- und Sandfanggut,
- keine Rückführung von Inhalten der Fettabscheider aus fremden Klärwerken,
- keine toxikologisch oder pharmakologisch wirksamen Substanzen, die die Gesundheit von Menschen oder Haustieren gefährden.

Bild 6.12: Landwirtschaftliche Nassschlammverwertung

Welche Einrichtungen sind in der Kläranlage erforderlich?
Abgabestelle für Nassschlamm
Die Schlammabgabestelle muss gut zugänglich sein und das Wenden der Fahrzeuge ermöglichen. Für Nassschlamm ist eine galgenartige Schlammleitung mit Schnellschlussschieber zweckmäßig um das Beschmutzen von Person und Fahrzeug zu vermeiden. Eine Reinigungsmöglichkeit für Fahrzeuge und Boden ist sehr hilfreich.

Schlammstapelräume
In der Zeit, in der die Landwirte keinen Schlamm abnehmen können, muss dieser auf der Kläranlage in Schlammstapelräumen gespeichert werden. Zu empfehlen sind im Normalfall Speichermöglichkeiten für mindestens 3 bis 4 Monate, besser 6 bis 8 Monate (Bild 6.13).

Bild 6.13: Schlammsilo

Welche Bedeutung hat die Kompostierung?

Nur in wenigen Kläranlagen wird Klärschlamm in größeren Mengen selbst kompostiert. Das Verfahren ist verhältnismäßig aufwändig, die Abnahme des Kompostes meist nur über einen begrenzten Zeitraum gesichert. Klärschlammkomposte werden zur Rekultivierung im Landschaftsbau oder zur Begrünung von Straßenböschungen oder Lärmschutzwällen verwendet.

Werden Klärschlammkomposte als Streudünger auf landwirtschaftlich oder gärtnerisch genutzte Flächen aufgebracht, unterliegen sie ebenfalls den Bestimmungen der Klärschlammverordnung. Dies gilt sowohl für die Werte der Inhaltsstoffe (Schadstoffe und Nährstoffe) und des Bodens als auch auf die zulässige Aufbringungsmenge, bezogen auf den eingesetzten Klärschlamm und nicht auf das Gemisch.

7 Wie wird Schlamm behandelt?

7.1 Grundlagen der Schlammfaulung

In einer Kläranlage hat die Schlammfaulung die Aufgabe, den in der Vor- und Nachklärung anfallenden Schlamm rasch und geruchlos in seiner Menge zu *vermindern* und dabei einen ausgefaulten Schlamm zu erzielen, der auch sein *Schlammwasser* leicht abgibt. Da hierbei Bakterien chemische Umsetzungen bewirken, ist es ein biochemischer Vorgang. Er läuft ohne Luftzutritt und in Abwesenheit von gelöstem und gebundenem O_2 ab, er wird als anaerob stabilisiert bezeichnet.

Die Forderung, dass die Faulung *rasch* gehen soll, hat ihre Begründung in den Baukosten für die Faulräume. Je rascher die Faulung vor sich geht, umso weniger Nutzraum muss dafür bereitgestellt werden und umso kleiner und billiger wird der Faulraum.

Rohschlamm geht schnell in eine unangenehm stinkende Fäulnis über wenn man ihn sich selbst überlassen würde.

In der 1. Stufe des Abbaus, der sog. „Hydrolyse-Phase" (Verflüssigungsphase), werden die hochmolekularen, oft ungelösten Stoffe durch Enzyme in gelöste Bruchstücke übergeführt.

Die 2. Stufe der Faulung wird „Versäuerungsphase" genannt, da hier der pH-Wert unter 7 liegt; die Volumenverminderung geht dabei langsam vor sich und ist gering. Aus diesen hier entstehenden Zwischenprodukten (Butter- und Essigsäure, Alkohole, H_2, und CO_2) können die Methanbakterien nur Essigsäure, H_2 und CO_2 direkt zu Methan (CH_4) umsetzen. Der Schlamm bleibt schleimig, grau und schwer entwässerbar. Oft ist die saure Gärung mit Schaumbildung verbunden. Sie ist aber bei jeder Faulung der Anfang.

Die nun gebildeten organischen Säuren und Alkohole müssen in der 3. Stufe zu Essigsäure umgebaut werden; diese Stufe heißt „acetogene Phase".

In der 4. Stufe wird schließlich das Methangas aus Essigsäure, H_2 und CO_2 gebildet. Da neben der Konzentration der organischen Stoffe im Schlamm, das sind die methanisierbaren Substrate, auch die Menge und die Zusammensetzung des entstehenden Faulgases bestimmt wird, kann deshalb auch auf die Vorgänge der Schlammfaulung geschlossen werden.

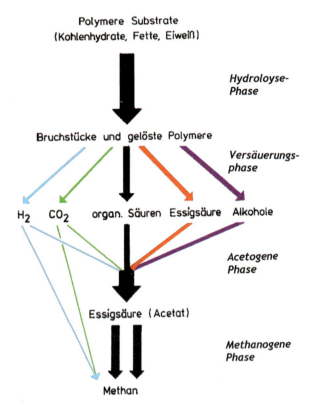

Bild 7.1: Der mehrstufige anaerobe Abbau [10]

Wenn also eine verhältnismäßig kleine Menge Rohschlamm in einer großen Menge leicht alkalisch faulenden Schlammes verteilt wird, kann der erwünschte vierstufige Vorgang ablaufen; plötzliche Temperaturänderungen verträgt der Vorgang nur schlecht. Bei Wärme geht die Faulung rascher vor sich, und es entsteht mehr Faulgas. Die Faulzeiten von Klärschlamm betragen bei mittleren Temperaturen von

Faultemperatur °C	8	10	15	20	25	30	38
Faulzeit in Tagen	120	90	60	45	30	27	20

Betriebstemperaturen über 38 °C werden selten angewandt.

Wenn in einem Faulraum die saure Gärung überwiegt, sagt man auch: er ist sauer geworden oder umgekippt – z. B., wenn durch eine Vergiftung oder Überbelastung mit Rohschlamm der pH-Wert unter 6,5 sinkt. Die Hinweise in der Betriebsanweisung dazu sind zu beachten, ggf. ist die technische Aufsichtsbehörde zu verständigen. Ob eine Überbelastung oder eine Vergiftung vorliegt, lässt sich meist schon anhand der Betriebsdaten und der Art der Industriebetriebe im Ort erkennen. Durch vorsichtiges Einmischen einer 10%igen Kalkmilch [$Ca(OH)_2$], gelöschter Kalk (Kalkhydrat) kann der pH-Wert wieder auf 7,5 bis 8 gebracht werden. Vom pH-Wert alleine kann nicht auf die notwendige Kalkmenge geschlossen werden. Dazu müssen auch die Säurekapazität und der Feststoffgehalt ermittelt werden. Deshalb sollte die Verwendung von Kalkmilch nur unter Anleitung erfolgen. Zu hohe Kalkmengen können die Faulung auch beeinträchtigen und Verkrustungen verursachen. Die Kalkzugabe kann ganz grob mit der Faustformel

1 kg $Ca(OH)_2/m^3$ Faulraum je voller pH-Wert-Unterschied berechnet werden. Über gute Erfahrungen wird berichtet, wenn nach der Kalkung Fe_2O_3 zur Bindung des H_2S zugegeben wird.

Von der Handhabung her ist Natriumhydroxid (NaOH) dem $Ca(OH)_2$ vorzuziehen, da die Gefahr der Verkrustung und Ablagerung geringer ist. Die Mehrkosten halten sich in Grenzen.

Folgende Einflüsse beeinträchtigen die Methanfaulung:
- Überlastung mit organischen Stoffen,
- zu niedrige oder sich stark ändernde Temperaturen,
- Einleitung von Giften, z. B. Säuren, Galvanik-Abwasser, Mineralöl.

Bei den etwas komplexen Faulvorgängen ist es verständlich, dass die *Inbetriebnahme eines Faulbehälters* besonderer Sorgfalt und Überwachung bedarf. Vor Inbetriebnahme sind alle Armaturen und Rohrleitungen auf ihre Funktion hin zu überprüfen. Mit Rohschlamm allein kann die alkalische Faulung nur sehr schwer begonnen werden. Sie braucht zur *Einarbeitung und Reifung* sonst Monate. Der Faulbehälter ist deshalb zuerst mit geklärtem Abwasser zu füllen und wird bei beheizten Anlagen, auf 25 bis 30° C gebracht. Dann wird mit gut ausgefaultem Schlamm aus einer anderen Kläranlage mit gleichartiger Schlammfaulung angeimpft. Die für die Einarbeitungszeit erforderliche Menge an *Impfschlamm* beträgt insgesamt etwa 5 bis 10 % des Faulbehälterinhalts. Die Rohschlammzugabe ist dann anfänglich in kleinen Mengen zu dosieren, z. B. max. 1/10 der Normalbeschickung, und nur langsam zu steigern. Der Einarbeitungsvorgang dauert etwa 2 bis 3 Wochen, er kann durch gering dosierte Kalkmilchzugabe unterstützt werden.

Bei beheizten Anlagen wird der Inhalt durch Umpumpen des Schlammes oder Faulgaseinpressung umgewälzt.

7.2 Schlammanfall und -beschaffenheit

Der Schlammanfall steht in engem Zusammenhang mit dem abgebauten BSB_5 des Abwassers. Je 1 kg abgebautem BSB_5 entsteht etwa 1 kg Feststoff im Schlamm. Je nach Reinigungsverfahren ist der Schlamm dünner oder dicker. Deshalb ist die Spannweite des täglichen Rohschlammanfalles je Einwohner verhältnismäßig groß, nämlich 1 bis 2 l/(E · d), je nach Kläranlagenart. Aerobe Stabilisierungsanlagen haben den größten Schlammanfall.

Das Volumen des Rohschlammes wird durch Eindickung, Faulung oder Entwässerung erheblich vermindert, während der

Feststoffanteil im Wesentlichen immer gleichbleibt. Als ausgefaulter Nassschlamm verbleiben 0,3 - 0,8 l/(E · d).

Wird flüssiger Schlamm durch ein Papierfilter filtriert, so verbleiben auf dem Filter die Feststoffe, während das Schlammwasser das Filter passiert. Der Vergleich des Feststoffanteils mit dem Schlammwasseranteil zeigt, dass der Wasseranteil meist über 90 % liegt, z. B. 95 % Wasseranteil und 5 % Feststoffanteil. Da die Dichte des Schlammes nur wenig mehr als 1 kg/l beträgt, können die Prozentangaben über den Wasseranteil auch auf das Gewicht bezogen werden.

Wenn z. B. bei einer Belebungsanlage je Einwohner mit rund 2 l Rohschlamm je Tag gerechnet wird, ergibt sich ein Jahresanfall von ~750 l/E. Da der Schlamm nahezu genauso schwer ist, wie Wasser, entspricht das auch ~750 kg. Bezogen auf den Feststoffgehalt (TS) ergeben sich je Einwohner ~30 kg im Jahr.

Der *Wasseranteil* des Rohschlammes beträgt 96 %, nach der Faulung 92 %. Die Gesamtmenge des Schlammes hat sich aber von 750 l auf 375 l halbiert. Die Entwässerung vermindert diese Menge nochmals um 2/3.

Der *Trockenrückstand* wird in % angegeben. Die Bestimmung erfolgt durch Verdampfung des Wassers einer Probe (also ohne vorheriges Filtrieren), die vorher und nachher gewogen wird. Der Gewichtsunterschied entspricht dem Wassergehalt.

Für die Verminderung des Volumens gilt, dass die restliche Schlammmenge nur noch halb so groß ist, wenn sich der Trockenrückstand verdoppelt:

$$V_2 = \frac{V_1 \cdot TR_1}{TR_2}$$

V_1 = das anfängliche Volumen
V_2 = das restliche Volumen
TR_1 = der anfängliche Trockenrückstand
TR_2 = der restliche Trockenrückstand

Beispiel: 100 m³ Faulschlamm (V1) mit 4 % Trockenrückstand (TR$_1$) hat nach der Entwässerung einen Trockenrückstand von 24 % (TR$_2$), es ergibt sich ein restliches Volumen von:

$$V_2 = \frac{100 \cdot 4}{24} = 16,7 \text{ m}^3$$

Für die Beurteilung der Beschaffenheit eines Schlammes und des Wirkungsgrades der Schlammbehandlung ist der Anteil an fäulnisfähigen Stoffen von Bedeutung. Im Schlamm sind mineralische und organische Stoffe in einer großen Wassermenge verteilt. Faulen können aber nur die organischen Stoffe, die von Bakterien in mineralische und gasförmige Stoffe und in Wasser umgewandelt werden. Da organische Stoffe im Klärschlamm brennbar sind, die mineralischen aber nicht, kann durch Ausglühen einer Probe der Anteil an fäulnisfähigen Stoffen bestimmt werden. Der nach dem Ausglühen verbleibende Rest heißt *Glührückstand* (GR). Er wird gewogen und gibt dann bezogen auf das Gesamtgewicht der Trockensubstanz den mineralischen Anteil in Prozent an. Der Anteil, der vom Ausgangsgewicht durch das Ausglühen verloren ging, wird als *Glühverlust* (GV) bezeichnet und gibt den Anteil der organischen Substanz in Prozent an. GR + GV = 100 %.

Rohschlamm hat einen Glührückstand von 20 bis 35 % bzw. einen Glühverlust von 65 bis 80 %. Er ist gelblich-grau und stinkt meistens nach Fäkalien. Sein pH-Wert liegt bei 5 bis 6; er ist leicht sauer.

Gut ausgefaulter Schlamm riecht erdig-teerig oder wie Walderde, leicht modrig. Er ist schwarz bis dunkelgrau. Sein Gehalt an organischer Masse liegt bei etwa 45 % (Glühverlust). Ausgefaulter Schlamm hat einen pH-Wert von 7 bis 8.

Schlecht ausgefaulter Schlamm stinkt, ist meistens bräunlich oder hellgrau, entwässert nur schwer und bleibt lange Zeit schleimig.

Gesunder Belebtschlamm ist braun. Rücklauf- und Überschussschlamm sind meist wegen der Eindickung im Trichter der Nachklärung etwas dunkler.

7 Wie wird Schlamm behandelt?

Im Schlamm sind wie im Abwasser *Krankheitserreger* (pathogene Keime wie Bakterien, Viren oder Wurmeier) enthalten, die auch nach der Faulung noch lebensfähig sind.

Deshalb darf Schlamm weder nass noch entwässert, in ein Gewässer eingebracht oder im Bereich von Wasserschutzgebieten aufgebracht werden!

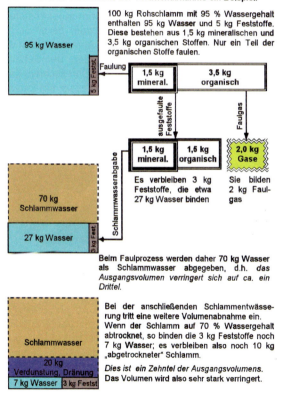

Bild 7.2: Volumenverminderung bei der Schlammbehandlung

7.3 Eindickung

Mit der Eindickung von Rohschlamm soll eine Verminderung des Wassergehaltes erreicht werden. Eine erste Eindickung findet bereits in den Schlamm-Sammeltrichtern von Vor- und Nachklärung statt. Um beheizten Faulräumen Schlamm mit einem möglichst niedrigen Wassergehalt zuführen zu können, ist auf manchen Anlagen als erste Verfahrensstufe zur Schlammwasserabtrennung ein eigener Eindickbehälter (Voreindicker) für Rohschlamm vorgesehen. Überschussschlamm muss meistens mit Flockungshilfsmitteln konditioniert werden, bevor er auf eine Maschine aufgegeben werden kann. Die Aufenthaltszeit des Schlammes im Eindicker beträgt einige Stunden. Der Behälter wirkt ähnlich wie ein Absetzbecken mit dem Unterschied, dass sich ein Krählwerk dreht, um dem Schlammwasser ein Entweichen aus den tieferen Schichten zu ermöglichen.

Bild 7.3: Scheibeneindicker für Überschussschlamm (Fa. Huber)

Der Eindicker wird prinzipiell wie ein rundes Absetzbecken beschickt. Bei großen Anlagen erfolgt der Zufluss fortlaufend (kontinuierlich), in anderen stoßweise (diskontinuierlich), z. B. ein- oder zweimal täglich. Letztere werden auch Standeindicker genannt. Das Schlammwasser wird über einen höhenverstellbaren Schnorchel unterhalb des Wasserspiegels abgezogen und dem Kläranlagenzulauf (meist dem biologischen Teil) wieder zugeführt, der eingedickte Schlamm wird aus dem Trichter entnommen.

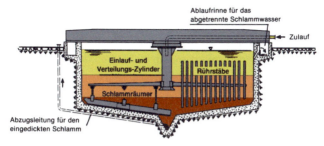

Bild 7.4: Schlammeindicker mit Krählwerk

Ein offener Behälter hat den Nachteil, dass eine Geruchsbelästigung während der Eindickung schwer auszuschließen ist, weil der Rohschlamm immer leicht stinkt und die beginnende saure Gärung dies verstärkt.

Manchmal wird auch der ausgefaulte Schlamm eingedickt um die anschließende Entwässerung oder Trocknung zu erleichtern und ein feststoffärmeres Trübwasser zu erhalten. Diese Nacheindickung arbeitet nach dem gleichen Prinzip wie die Voreindickung, allerdings ohne starke Geruchsbelästigungen.

Schlamm kann auch maschinell, z. B. mit Zentrifugen, auf einen höheren Feststoffgehalt gebracht werden (siehe Kapitel 7.7).

7.4 Einrichtungen der Faulung

7.4.1 Unbeheizte Faulräume

Offener Schlammfaulraum

Für kleine und mittlere Kläranlagen wurde gelegentlich als selbstständiger Faulraum ein 3 bis 5 m tiefes Becken in Erdbauweise gewählt, weil sie sehr wartungsarm sind. Durch den vergleichsweise großen Nutzraum haben sie ein beträchtliches alkalisches Polster, das ein Umkippen und eine starke Geruchsbildung manchmal verhindert.

Offene Schlammfaulräume können, je nach Bemessung, auch als Schlammstapelräume verwendet werden.

Der Faulraum des Emscherbeckens gehört auch zu den unbeheizten Anlagen und wird im Kapitel 5.9.1 behandelt.

7.4.2 Beheizte Faulbehälter

Wirkungsweise und Bauformen

Für mittlere und größere Anlagen werden meistens geschlossene Faulbehälter aus Stahlbeton oder Stahl gebaut. Die Bauformen sind sehr unterschiedlich, aber fast alle sind rund. Zur Vermeidung von Wärmeverlusten werden sie mit einer wirkungsvollen Isolierung verkleidet. Um die notwendigen Wärmemengen vom Heizkessel zum Schlamm zu bringen, wird der zugeführte oder umgewälzte Schlamm in Doppelmantelrohren durch Wärmeaustausch beheizt.

In Großanlagen sind oft mehrere Faulbehälter vorhanden, die hintereinander oder ein- oder mehrstufig betrieben werden. Wenn vorhanden, wird die letzte Stufe (Nachfaulraum) dann nicht mehr beheizt, hat etwas niedrigere Temperaturen und dient vor allem der Eindickung und guten Abtrennung von Faulwasser.

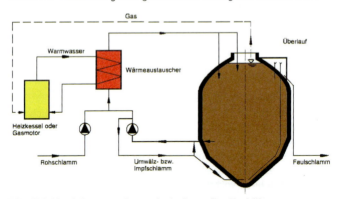

Bild 7.5: Verfahrensschema beheizter Faulbehälter

Je nach Betriebsweise werden die Faulräume mit 30 bis 50 l je EW bemessen, das entspricht einer Aufenthaltszeit von etwa 20 Tagen. Wichtig ist auch die tägliche Faulraumbelastung mit organischen Feststoffen je m^3 Faulraum, die von 2 bis 5 kg/m^3 reichen kann. Die Temperaturen liegen bei 35 bis 40°C.

Betrieb und Wartung

Es wäre abwegig hier in wenigen Zeilen den Versuch zu machen alles aufzuführen, was bei einer beheizten Faulung zu beachten ist, da Konstruktion und Verfahrenstechnik der Heiz- und Faulanlagen sehr unterschiedlich sind. Deshalb werden hier nur die wichtigsten Hinweise stichpunktartig gegeben:

Temperatur und *pH-Messung* sind für die Überwachung des Faulvorgangs wichtig, Faulbehälter sind dafür mit automatischen Messanlagen ausgerüstet. Die in der Betriebsanweisung vorgeschriebene Temperatur ist einzuhalten. Sie darf höchstens um 1°C je Tag nach oben oder unten davon abweichen. Auch die Vorlauf- und Rücklauftemperaturen der Heizung sind zu überwachen und einzuhalten. Wenn bei Normalbetrieb die Schlammtemperatur absinkt, ist es nicht ratsam, die Vorlauftemperatur zu erhöhen. Durch erhöhte Vorlauftemperaturen werden in Heizungssystemen Schlammverkrustungen an den Heizleitungen verursacht, die dadurch die Wärmeübertragung noch mehr verringern. Zweckmäßiger ist es, Heiz- und Umwälzzeiten zu verlängern, die Heizelemente zu überprüfen sowie außen auf Schlammverkrustung und innen auf Verkalkung (Speisewasseraufbereitung!) zu achten! Schlammleitungen sind grundsätzlich einmal pro Woche zu molchen.

Beim Umwälzschlamm sind Temperatur, pH-Wert, der Gehalt an Trockenrückstand sowie die organischen Säuren und die Kalkreserve (siehe Kapitel 9.3.4) wichtige Betriebskennwerte.

Bild 7.6: Faulbehälteranlage

Der Gehalt an *organischen Säuren* wird auch als *Fettsäure* (*Buttersäure*) bezeichnet. Er ist ein Kennwert für die Beurteilung des Faulprozesses. Der Säuregehalt wird in mg/l angegeben.

Beim Faulvorgang werden die organischen Stoffe in mehreren Stufen durch Bakterien in organische Säuren zerlegt. Diese dienen den Methanbakterien des folgenden Prozesses als Nahrung. Bei einem gut arbeitenden Faulbehälter besteht ein Gleichgewicht des Abbaus in den verschiedenen Stufen. Dabei gibt es einen kleinen Säurevorrat, der einem Wert in der Größenordnung bis 700 mg/l Essigsäure oder etwa 1 000 mg/l Buttersäure entspricht. Steigt der Säuregehalt plötzlich über den der Anlage entsprechenden Normalwert an, so liegt eine Überlastung der Anlage oder eine Vergiftung der relativ empfindlichen Methan-Bakterien vor.

Durch den Anstieg der Säure fällt der pH-Wert im Faulbehälter ab. Da jedoch das *Puffervermögen* (*Kalkreserve*) des Faulschlammes relativ groß ist, wird niedriger pH-Wert erst festgestellt, wenn ein beträchtlicher Anstieg des Säuregehalts erfolgt ist. Die

Veränderung des Säuregehalts ist also das erste Anzeichen einer Störung des Faulprozesses und daher für die Überwachung des Faulbetriebs wichtig.

Die Verfahrenstechnik der anaeroben Schlammbehandlung ist sehr anspruchsvoll und bedarf einer laufenden und sorgfältigen Überwachung des Prozesses.

Täglich sind zu dokumentieren: Die zugeführte Rohschlamm-Menge, die Dauer der *Schlammumwälzung* und die abgelassene Menge ausgefaulten Schlammes. Eine mögliche *Schwimmschlammdecke* ist laufend zu kontrollieren und gegebenenfalls zu zerstören oder abzuziehen; die Ursache liegt meist in Kunststoffteilen die durch den Rechen nur ungenügend entfernt wurden. Dicke Schwimmdecken behindern den Gasaustritt und können die Faulwasserabläufe verstopfen. Die Gaszusammensetzung (CH_4- bzw. CO_2-Gehalt) ist täglich zu messen; die Ergebnisse liefern erste Anhaltspunkte über mögliche instabile Betriebszustände. Der Heizwert des Schlammes, H_u, ist durch ein geeignetes Institut mehrmals jährlich bestimmen zu lassen.

Die *Schlammwasserabläufe* sind periodisch durchzuspülen.

Beim alleinigen *Schlammablassen* besteht die Gefahr, dass im Faulbehälter ein Unterdruck (Vakuum) entsteht. Wassertassen können dadurch leergesaugt werden und Luft kann nachströmen. Damit entsteht die Gefahr eines explosiblen Gasgemisches! Deshalb darf nicht mehr Schlammmenge abgelassen werden, als dem Faulbehälter auch wieder zugeführt wird; die innenliegende Faulschlammumwälzung ist dabei vorher auszuschalten. Normalerweise wird das Schlammablassen durch die Verdrängung durch den Beschickungsschlamm erreicht. Angaben dazu sind in der Betriebsanweisung festgelegt.

Der *Gasanfall* und die Zusammensetzung ist ein sicherer Hinweis für die Wirksamkeit der Faulung und ist laufend zu beobachten.

Anregungen zu Gestaltung und Betrieb von Faulräumen

- Für die Ableitung von Schwimmschlamm aus dem Faulbehälter Mindestdurchmesser 300 mm verwenden. Schwimmschlammöffnungen mindestens 1 000 mm breit.
- Für Schlammleitungen sind Schnellschlussschieber zum Beseitigen von Verstopfungen zweckmäßig. Schlammleitungen sind molchbar zu gestalten. Die Schlammentnahmeleitung an der Trichterspitze ist mit Hochdruckwasseranschluss zu versehen zur möglichen Beseitigung von Verstopfungen.
- Bei massiven Betriebsproblemen, z. B. verstopften Leitungen, ist es sinnvoll, sich an Spezialfirmen zu wenden, um mit Tauchern den Ursachen auf die Spur zu kommen (Bild 7.7).
- Für Absperrorgane der Schlammleitungen im Trichterbereich sind grundsätzlich zwei nacheinander liegende Schieber notwendig. Dabei ist der näher am Behälter angebrachte Schieber nur eine Absperrmöglichkeit für die Reparatur an dem anderen, dem eigentlichen Bedienschieber.
- Für den Roh- und den Faulschlammanfall darf keinesfalls auf eine Durchflussmessung verzichtet werden. Zu empfehlen ist eine induktive Messung; trotzdem können Volumenmarkierungen in den Pumpensümpfen zweckmäßig sein.
- Oft muss in der Kläranlage auch *Fäkalschlamm* aufgenommen werden. Wie viel davon verarbeitet werden kann, hängt von Ausbaugröße und Auslastungsgrad der Anlage ab. Einzelheiten dazu und konstruktive Hinweise sind im Arbeitsblatt DWA-A 280 „Behandlung von Schlamm aus Kleinkläranlagen in kommunalen Kläranlagen" [1] zu finden.

Bild 7.7: Taucher beim Einsatz im Faulbehälter (München)

7.5 Aerobe Stabilisierung des Schlammes

Auch durch intensives Belüften ist es möglich den Schlamm aerob, also durch Zuführen von Luftsauerstoff, zu stabilisieren und damit seine Fäulnisfähigkeit zu vermindern. Meistens wird dieses Verfahren bei kleineren Belebungsanlagen mit Langzeitbelüftung ohne eigene Vorklärung angewandt. Dabei finden biologische Reinigung und Schlammstabilisierung gleichzeitig in einem Belebungsbecken statt.

In einigen Fällen ist für die aerobe Stabilisierung ein getrennter Belüftungsraum vorhanden. Dort kann der Überschussschlamm gezielter stabilisiert werden. Da dies nur eine andere Art des Belebungsverfahrens ist, sind Stabilisierungsbecken im Wesentlichen genauso gebaut, aber deutlich größer. Es werden die gleichen Belüftungsvorrichtungen verwendet. Getrennte Stabilisierungsbecken werden entsprechend dem Anfall an Überschussschlamm, täglich 1 bis 3mal beschickt. Der stabilisierte Schlamm wird etwa alle 2 bis 4 Wochen abgezogen.

Die notwendige Stabilisierungszeit ist temperaturabhängig. Annähernd gelten folgende Werte:

Temperatur des Schlammes im Stabilisierungsbecken	in °C	5	10	15	20
erforderliche Belüftungszeit	in Tagen	28	17	11	8

Unter 5 °C findet nahezu kein biochemischer Abbau mehr statt.

Die Verfahrenstechnik der aeroben Schlammstabilisierung bedarf einer laufenden sorgfältigen Überwachung. Dazu gehören Messungen des O_2-Gehaltes, der im Belebungsbecken 1,5 mg/l nicht unterschreiten soll. Der Schlammindex ist regelmäßig zu errechnen, dafür ist Schlammvolumen und Schlammtrockensubstanz zu bestimmen. Der Stromverbrauch ist im Vergleich zur anaeroben Stabilisierung sehr hoch.

Der Schlamm kann dann als stabilisiert angesehen werden, wenn wenigstens 50 % der ursprünglich vorhandenen, fäulnisfähigen (organischen) Stoffe (entspricht dem Glühverlust) abgebaut wurden und der Schlamm ohne Geruchsbelästigung entwässerbar ist. Zur Abschätzung des Stabilisierungsgrades verwendet man den sogenannten TTC-Test, bzw. bestimmt man die Atmungsaktivität (siehe Abschnitt 9.3.5).

Es gibt auch eine aerob-thermophile Schlammstabilisierung. Hier entstehen durch Stoffwechselprozesse unter Eintrag von Sauerstoff Temperaturen bis zu etwa 60 °C. Der Vorgang dauert einige Tage; dabei werden auch eine weitgehende Stabilisierung und zusätzlich eine geringe Keimverminderung erzielt.

7.6 Entwässerung in Schlammtrockenbeeten

Die Schlammentwässerung auf *Trockenbeeten* war das früher am meisten angewandte Verfahren. Heute hat es an Bedeutung verloren, da es sehr arbeitsintensiv ist und bei Schlämmen aus Belebungsanlagen meist keine guten Ergebnisse bringt. Unter einer durchlässigen Schicht aus Sand oder Kies, auf die der Schlamm in 20 bis 40 cm dicker Schicht abgelassen wird, sind Dränrohre eingebaut, durch die das Schlammwasser durchsickern kann.

7.7 Schlammstapelräume

Die weitere Verwertung oder Entsorgung von Klärschlamm ist nicht das ganze Jahr ohne Unterbrechung gesichert. Ob landwirtschaftliche Verwertung, maschinelle Schlammentwässerung, Verbrennung usw., eine Zwischenlagerung ist fast immer notwendig. Solche Schlammräume können in Silo- oder Erdbauweise erstellt werden. Die jeweils zweckmäßige Bauform hängt vor allem von den betrieblichen Erfordernissen ab. Die Anforderungen können von einer dreimonatigen bis zur einjährigen Stapelzeit gehen. Entsprechend der Stapelzeit und Bauform kann in Stapelräumen u. U. eine erhebliche Volumenverminderung erzielt werden. Wenn der Wasseranteil z. B. nur von 95 % auf 92 % vermindert wird, verringert sich das Volumen auf zwei Drittel. Der Wasseranteil kann durch Verdunstung oder Wasserabzug über Schächte vermindert werden.

Normalerweise werden mindestens zwei Stapelräume vorgesehen. Während der eine gefüllt wird, lagert der Schlamm im anderen z. B. während der Vegetationszeit, oder er wird geräumt. Die Silobauweise hat sich bewährt, weil der Schlamm während der Stapelzeit gleichmäßig durchmischt (homogenisiert) und für die Nassabfuhr gerade noch fließfähig (pumpfähig) gehalten werden kann. Dafür kommen Vorrichtungen wie in der Landwirtschaft üblich, z. B. Tauchmotorrührwerke, Zapfwellenmixer, Elektromixer oder Güllepumpen zur Verwendung.

Bild 7.8: Schlammabgabe aus dem Silo

Anregungen zu Gestaltung und Betrieb

- Bei Silobauweise sind Fülltiefen bis zu 4 m zweckmäßig.
- Zum Reinigen des Wasserabzugsschachtes und des Stapelbeckens selbst ist ein Betriebswasseranschluss notwendig.
- Zur Nassabgabe eignet sich eine schwenkbare galgenartige Schlammleitung mit Schnellschlussschieber.
- Zur Entleerung der Silos sind zwei Möglichkeiten vorzusehen, z. B. Entleerungspumpe und Anschlussmöglichkeit für ein Vakuumfass.
- Die Abgabestelle soll gut zugänglich sein und eine Wendemöglichkeit für landwirtschaftliche Fahrzeuge anbieten.
- Der Arbeitsplatz muss so beschaffen sein, dass Personen und Fahrzeuge möglichst nicht verschmutzt werden (Bild 7.8), die Fläche gereinigt werden kann und das Abwasser dann in den Zulauf der Kläranlage gelangt.

Bild 7.9: Umwälzeinrichtung für ein Schlammstapelbecken

- Eine Reinigungsmöglichkeit für Fahrzeuge ist notwendig.
- Zur Entleerung von Schlammstapelbecken ist eine Zufahrtsmöglichkeit mittels Rampe notwendig um auch stark eingedickten Schlamm aus den Totzonen mit vernünftigem Zeitaufwand entfernen zu können.

Betrieb und Wartung

- Überwachung von Entwässerung und Wasserabzug, Beobachtung des Schlammstandes, Kontrolle und Spülung der Dränleitungen (vor der Verstopfung).
- Regelmäßiges Durchmischen alle zwei bis drei Wochen, um Schlammverfestigungen zu vermeiden (Bild 7.9).
- Probenahme für Messung des Feststoffgehaltes und Untersuchung auf Schwermetalle und Nährstoffe.
- Aufzeichnungen zum Füllen und Räumen der Schlammstapelräume mit Datums- und Mengenangabe sowie über die zugehörigen Ergebnisse der Schlammuntersuchungen.
- Räumung nach Betriebsplan in Abstimmung mit den zuständigen Behörden (Lieferscheinverfahren) und den Landwirten.

7.8 Maschinelle Entwässerung

7.8.1 Bauarten

Maschinen zur Entwässerung von Schlamm sind z. B. Vakuumfilter, Kammerfilterpressen, Bandfilterpressen und Schlammzentrifugen. Die verhältnismäßig teuren Maschinen rechtfertigen sich, wenn es Platzmangel oder Schwierigkeiten mit der Schlammverwertung und -entsorgung gibt. Ihr Betrieb erfordert im Allgemeinen wenig Handarbeit, der Überwachungsaufwand ist aber nicht unerheblich.

Die Kosten der maschinellen Schlammentwässerung sind nicht unerheblich, wobei ein beträchtlicher Teil auf die Konditionierungsmittel entfällt, die zwischen 0,80 und 3,00 €/m³ Nassschlamm liegen. Berücksichtigt man die Betriebskosten einschließlich Wartung, Unterhaltung sowie Investitionskosten, dann ist mit Beträgen von 20 bis 50 €/m³ zu rechnen.

Die Art des Verfahrens richtet sich nach dem erforderlichen Entwässerungsgrad und nach der beabsichtigten Verwendung des Endproduktes, sei es zur Kompostierung oder Verbrennung. Mit Zentrifugen und Bandfilterpressen ist ein Trockenrückstand von 20 bis 35 % erreichbar. Vor dem Kauf einer neuen Entwässerungsmaschine sollte immer ein mehrtägiger Entwässerungsversuch mit der vorgesehenen Maschine gefahren werden. Die Entwässerbarkeit, der Bedarf an Konditionierungsmittel sowie deren Unterschied in der Wirksubstanz können bei jedem Schlamm anders sein.

Wenn der Schlamm verbrannt werden soll, ist meist ein höherer Entwässerungsgrad zweckmäßig. Diese Frage ist aber im Einzelfall mit dem Unternehmensträger der Verbrennungsanlage vertraglich zu regeln.

Auch wenn der Schlamm maschinell entwässert wird, kann auf einen Schlammstapelraum nicht verzichtet werden, da hierdurch die Betriebssicherheit der Kläranlage erheblich vergrößert wird. Er ist auch dann notwendig, wenn mehrmals im Jahr eine Lohnentwässerung durchgeführt wird.

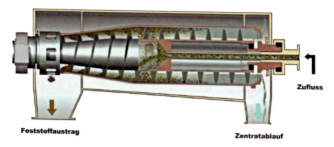

Bild 7.10: Zentrifuge (Fa. Flottweg)

7.8.2 Rückbelastung

Durch die Rückführung des Schlammwassers (Prozesswasser) in die biologische Stufe der Kläranlage entsteht eine Rückbelastung mit erhöhten Ammoniumkonzentrationen.

Aus dem Klärschlamm kommt es beim anaeroben Abbau der organischen Inhaltsstoffe im Faulbehälter zur Rücklösung von Stickstoff in das Prozesswasser. Beim Trübwasserabzug und vor allem bei der Schlammentwässerung erfolgt dann eine Abtrennung des gelösten Stickstoffs. Die Konzentrationen des Prozesswassers liegen in Abhängigkeit der Voreindickung bei 500 bis 2 000 mg/l Stickstoff.

In Anlagen mit aerober Stabilisierung kommt es ebenso zu Rückbelastungen, die aber deutlich niedriger bei 50 bis 250 mg/l liegen.

Problematisch ist bei der Prozesswasserrückbelastung insbesondere die unregelmäßige Rückführung bei kleineren Anlagen mit mobiler Schlammentwässerung und geringem Puffervermögen oder die Rückführung ohne einen Zwischenspeicher für das Prozesswasser.

Bei der Behandlung im Hauptstrom wird das Prozesswasser direkt in die Biologie zurückgeführt. Um eine Spitzenbelastung durch das Prozesswasser zu vermeiden, kann das unregelmäßig anfallende Prozesswasser gepuffert und entsprechend dosiert der Belebung zugeführt werden. Eine getrennte Behandlung des Prozesswassers in einer eigenen Behandlungsstufe ist bei großen Anlagen sinnvoll.

7.9 Gasanfall und Gasbehandlung

Das entstehende Faulgas (Klärgas) wird zur Stromerzeugung und Abwärmeverwertung für die Beheizung der Faulbehälter und der Betriebsräume genutzt. Die Aufbereitung des Faulgases zur Nutzung in Brennstoffzellen wird im Merkblatt DWA-M 299 „Einsatz von Brennstoffzellen auf Kläranlagen" [1] erläutert.

Die *Co-Fermentation* von biogenen Abfällen bietet eine Möglichkeit zur Erhöhung des Gasanfalls und damit zu einer Steigerung der Eigenenergieversorgung der Kläranlage. Die Nutzung anderer Substrate (auch als Co-Vergärung bezeichnet) ist nur dann wirtschaftlich zu rechtfertigen, wenn in der Faulschlammbehandlung genügend freie Kapazitäten vorhanden sind. Als Substrat eignet sich jede Art biogener Reststoffe, die über Fahrzeuge der Kläranlage zugeführt werden können, wie z. B. flüssige Abfälle aus Schlachthöfen, Fettabscheidern. Ganz entscheidend für den Erfolg ist , dass diese Bioabfälle in einer mechanischen Aufbereitungsanlage von Störstoffen befreit und aufgeschlossen werden, bevor sie gemeinsam mit dem Klärschlamm in der Faulbehälteranlage vergoren werden. Die einschlägigen landesrechtlichen Regelungen müssen beachtet werden. Der ausgefaulte Schlamm darf dann allerdings nicht mehr landwirtschaftlich verwertet werden.

Die *Faulgasproduktion* ist ein guter Maßstab zur Beurteilung des Faulvorgangs: So ist z. B. am Rückgang der Gasmenge zu erkennen, ob die Faulung zum „Umkippen" neigt. Während der Einmischung des Rohschlammes in den Faulbehälter vermindert sich die Gasproduktion. Während der Umwälzung erhöht sich jedoch der Gasanfall. Je nach Betriebsweise kann die tägliche Gasmenge 0,5 bis 1 m³ je m³ Faulraum betragen bzw. 16 bis 25 l/E.

Faulgas hat etwa folgende Zusammensetzung:

60 - 70 % Methan (CH_4),

0 - 1 % Wasserstoff (H_2),

25 - 35 % Kohlenstoffdioxid (CO_2),

0 - 1 % Schwefelwasserstoff (H_2S).

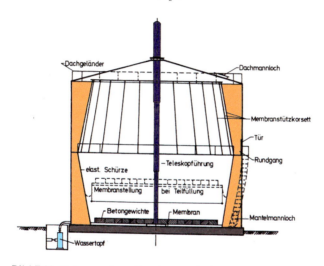

Bild 7.11: Schema eines Trockengasbehälters

Bei dieser Zusammensetzung hat das Faulgas eine geringere Dichte als Luft, steigt also nach oben. Eine Störung der Methanfaulung ist auch am CO_2-Gehalt zu erkennen, wenn er über die genannten Werte ansteigt; der Heizwert geht dann zurück.

Die Hauptbestandteile des Faulgases, Methan und Kohlendioxid, sind an sich geruchlos; durch andere Stoffbeimengungen (meist H_2S) erhält es meistens einen erkennbaren, aber nicht unangenehmen Geruch (Explosionsgefahr beachten!). Faulgas hat einen geringfügig niedrigeren Heizwert als Erdgas.

Bild 7.12: Kiesfilter für Klärgas (Kläranlage Brombachsee)

Zusammen mit Luft bildet Faulgas bei einer bestimmten Mischung ein explosionsfähiges Gemisch. In Räumen oder Bereichen, in denen mit einer Explosionsgefahr zu rechnen ist, sogenannte Ex-Zonen entsprechend dem aufgestellten Ex-Zonenplan, sind Feuer, Rauchen sowie Erzeugung von elektrischen oder mechanischen Funken verboten. Die Bereiche sind dauerhaft mit den entsprechenden DIN-Symbolen zu kennzeichnen.

Die Gaserzeugung schwankt je nach Schlammanfall und Tageszeit, deshalb ist ein Gasspeicher notwendig; er hat mehrere Vorteile. Eine möglichst kontinuierliche Verwertung wird ermöglicht und störanfällige Schalthandlungen werden vermindert. Bei höherem Anfall muss das Gas nicht über die Fackel ungenutzt verbrannt werden. Neben den üblichen Niederdruckgasbehältern mit Wasser- oder Öltassen sowie Trockengasbehältern (Bilder 7.11 und 7.15), werden selten Hochdruckgasbehälter verwendet.

Die in der Gasleitung eingebauten *Wassertöpfe* (Siphon) sind täglich zweimal zu entwässern, damit es zu keinem Gasverschluss kommt. Der Gasdom auf dem Faulbehälter ist mit einer Wassertasse ausgerüstet (Bild 7.13); täglich ist zu prüfen, ob der Wasserstand zur Verhinderung des Gasaustrittes ausreicht. Das Wasser ist vor Frost zu schützen.

Bild 7.13: Faulbehälterkopf

Die Elektroinstallation in explosionsgefährdeten Räumen und Bereichen muss in „Ex" (explosionsgeschützt) ausgeführt sein. Ein *Explosionsschutzdokument* ist zu erstellen. Nach den Sicherheitsregeln „Explosionsschutz in abwassertechnischen Anlagen" sind als durch Faulgas explosionsgefährdet anzusehen (Auszug):

a) *Geschlossene Anlagenteile in Klärwerken, in denen Abwasser oder Klärschlamm gespeichert oder behandelt wird, wenn dabei Faulgas entstehen und in die geschlossenen Räume entweichen kann.*

b) *Das Innere von Apparaten, Behältern und Leitungen, die Faulgas oder Klärschlamm enthalten oder enthalten können.*

f) *Räume mit gasführenden Apparaten, die während des Betriebes zeitweise geöffnet werden müssen (z. B. Gasreinigung, Kies- und Keramikfilter).*

g) *Räume mit Apparaten für Faulgas, dem die korrodierend wirkenden Bestandteile nicht entzogen wurden (Rohgas) (z. B. Räume mit Gasmessung in Blechgehäusen), wenn die Apparate gegen Korrosion nicht ausreichend geschützt sind.*

h) *Räume mit Gasgebläsen u. Gasverdichtern.*

i) Räume mit Gasdruckregelanlagen mit Zuleitungen über DN 50 und Vordrücken über 50 mbar.

k) Geschlossene Räume über Gasglocken von Faulbehältern.

l) Bereiche um freistehende Niederdruckgasbehälter: Bis zu 5 000 m³ Nenninhalt: 6 m, mit mehr als 5 000 m³ Nenninhalt: 10 m Freizone. Bei Behältern bis zu 2 500 m³ kann die Mindestbreite der Freizone bei günstigen örtlichen und betrieblichen Verhältnissen unterschritten werden.

Bild 7.14: Achtung Exzonenbereich

m) Bereiche im Freien im Umkreis von 3 m um Öffnungen gasführender Apparate, Behälter usw., die betriebsmäßig geöffnet werden oder aus denen betriebsmäßig Gas entweichen kann.

Jegliche Zündquellen sind hier verboten. So sind z. B. schadhafte Schalterdeckel oder gebrochene Schutzgläser von Leuchten sofort zu ersetzen um Funkenbildung auszuschließen. Natürlich gilt Rauchverbot! Auch Aluminium neigt zu Funkenbildung und ist nicht explosionssicher. Einzelheiten sind in den Ex-Schutzregeln und in den o. a. Richtlinien festgelegt. Die Kommunale Unfallversicherung Bayern hat eine Beispielsammlung für Ex-Anlagen herausgegeben, die sehr instruktiv ist.

Wird in Räumen Gasgeruch wahrgenommen, nur mit Atemschutzgerät betreten, für absaugende Lüftung sorgen, Gasaustrittstelle suchen und Schaden funkenfrei beheben. Meist sind Leitungen durch Stickstoffgas zu inertisieren, bevor daran gearbeitet werden darf. Schweiß- und Befahrerlaubnisscheine sind auch für betriebsfremdes Fachpersonal auszustellen (Anhang zum Arbeitsblatt DWA-A 199-1 „Dienst- und Betriebsanweisung für das Personal von Abwasseranlagen – Teil 1: Dienstanweisung für das Personal von Abwasseranlagen") [1].

Bild 7.15: Trockengasbehälter

Um Heizungseinrichtungen (Gasleitungen, Feuerungsroste) oder Gasmotoren vor Rost (Korrosion) oder Motoröl vor Zersetzung zu schützen, wird das schwefelhaltige Faulgas vorher häufig über einen Entschwefler geleitet. Dessen Füllung aus rötlichem Raseneisenerz (Eisenoxidgranulat) ist regelmäßig zu prüfen. Schwarzgefärbtes Material wird unten herausgenommen und oben durch frisches (regeneriertes) ersetzt; Achtung: Ex-Gefahr!

Das verbrauchte Material wird in dünnen Schichten ausgebreitet. Durch den Luftzutritt regeneriert es sich von selbst und kann, wenn es wieder hell geworden ist, erneut verwendet werden. Die Ex-Schutzregeln sind hier genau zu beachten, da die Gefahr der Selbstentzündung besteht. Keinesfalls darf die Regeneration in explosionsgefährdeten Räumen oder Bereichen vorgenommen werden. Diese Art der Gasentschwefelung mit anschließender Regenerierung der Masse an der Luft darf nicht mit der Rauchgasentschwefelung bei Kohlekraftwerken verwechselt werden, bei der SO_2 zurückgehalten und gebunden wird, um Luftverunreinigungen zu vermeiden. Wenn Faulgas nicht entschwefelt wird, sind Stahlleitungen der Korrosion besonders ausgesetzt, geeigneter Kunststoff ist deshalb zu bevorzugen.

Anregungen zu Gestaltung und Bau

- Für Gasleitungen sind schlagfeste Kunststoffrohre zu verwenden um Korrosionserscheinungen auszuschließen.
- Gasleitungen zwischen Faulbehälter und Entschwefler so führen, dass das Gas abgekühlt und trocken im Entschwefler ankommt, deshalb Kondenswasserabzug zwischen Faulbehälter und Entschwefler vorsehen.
- In Gasleitungen an gefährdeten Stellen Reinigungsöffnungen anordnen. Gashaube isolieren, um Wärmeverluste zu vermeiden.
- Gasbehälter möglichst für einen Tagesanfall bemessen.

7.10 Trocknung, Verbrennung, Veraschung

Mit der maschinellen Schlammentwässerung kann nur das im Schlamm enthaltene Hohlraum- und Kapillarwasser entfernt werden. Selbst bei der Entwässerung mit leistungsfähigen Aggregaten bleibt noch ein Restwasseranteil von ~60 % im Filterkuchen. Um eine weitergehende Gewichts- bzw. Volumenverminderung zu erreichen, muss deshalb das Innen- und Absorptionswasser verdampft oder verdunstet werden. Eine natürliche Verdunstung des Schlammwassers ist bei den Klimaverhältnissen in Mitteleuropa nicht optimal möglich.

Solare Trocknung

Eine Steigerung des Entwässerungsgrades ist nur dann zu erreichen, wenn er nicht von der Witterung abhängig ist. Mit einfachen durchscheinenden Überdachungen (ähnlich Gewächshäusern) über Schlammlagerplätzen kann dies erreicht werden. Infolge der Sonnenstrahlung wird es unter der Überdachung sehr warm – wie in einem Treibhaus – was die Wasserverdunstung fördert. Eine gute Durchlüftung mittels Ventilatoren begünstigt den Verdunstungs- und Trocknungsvorgang; ebenso ein häufiges Wenden der Schlammschicht. Zum Umpflügen und Wenden des Schlammes kann z. B. ein sich selbst steuernder kleiner Roboter (bekannt unter dem Namen „elektrisches Schwein" eingesetzt werden. Auf diese Weise sind beachtliche Trocknungserfolge zu erzielen. Die solare Trocknung ist für kleinere bis mittlere Kläranlagen ein interessantes wirtschaftliches Verfahren.

Bild 7.16: das „elektrische Schwein" bei der Arbeit

Thermische Trocknung

Entscheidend für die Wirkung von Trocknungsanlagen ist die Verdampfung bzw. Verdunstung. Sie ist ein Maß für die Wassermenge, die durch Wärmeenergie in Dampf überführt werden muss. Dieser Wasserentzug erfordert einen hohen Aufwand an thermischer Energie, und damit meistens an Kosten.

Die TASi macht mit der Forderung nach höchstens 5 % organischem Anteil die thermische Behandlung des Klärschlammes unumgänglich, wenn er deponiert wird. Häufig ist die Trocknung vor der energetischen Verwertung sinnvoll.

Die Kosten einer Trocknung hängen vom Wassergehalt des eingebrachten Schlammes, ab. Eine möglichst weitgehende Entwässerung vorher ist daher wichtig. Stark verdichteter Schlamm ist jedoch für die Trocknung nachteilig. Günstigere Verdunstungs- bzw. Verdampfungseigenschaften haben relativ lockere Strukturen mit hoher spezifischer Oberfläche. Anorganische Konditionierungsmittel wie Kalk und Eisensalze vergrößern die Schlammmenge und entsprechen damit nicht der Forderung zur Abfallminimierung. Falls Klärschlamm energetisch verwertet wird, kann sich die Zugabe von gemahlener Kohle zur Konditionierung und zur Erhöhung des Heizwertes als sinnvoll erweisen. Werden organische Konditionierungsmittel eingesetzt, ist die Volumenvergrößerung vernachlässigbar.

Der Endwassergehalt ist abhängig von Trocknungszeit und -temperatur; der anzustrebende Trocknungsgrad richtet sich nach den Verwertungs- bzw. Entsorgungsmöglichkeiten. Trockengut wird vielfach energetisch verwertet. Man kann es natürlich auch landwirtschaftlich verwerten. In diesem Fall ist jedoch der Energieaufwand kritisch zu beurteilen.

Die bei der Trocknung entweichenden Gase die mit Wasserdampf beladen sind, nennt man *Brüden*. Diese Gase enthalten feste, flüssige und gasförmige Verunreinigungen und können zu erheblichen Geruchsbelästigungen führen. Deshalb werden die Brüden vor Abgabe in die Atmosphäre entstaubt, kondensiert und zur Beseitigung von Geruchsstoffen z. B. in einem Biofilter nachbehandelt. Dieses Brüdenkondensat ist organisch belastet und weist einen relativ hohen Ammonium-Stickstoffgehalt auf. Bei Planung und Betrieb der Kläranlage ist es gemeinsam mit dem Filtrat der maschinellen Schlammentwässerung (Rückbelastung) zu berücksichtigen; eine Vorbehandlung kann notwendig werden.

Trocknungsanlagen werden nach Art der Wärmezufuhr eingeteilt in direkte (Konvektions-) oder indirekte (Kontakt-) Trockner.

Brüdenbehandlung

Schlammtrocknungsanlagen führen zu einer erheblichen Belästigung und Luftverschmutzung. Dies kommt vor allem von Wasserdampfschwaden, Stäuben und Gerüchen. Durch entsprechende Maßnahmen muss deshalb dafür gesorgt werden, dass keine schädlichen Umwelteinflüsse auftreten.

Verbrennung, Veraschung

Die thermische Behandlung bzw. Verbrennung kann zum Zwecke der energetischen Verwertung (Abfall zur Verwertung) oder auch zum Zwecke der Beseitigung (Abfall zur Beseitigung) erfolgen. Ausschlaggebend ist der Hauptzweck der Maßnahme. Steht die Vernichtung des Schadstoffpotentials im Vordergrund, wird der Klärschlamm zum Zwecke der Beseitigung verbrannt.

Nach KrWG ist die energetische Verwertung nur zulässig, wenn

- der Heizwert der Originalsubstanz >11 000 kJ/kg ist,
- der Feuerungswirkungsgrad >75 % ist,
- die Wärme selbst genutzt oder an Dritte abgegeben wird,
- die Reststoffe ohne weitere Behandlung abgelagert werden.

Für das Verbrennen von Klärschlamm ist die Forderung nach einem Heizwert größer 11 000 kJ/kg problematisch, da selbst getrockneter Klärschlamm ohne Zugabe entsprechender Konditionierungsmittel (z. B. Kohlestaub bei der maschinellen Entwässerung) den geforderten Heizwert nicht gesichert erreicht.

Eine Verbrennung unter Nutzung des Energieinhaltes ist in Klärschlamm-Monoverbrennungsanlagen möglich. Die Verbrennung im Zementofen ist heute nicht mehr zeitgemäß wegen der erforderlichen P-Rückgewinnung. Bei den im Ofen herrschenden Temperaturen werden organische Spurenstoffe restlos thermisch oxidiert, d. h. verbrannt. Einige Kläranlagen verbrennen den Klärschlamm in einer eigenen Anlage.

Verfahren wie Vergasung, Verschwelung, Pyrolyse oder Nassoxidation haben sich am Markt bislang noch nicht durchgesetzt.

Bei der Verbrennung wird die Schlammmenge drastisch vermindert. Gegenüber getrocknetem Schlamm ist aber die Volumenverminderung nur noch gering, da der anorganische Anteil des stabilisierten Schlammes von ca. 50 % als Asche zurückbleibt. Danach macht ein Verfahren zur P-Rückgewinnung Sinn.

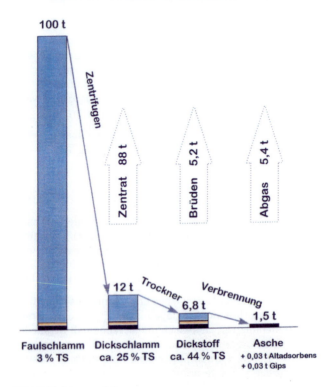

Bild 7.17: Massenbilanz

Unter dem Gesichtspunkt der Kosten ist nach Möglichkeit eine Nutzung des Energieinhalts anzustreben. Dann ist auch eine Trocknung vor der Verbrennung sinnvoll.

Sowohl stabilisierter Schlamm als auch Rohschlamm können verbrannt werden. Wird der Klärschlamm zuvor auf einen Wasseranteil geringer als 60 % entwässert, verläuft die Schlammverbrennung bereits weitgehend selbstgängig und kommt ohne Zusatzbrennstoff aus. Dabei sind die verschiedenen Einrichtungen zur Konditionierung, zur maschinellen Entwässerung und zur Verbrennung als ein zusammenhängendes System zu betrachten. Die Einrichtungen sind nicht beliebig austauschbar, sondern voneinander abhängig. Das trifft nicht zuletzt auch auf die gewählte Art und Menge der Konditionierungsmittel zu.

Verbrennungseinrichtungen

Das Kernstück einer Verbrennungsanlage ist das Feuerungssystem. Für die Auslegung eines Verbrennungsofens sind die zu verdampfende Wassermenge und der Heizwert die wichtigsten Ausgangsgrößen. Der Energiebedarf und damit der Kostenaufwand für die Verdampfung von Wasser (2.270 J/kg Wasser bei 100 °C) liegen sehr viel höher als die Kosten für den Entzug des Wassers durch Verfahren der Entwässerung.

Beispielhaft wird zur Schlammverbrennung der Wirbelschichtofen genannt. Er verfügt über die Technik, die die Anforderungen einer weitgehenden Verbrennung des Materials unter Einhaltung der gesetzlichen Vorschriften einhält und sich für die ausschließliche Klärschlammverbrennung bewährt hat.

Bild 7.18: Klärschlammverbrennung München

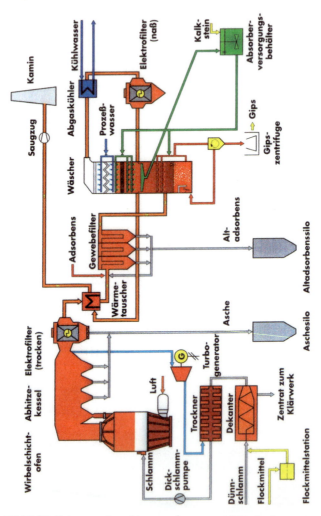

Bild 7.19: Schema einer Monoverbrennung (München)

8 Maschinelle und elektrische Einrichtungen

8.1 Allgemeines

Die Automatisierung im Klärwerks- und Kanalbetrieb erfordert einen immer größeren Einsatz von maschinellen Einrichtungen und deren Funktionsüberwachung. Deshalb sind besondere Kenntnisse für ihre Instandhaltung notwendig, denn Störungen und Ausfälle sind auch bei gezielter Auswahl nicht zu vermeiden.

Nach DIN EN 31 051 [21] lautet der Oberbegriff „Instandhaltung". Darunter wird verstanden: Technische, administrative und organisatorische Maßnahmen zum Funktionserhalt. Die Instandhaltung ist der umfassende Begriff für alle Maßnahmen, die zur Bewahrung und Wiederherstellung des Sollzustandes dienen; dies schließt auch die Feststellung und Beurteilung des Istzustandes mit ein.

Die Untergliederung der Instandhaltung ist wie folgt definiert:

Inspektion: Erfassen und Beurteilen des Istzustandes einer Anlage oder eines Betriebsmittels durch Überwachen, Kontrollieren, Prüfen, Messen usw. und Ableiten von Konsequenzen daraus.

Wartung: Bewahren des Sollzustandes durch Ersetzen und Ergänzen von Teilen an Anlagen und Betriebsmitteln, z. B. durch Reinigen und Pflegen, Justieren, Ein- und Nachstellen sowie Abschmieren; auch die Funktionsprüfungen von Pum-pen einschließlich Ölwechsel gehören dazu.

Instandsetzung: Beseitigen der Mängel durch Wiederherstellung des Sollzustandes. Es sind auch Mängel zu beheben, welche die Sicherheit der Anlage beeinträchtigen, wenn diese sich nicht in ordnungsgemäßem Zustand befindet.

Es wird hier noch unterschieden in

Sanierung:
schließt alle Maßnahmen ein, die sich mit der Behebung von Schäden und der Erneuerung von Anlagenteilen befassen.

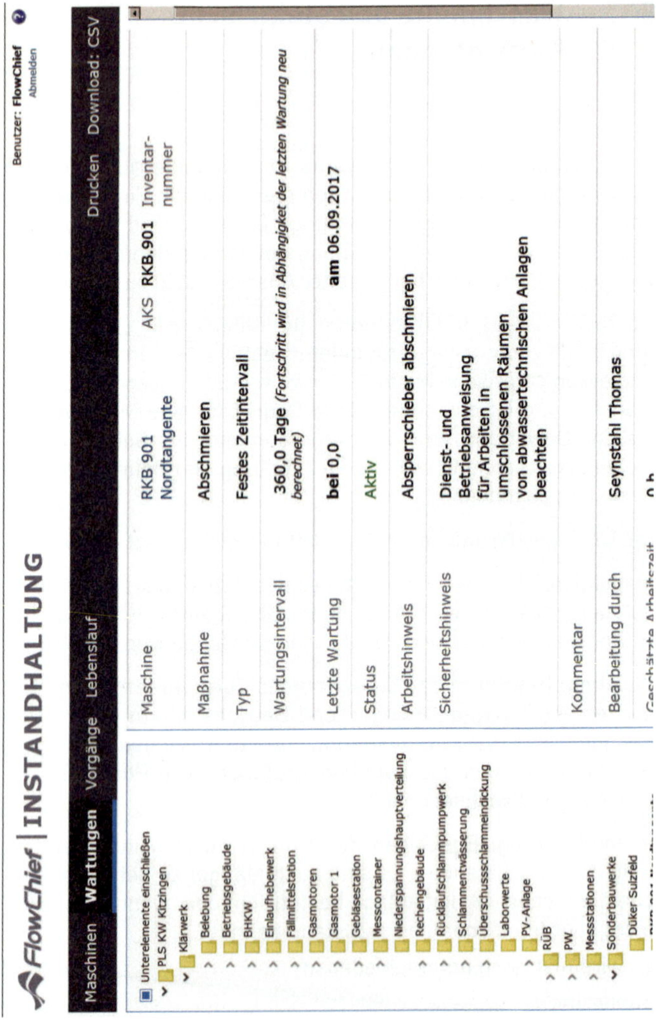

Klärwärtertaschenbuch

			Benutzer: **FlowChief** Abmelden
		Drucken	Download: CSV

FlowChief | INSTANDHALTUNG

Maschinen **Wartungen** Vorgänge Lebenslauf

- Unterelemente einschließen
- ▼ PLS KW Kitzingen
  - ▼ Klärwerk
    - › ■ Belebung
    - › ■ Betriebsgebäude
    - › ■ BHKW
    - › ■ Einlaufhebewerk
    - › ■ Fällmittelstation
    - › ■ Gasmotoren
    - › ■ Gasmotor 1
    - › ■ Gebläsestation
    - › ■ Messcontainer
    - › ■ Niederspannungshauptverteilung
    - › ■ Rechengebäude
    - › ■ Rücklaufschlammpumpwerk
    - › ■ Schlammentwässerung
    - › ■ Überschussschlammeindickung
    - › ■ Laborwerte
    - › ■ PV-Anlage
    - › ■ RÜB
    - › ■ PW
    - › ■ Messstationen
    - ▼ ■ Sonderbauwerke
      - ■ Düker Sulzfeld

Maschine	RKB 901 Nordtangente	AKS **RKB.901**	Inventar-nummer
Maßnahme	Abschmieren		
Typ	Festes Zeitintervall		
Wartungsintervall	360,0 Tage *(Fortschritt wird in Abhängigkeit der letzten Wartung neu berechnet)*		
Letzte Wartung	**bei 0,0**	**am 06.09.2017**	
Status	**Aktiv**		
Arbeitshinweis	Absperrschieber abschmieren		
Sicherheitshinweis	Dienst- und Betriebsanweisung für Arbeiten in umschlossenen Räumen von abwassertechnischen Anlagen beachten		
Kommentar			
Bearbeitung durch	Seynstahl Thomas		
Geschätzte Arbeitszeit			

Bild 8.1: Terminplan

Erneuerung:
Herstellen neuer Anlagenteile, welche die Funktion der vorhandenen, außer Betrieb genommenen Anlagenteile übernehmen; dies kann z. B. die Anschaffung einer neuen Pumpe sein.

Unter *Inspektion* sind alle Tätigkeiten zu verstehen, die durch Wahrnehmungen mit den menschlichen Sinnesorganen durchgeführt werden können, also kein Werkzeug benötigen. Die Ergebnisse sind zu dokumentieren (Bild 8.1). Solche Tätigkeiten sind:

- Ablesen von Motorstromaufnahme, Betriebsstunden, Wasserstand des Druckwindkessels, manometrische Pumpenförderhöhe mit deren Veränderungen;
- Prüfen des Ölstandes und der Fettfüllung, des schwingungsfreien Laufes, der Dichtheit von Pumpen, Rohrleitungen und Armaturen, des Oberflächenschutzes maschineller Anlagen;
- Wahrnehmen von Betriebsgeräuschen z. B. auch Schlagen von Rückschlagklappen, Strömungsgeräusche in Rohrleitungen, Quietschen von Keilriemen beim Einschalten der Aggregate, Brummen von Schaltgeräten,
- Feststellen von Lagertemperaturen, Vibrationen, Motortemperaturen, Kühlwassertemperaturen usw.
- Wahrnehmen von Gerüchen, z. B. nach verbranntem Gummi durch lockere Keilriemen, Verkabelungen oder auch Gasgeruch durch Undichtheiten der Installation von Rohrleitungen und Armaturen.

Die Inspektion ist also mit geringem Aufwand an Zeit und Geld verbunden. Jedoch können Betriebsstörungen bzw. Maschinenausfälle frühzeitig erkannt werden.

Unter *Wartung* sind alle Tätigkeiten zu verstehen, die in regelmäßigen Zeitabständen erfolgen wie Ölwechsel und auch das Auswechseln von Verschleißteilen (z. B. Keilriemen).

- Wichtig ist dabei, dass diese Arbeiten auch an Maschinen durchgeführt werden müssen, die längere Zeit nicht in Betrieb sind, also die entsprechenden Betriebsstunden nicht erreicht haben. Dies gilt besonders für Einrichtungen, die nicht wechselweise betrieben werden können.

- Lagerstellen mit langen Fettversorgungsleitungen sind nach längeren Stillstandszeiten vor der Wiederinbetriebnahme auch dann zu schmieren, wenn normalerweise eine automatische Fettpresse die Fettversorgung übernimmt.
- Reserveaggregate sollen möglichst wechselweise mit den Grundlastaggregaten betrieben werden. Dabei ist jedoch darauf zu achten, dass eine der Maschinen einen so langen Vorlauf erhält, dass die Lieferfristen für die Beschaffung von Ersatzteilen berücksichtigt werden. Gleichzeitige Ausfälle wegen gleichmäßiger Abnutzung können so sicherer vermieden werden.

Bei allen Wartungsarbeiten ist zu berücksichtigen, dass die in den Betriebsvorschriften angegebenen Wartungsintervalle als Anhaltswerte zu betrachten sind. Durch Einbeziehung der eigenen Erfahrungen können die wirklichen Betriebserfordernisse mit den Vorgaben der Hersteller in Einklang gebracht werden.

8.2 Pumpen

8.2.1 Grundlagen

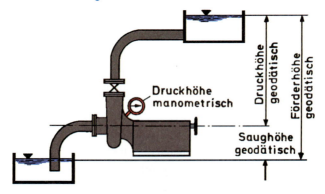

Bild 8.2: Bestimmung der Förderhöhe

Die manometrische Förderhöhe ist die Summe aus der geodätischen Förderhöhe und der Reibungsverluste in den Rohrleitungen und Armaturen.

Die Charakteristik einer Kreiselpumpe kann den Kennlinien in Bild 8.3 entnommen werden. Die wirtschaftliche Betriebsweise ist durch die Form des Laufrades zu optimieren. (1 mWS ≈ 0,1 bar ≈ 10 kPa).

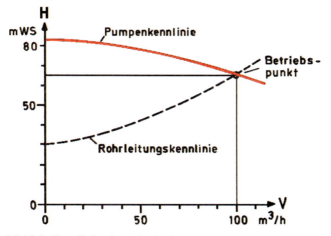

Bild 8.3: Kennlinie einer Kreiselpumpe

Spezielle Laufradformen sind Freistromrad, Schneckenkanalrad und Schneidrad. Häufig wird das Einschaufelrad wegen seines großen Durchgangsquerschnittes eingesetzt, da es auch bei festen und langfaserigen Beimengungen betriebssicher ist.

Bild 8.4: Laufradformen:
Oben links: Schneckenrad; oben rechts: Einschaufelrad
Unten links: geschl. Kanalrad; unten rechts: Freistromrad

8.2.2 Bauarten und Auslegungsdaten

Je nach Situation werden bestimmte Arten von Pumpen und Pumpwerken bevorzugt. Schneckenhebewerke sind robust, wartungsarm und wenig störanfällig, werden aber aus Kostengründen kaum noch eingebaut (Bild 8.5).

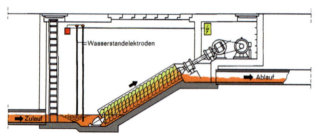

Bild 8.5: Schneckenhebewerk

Je nach Förderhöhe und Förderstrom werden überwiegend Kreiselpumpen verwendet. Für kleine Förderströme kommen häufig Pumpen in Nassaufstellung zum Einsatz, für größere in Trockenaufstellung. Bei Nassaufstellung ist die Pumpe im Pumpensumpf (Saugraum) aufgestellt (Bild 8.7). Bei Trockenaufstellung steht die Pumpe außerhalb des Pumpensumpfes.

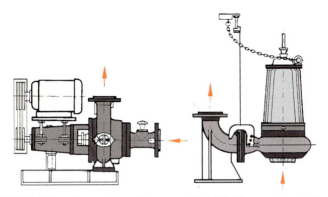

Bild 8.6: Trocken aufgestellte Kreiselpumpe

Bild 8.7: Nass aufgestellte Tauchpumpe

Je nach Abwasserart werden bei den Kreiselpumpen verschiedene Laufradformen verwendet (siehe Bild 8.4).

Vor und nach der Pumpe sind Absperrschieber angeordnet, um die Pumpe ausbauen zu können. Auf der Druckleitungsseite ist nach der Pumpe eine Rückschlagklappe, die bei Pumpenstillstand den Rückfluss aus der Druckleitung verhindert.

Bei der Tauchmotorpumpe bilden der hydraulische Teil (Laufrad mit Pumpengehäuse) und der elektrische Teil (Motor mit Gehäuse) ein Blockaggregat. Der Antriebsmotor taucht zusammen mit dem Laufrad in das Abwasser ein. Die Abdichtung zum abwasserführenden Teil erfolgt mittels Gleitringdichtung.

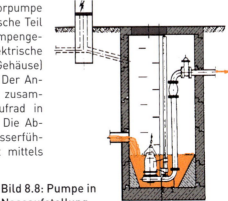

Bild 8.8: Pumpe in Nassaufstellung

Um zu vermeiden, dass bei undichter Gleitringdichtung Wasser in den Motor gelangt, muss eine mindestens halbjährliche Kontrolle der sog. Ölvorkammer durchgeführt werden. Zu diesem Zweck wird die Pumpe gezogen und der Inhalt der Ölkammer entleert. Je nach Ölzustand bzw. Vorhandensein von Wasser kann auf den Zustand der Abdichtung geschlossen und entschieden werden, ob die Gleitringdichtung zu ersetzen ist.

Beim Anschluss von kleinen Ortsteilen über weite Entfernungen oder ungünstige Geländeverläufe gibt es besondere Systeme:

Druckentwässerung (ggf. Schneidradpumpen),

Druckluftförderung,

Unterdruckentwässerung (Vakuumsystem),

Freiblasen von Druckleitungen durch Druckluftspülung.

Lufteinschlüsse in Druckleitungen und Armaturen,

Druckstoßgefahr in Druckleitungen,

Geruchsbelästigungen am Ende der Druckleitung.

Im Allgemeinen sind die *Pumpenauslegungsdaten* aus dem Typenschild ersichtlich. Die Herstellerwerknummer ist wichtig für die Ersatzteilbeschaffung. Meistens sind weiter angegeben

- Q = Förderstrom
- H = Förderhöhe
- n = Drehzahl
- P = Antriebsleistung in kW

Pumpen werden nach dem Förderstrom bzw. der Motorantriebsleistung bemessen. Die vereinfachte Grundformel dafür ist

$$P = \frac{Q \cdot H}{\eta \cdot 101{,}9} \text{ kW}$$

Dabei ist

P = die für den Pumpenmotor erforderliche elektrische Antriebsleistung in kW

Q = Förderstrom in l/s

H	= manometrische Förderhöhe in m Wassersäule (geodätische Förderhöhe + Rohrreibungsverluste)
101,9	= Umrechnungskonstante, die auch die Schwerkraft- Konstante 9,81 m/s² enthält.
η (sprich eta)	= Wirkungsgrad, liegt zwischen 0,5 und 0,8 je nach Pumpenart und Laufradform

Wenn z. B. 28 l/s um 10 m hochgehoben werden, die Rohrreibungsverluste 3 m betragen und die Lieferfirma für die Pumpe einen Wirkungsgrad von 0,6 angibt, ist eine Leistung von

$$P = \frac{28 \cdot 13}{0,6 \cdot 101,9} \text{ kW}$$

erforderlich. Zur Sicherheit erfolgt ein Zuschlag von 10 bis 20 %. Es ist also eine Pumpe mit einer Motorantriebsleistung von 6,5 bis 7 kW erforderlich.

8.2.3 Gestaltung von Pumpensümpfen und Schächten

Pumpensümpfe sind so auszubilden, dass Ablagerungen nicht auftreten.

- Trichter beim Saugrohr verhindern Ablagerungen und mühevolle Reinigungsarbeit; Brauchwasseranschluss ist notwendig.
- Pumpensümpfe müssen leicht zugänglich sein. Leitern sind besser als Steigeisen, Treppen sind besser als Leitern.
- Der Zulauf zum Pumpensumpf muss absperrbar sein.
- Vor einer Pumpensumpfbegehung ist dafür zu sorgen, dass die Pumpensümpfe ausreichend be- und entlüftet werden (Ex-Schutz!).
- Zwischenpodeste in größeren Pumpensümpfen erleichtern die Wartung.
- Bei Pumpensümpfen für Tauchmotorpumpen muss genügend Aufstellungsfläche für eine Hebeeinrichtung zum Ziehen der Pumpe vorgesehen werden.
- In verschiedenen Höhen angebrachte Marken für Rauminhalte erleichtern eine einfache Kontrolle der gepumpten Menge.

8.2.4 Betrieb und Wartung

Zur Dokumentation der durchgeführten Arbeiten gehört die Führung eines Pumpenbetriebsbuches, in dem Förderhöhen, Förderstrom, Betriebsstunden und Stromaufnahme registriert werden. Es ist auch zweckmäßig Wetterlage, Niederschläge, Wasserstände, Tagesdurchflüsse, elektrische Spitzenleistungen, Wirk- und Blindstromverbrauch aufzuzeichnen.

Um Störungen rasch zu erkennen, müssen Pumpwerke täglich nachgesehen werden. Automatische Störmeldeeinrichtungen sind deshalb empfehlenswert. Betriebsstörungen sollten schnell behoben werden, um Rückstau und Überschwemmungen zu vermeiden.

Bei Stromausfall ist mit der Entstörungsstelle des Energieversorgungsunternehmens (EVU) Kontakt aufzunehmen. Um Maschinenschäden schnell beheben zu können, sind entsprechende Ersatzteile in der Werkstätte bereitzuhalten. Besonders schnell verschleißen z. B. Laufräder, Stopfbüchsen einschließlich Packungen, Gleitringdichtungen, Wellenschutzhülsen, Lager, Keilriemen.

Je nach Fördermedium (Schlamm- und Sandanteil) ist der Verschleiß zwischen Laufrad und Gehäuse mehr oder minder groß. Meist genügt eine halbjährliche Kontrolle der Laufradspiele; damit kann auch der Zeitpunkt einer Instandsetzung vorausbestimmt werden.

Beachtung folgender Hinweise zur Stopfbüchse:

- Bei neuverpackten Stopfbüchsen ist die Stopfbüchsenbrille nur mit der Hand anzuziehen. Erst nach einigen Betriebsstunden ist sie so nachzuziehen, dass sich tropfenweise Leckage einstellt.
- Der Sperrwasserdruck soll geringfügig über dem Pumpendruck liegen. Zu hoher Druck bewirkt Packungszerstörung in relativ kurzer Zeit.
- Achtung! Reihenfolge und Anzahl der Packungsringe sind beim Austausch zu beachten.
- Die Welle bzw. die Wellenschutzhülse muss auf Verschleiß untersucht werden. Eingelaufene Wellen bringen auch mit neuem Packungsmaterial keine gute Abdichtung.

- Durch die schrägen Schnittflächen der Packungsschnüre kann sich der Packungsring beim Einlegen besser anpassen. Außerdem lässt sich dadurch eine größere Abdichtungsfläche als bei einem rechtwinkeligen Schnitt erzielen. Diese Schnittstellen werden beim Einlegen von Ring zu Ring um 90 bis 180 Grad versetzt.
- Die Stopfbüchsbrille nur leicht anziehen, auch wenn die Leckage größer als normal ist, und Pumpe längere Zeit betreiben. Erst dann die Packung nachziehen und kontrollieren, ob Sperrflüssigkeit bzw. Sperrfett vorhanden ist.

Statt dieser Packungsart wird häufig die Gleitringdichtung verwendet. Abgesehen von ständiger Dichtheitskontrolle sind keine Wartungsarbeiten erforderlich. Werden Pumpen nach längerer Standzeit in Betrieb gesetzt, muss die Gleitringdichtungspartie mit Betriebswasser von Verunreinigungen freigespült werden. Trockenlauf führt zur Zerstörung der Gleit- bzw. Abdichtungsflächen und muss deshalb vermieden werden.

8.3 Drucklufterzeuger

Der technische Aufbau ist dem von Pumpen ähnlich. Allerdings wird statt Wasser Luft gefördert. Das einfachste Gerät ist die Luftpumpe beim Fahrrad, sie funktioniert nach dem Prinzip der Kolbenpumpe.

Die auf Kläranlagen eingesetzten Geräte werden in Kompressoren (für hohe Drücke und kleinen Luftdurchsatz) und Gebläse (für niedrige Drücke und großen Luftdurchsatz) unterschieden. Kompressoren liefern Luft z. B. für Mammutpumpen, auch Druckluftheber genannt, die öfters zur Förderung von Sand aus dem Sandfang eingesetzt werden. Gebläse werden vorwiegend zur Belüftung von Belebungsbecken und Sandfängen angeordnet.

Bild 8.9: Wirkungsweise eines Drehkolbengebläses

Häufig anzutreffende Bauformen sind Kolben- und Schraubenverdichter, Rotationsverdichter, Turbogebläse und Ventilatoren. Das vielfach eingesetzte Drehkolbengebläse ist ein zweiwelliger Verdichter, der nach dem Verdrängerprinzip funktioniert (Bild 8.9). Im Unterschied zum Kolbenverdichter drehen sich hier dreiflügelige Kolben. Sie drehen sich gegenläufig mit gleicher Drehzahl und sind so geformt, dass sie ständig aneinander vorbeigleiten, ohne sich zu berühren. Daher ist keine Schmierung des Verdichterraumes nötig.

Die Kolben werden durch ein Zahnradpaar gleichlaufend (synchron) angetrieben in einem getrennten Räderkasten.

Schnelllaufende Maschinen bedürfen gewissenhafter Wartung, wenn sie die von den Herstellern vorgesehene Lebensdauer von etwa 40 000 Betriebsstunden erreichen sollen. Die Betriebsstunden sind deshalb aufzuschreiben und zu kontrollieren. Wenn Gebläse zur Belüftung von Belebungsanlagen eingesetzt sind, muss die angesaugte Luft staubfrei sein, damit die Poren der Belüftungskerzen nicht verstopfen. Das bei der Schmierung verbrauchte Öl kann ebenfalls stören, ölfreie Luftförderung ist vorteilhaft.

Bild 8.10: Schalldämmung an Gebläsen

Die Drucklufterzeuger für Belebungsanlagen sollen entsprechend reellen Bedingungen bemessen und betrieben werden. Das bedeutet, dass der O_2-Eintrag möglichst dem O_2-Bedarf, der sich im Laufe von 24 Stunden stark verändert (Spitzenbedarf oft bis zum 10fachen des niedrigsten Nachtbedarfes), angepasst wird.

Drucklufterzeuger sind meist sehr laut. Die Geräte sind mit Schalldämmung auszustatten (Bild 8.10) und in schallisolierten Räumen unterzubringen.

Die durch die Luftverdichtung entstehende Wärmeentwicklung wird möglichst durch Kühleinrichtungen in Grenzen gehalten. Sie sind sorgfältig zu kontrollieren.

Bild 8.11: Strahlbelüfter im Abwasserteich (Fa. Fuchs)

8.4 Oberflächenbelüfter, Strahlbelüfter

Die Oberflächenbelüfter (Stabwalze, Käfigwalze, Mammutrotor und senkrecht stehende Kreisel) bei Belebungsanlagen wirbeln die Wasseroberfläche kräftig auf, verspritzen einen Teil des Wassers auf die Oberfläche und tragen so den notwendigen Luftsauerstoff in das Abwasser ein. Gleichzeitig verursachen sie eine turbulente Wasserströmung, wodurch Luftsauerstoff, Schmutzstoffe und Bakterien im gesamten Belüftungsraum vermengt werden. Je größer die Eintauchtiefe, umso größer ist der O_2-Eintrag, aber auch die Stromaufnahme.

Die als Belüftungsvorrichtung verwendeten Tauch- oder Strahlbelüfter sind keine Oberflächenbelüfter. Sie sind eine Art sehr robuster Wasserstrahlpumpen, die ganz oder teilweise im Wasser eingetaucht sind und mit dem Wasserstrahl ständig von außen angesaugte Luft ins Wasser eintragen.

8.5 Räumvorrichtungen

Zu den Räumvorrichtungen gehören alle maschinellen Anlagen die in Absetzbecken oder Sandfängen die abgesetzten bzw. aufschwimmenden Stoffe zusammenschieben.

Bild 8.12: Schwimmschlammräumschild hochgezogen

Bei rechteckigen Flachbecken sind das meistens Längsräumer. An einer auf den beiden Beckenrändern fahrbaren Brücke sind Bodenschlammschild und Schwimmschlammschild angebracht.

Bei kreisförmigen Flachbecken werden Rundräumer eingesetzt. Die Räumerbrücke ist hier in der Beckenmitte drehbar gelagert und läuft auf Rädern auf dem äußeren Beckenrand. Das Bodenschlammschild ist fast immer gekrümmt, um den Schlamm zum Trichter in die Beckenmitte zu befördern. Bei Vorklär- und Nachklärbecken darf auf das Schwimmschlammschild nicht verzichtet werden. Rundräumer müssen ohne Unterbrechung ständig räumen können um große Schlammmengen am Boden zu vermeiden. Um eine kontinuierliche Räumung auch in Rechteckbecken zu ermöglichen, gibt es Bandräumer, auch Kettenräumer genannt. Auf zwei Ketten sind je nach Beckenlänge mehrere Schaberleisten montiert, die den Schlamm an der Sohle zum Schlammtrichter schieben und im oberen Bereich des Beckens im ständigen Umlauf der Ketten wieder zurückgeführt werden.

Bild 8.13: Reparatur der Schaberleisten bei leerem Becken

Alle Räumer haben eine langsame Geschwindigkeit mit etwa 2 cm/s, um Schlammaufwirbelungen zu vermeiden. Laufräder und Schaberleisten (meist aus Gummi) an den Räumschilden sind regelmäßig nachzusehen und bei Schäden auszuwechseln (Bild 8.13), da bei schlechter Räumung der Restschlamm zu faulen beginnt und als Schlammfladen auftreiben. Können die Räumschilde für Wartungszwecke nicht aus dem Becken herausgehoben werden, setzt man Taucher ein zur schnellen Fertigstellung.

Es gibt noch einige Sonderformen wie Pendelschildräumer. Bei Saugräumern wird der Schlamm durch Pumpen, deren Saugleitung mit der Brücke läuft und in Bodennähe endet, direkt entfernt. Sie werden häufig in der Nachklärung eingesetzt, da so der Rücklaufschlamm rasch in die Belebung zurückgelangt.

Die Räumvorrichtungen für Langsandfänge oder belüftete Sandfänge wirken im Prinzip wie die Längsräumer im Becken.

Der Ausfall des Räumerantriebs kann eine sehr empfindliche Störung des Betriebes bedeuten. Eine ständige und gewissenhafte Wartung (Schmierung, Ölwechsel usw.) ist daher unerlässlich. Die Räumerlaufflächen sind sauber zu halten, bei Eisbildung leicht zu besanden oder durch ein Gebläse schneefrei zu halten. In klimatischen Problemgebieten haben sich beheizbare Laufflächen gut bewährt. Die Stromaufnahme ist wie bei allen Maschinen regelmäßig am Amperemeter nachzuprüfen um Veränderungen der Motorenleistung rechtzeitig zu erkennen. Die Endschalter für Räumer sind mit zuschaltbaren Heizungen wegen der Frostgefahr ausrüsten.

8.6 Heizungsanlagen

Heizungsanlagen werden unterschieden in Nieder- und Hochtemperaturheizungen. Zur Faulraumbeheizung werden vorwiegend Warmwasser- oder Niederdruckdampfheizungen angewendet.

Heizungen bestehen aus einer Feuerstätte (Heizkessel) oder der Abwärmeverwertung von Gasmotoren und einem Wärmeverteilungssystem. Dazu gehören Rohrleitungen, Heizkörper und Regelvorrichtungen.

Wird der Schlamm außerhalb des Faulraums beheizt, werden Wärmetauscher benutzt. Sie sind ein Rohrsystem, in dem ein inneres Rohr in einem äußeren geführt wird. Im Gegenstromprinzip fließt in dem einen der Schlamm und im anderen z. B. Warmwasser entgegen der Fließrichtung des Schlammes und erwärmt ihn so.

Auf Kläranlagen wird für die Feuerung Faulgas verwendet, wobei die Heizkessel oft auf Heizöl oder Erdgas umstellbar sind. Feuerungsanlagen sind durch einen Fachkundigen überprüfen zu lassen. Außerhalb des Heizraumes ist ein Notausschalter für die elektrischen Einrichtungen notwendig, damit bei Gefahr von außen abgeschaltet werden kann. Heizkessel werden so durch Thermostate gesteuert, dass die Feuerung abschaltet, wenn die vorgesehene Faulraumtemperatur erreicht ist.

Faulgas verbrennt mit blauer Flamme und gelben Spitzen. Wenn die Flammenfarbe hellgelb wird, deutet das auf einen wachsenden Anteil von Wasserstoffgas (H_2) und womöglich auf einen Umschlag der Faulung in saure Gärung hin.

Bei Warmwasserheizungen darf die in der Betriebsanweisung vorgeschriebene *Vorlauftemperatur* (meistens 50°C) nicht überschritten werden, weil sonst die Heizelemente durch den Kalkgehalt im Schlammwasser verkrusten. Wenn die Vorlauftemperatur nicht mehr ausreicht um die Temperatur im Faulraum zu halten, ist meistens der Wärmedurchgang durch Kalkanlagerungen oder angebackenen Schlamm behindert; die Heizelemente müssen umgehend gereinigt werden. Eine Erhöhung der Vorlauftemperatur würde das Übel nur verschlimmern.

Alle Regel- und Absperrventile müssen in regelmäßigen Zeitabständen betätigt werden um sie gängig zu halten. Es ist zu empfehlen, Absperrventile und -schieber nach vollem Öffnen eine Vierteldrehung in Richtung „Schließen" zu drehen. So können sie einfacher wieder gangbar gemacht werden.

Als *Kesselspeisewasser* darf nur Wasser verwendet werden, das möglichst wenig freien Sauerstoff und ganz wenig Salze enthält. Es muss deshalb fast immer vorher aufbereitet werden. Der im Wasser gelöste Sauerstoff greift Metall an, er kann durch Zugabe von Chemikalien, z. B. Hydrazin, gebunden werden. Die im Wasser vorhandenen Salze, z. B. Calciumkarbonate ($CaCO_3$), fallen bei Erwärmung aus und setzen sich als Kesselstein ab. Salzarmes Wasser wird als weiches, salzreiches als hartes bezeichnet. Um Karbonat- und Kalkverkrustungen zu vermeiden, wird Kesselspeisewasser enthärtet. Dies geschieht durch Zusatz von Phosphat oder Entkarbonatisierung mit Kalkhydrat oder durch Ionenaustauscher. Die Lebensdauer der Heizanlagen hängt entscheidend von der sorgfältigen Aufbereitung des Kesselspeisewassers ab. In besonderem Maß gilt das, wenn der Schlamm durch Dampfeinpressung beheizt wird, da hier das Speisewasser ständig verbraucht wird und ergänzt werden muss.

Auch Heizanlagen müssen peinlich sauber gehalten werden. Armaturen sind zu pflegen und beschädigte Isolierungen zu erneuern. Die Tür zum Heizraum ist geschlossen zu halten. Die Zu- und Abluftöffnungen müssen immer, auch im Winter, offen sein und dürfen nicht verstellt werden. Die Betriebsvorschrift der Heizanlage und der zugehörige Plan sollen an gut sichtbarer Stelle dauerhaft aufgehängt sein.

8.7 Armaturen und Rohrleitungen

Die Rohrleitungsführungen für Schlamm, Gas, Luft, Heizung und Wasser sind sehr vielfältig und können am besten anhand eines schematischen Rohrleitungsplanes verstanden werden.

Bei der großen Anzahl von Leitungen und Schiebern sind Verwechslungen nicht auszuschließen. Um die Betriebsanweisung klar fassen zu können und das Auffinden zu erleichtern, sind gut sichtbare Kunststoffschilder mit einer Nummer oder/und Bezeichnung zweckmäßig.

 = Pumpen bzw. Motoren

⋈ = Schieber oder Ventile

▱ = Rückschlagklappen

Bild 8.14: Sinnbilder für Rohrleitungsplan

Die Rohrleitungen werden häufig beschriftet und mit Fließrichtungspfeilen versehen. Auch mit Hilfe bestimmter Farben nach DIN 4203 [21] ist eine Kennzeichnung möglich. Folgende Farben mit den Nummern des Farbregisters RAL sind üblich:

Rohschlamm	gelbbraun	1001	Heizungsvorlauf	signalrot	3000
Übertragungsschlamm bei zweistufiger Faulung	hellbraun	1011	Heizungsrücklauf	enzianblau	5010
			Abwasser	grünbraun	6003
Impf- und Umwälzschlamm	lila	4001	Belebtschlamm	olivgrün	7008
Faulschlamm	dunkelbraun	8007	Trinkwasser	grasgrün	6010
Querverbindungen	hellgrün	6019	Betriebswasser	patinagrün	6000
Faulgas	zitronengelb	1012	Regenfallrohre	schwarz	9005

Diese Aufstellung ist nicht vollständig. Wenn die gleiche Rohrleitung zweifach benutzt wird, z. B. für Rohschlamm und Impfschlamm, hat es sich bewährt, beide Farben anzubringen, z. B. 50 cm gelbbraun, 50 cm lila, usw. Es hat sich nicht als zweckmäßig erwiesen, Pumpen und Armaturen farbig zu kennzeichnen.

Schieber, Ventile, Rückschlagklappen und ähnliches werden als Armaturen bezeichnet. Wenn dort Pfeile angebracht sind, bedeutet das die Angabe der Fließrichtung.

Die häufigste Armatur auf Kläranlagen sind Schieber. Wenn sie nicht täglich bedient werden, sollten sie in regelmäßigen Abständen, z. B. alle zwei Wochen, probeweise bedient werden, um sie gängig zu halten, damit sie im Bedarfsfall einsatzfähig sind. Am Faulbehälter sind oft zwei Schieber hintereinander in den Schlammleitungen. Davon ist der innere (näher am Faulraum) ein Sicherheitsschieber und der äußere der Bedienschieber. Der Sicherheitsschieber ist für den Fall vorgesehen, dass der Bedienschieber undicht wird und ausgebaut werden muss.

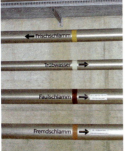

Wenn Rohrleitungen und Armaturen, in denen Gas befördert wird, auf Dichtheit zu prüfen sind, darf keinesfalls offenes Feuer verwendet werden. Zweckmäßig geschieht das mit Seifenwasser oder Gasprüfgerät (siehe Betriebsanweisung).

Bild 8.15: Beschriftung der Rohrleitungen

ERU-Plattenschieber-K1
1. Handrad
2. Abstreifring
3. Anlaufscheibe
4. Lagerplatten
5. Spindel
6. Stehbolzen
7. Spindelmutter
8. Abdeckplatte
9. Buchse
10. Profildichtung
11. Abstreifer
12. Druckstück
13. Schieberplatte
14. U-Bügeldichtung
15. Gehäuse

Bild 8.16: Plattenschieber (Fa. Erhard, K1)

8.8 Elektrische Einrichtungen

Eine Voraussetzung beim Umgang mit elektrischen Einrichtungen ist, dass das Betriebspersonal auf der Anlage weiß, wo der Bereich beginnt, in dem nur elektrotechnisch ausgebildetes Fachpersonal eingreifen darf. Andere Personen dürfen in einem geöffneten Schaltschrank nichts tun.

Bild 8.17: Die SPS-Technik mit Niederspannung

Die Berufsausbildung zur Fachkraft für Abwassertechnik umfasst als Lehrstoff auch Elektrotechnik. Dabei werden Tätigkeiten im Umgang mit elektrischen Gefahren vermittelt, die eine Fachkraft für Abwassertechnik als unterwiesene Person für festgelegte Tätigkeiten qualifizieren, sodass sie bestimmte elektrotechnische Arbeiten ausführen darf.

Die Rufnummer der Störungsstelle des Elektrizitätswerkes muss in der Liste der Notrufnummern eingetragen sein, z. B. für den Fall eines Trafo-Brandes oder bei Stromausfall. Wenn an elektrisch angetriebenen Maschinen Arbeiten auszuführen sind, müssen die jeweiligen Abgangs- und Steuersicherungen gezogen werden; ein Potentialausgleich ist notwendig.

Auf dem Typenschild eines E-Motors ist die Leistung [kW] und die mögliche Nennstromaufnahme [Ampere, A] angegeben. Die tatsächliche Stromaufnahme ist am Amperemeter ablesbar; die häufige Beobachtung erlaubt es, eine veränderte Motorbelastung sofort zu erkennen. Wenn ein E-Motor auch nur kurzzeitig überflutet wurde, ist er vor Wiederinbetriebnahme durch Fachpersonal überprüfen zu lassen. Durch die Speicher-Programmierbare-Steuerung (SPS), verbunden mit modernster Bustechnologie, erhöht sich die Empfindlichkeit gegen Überspannungen aus dem Stromnetz. Um dieser Gefahr zu begegnen und die Systeme besser abzusichern, ist es notwendig, Einrichtungen zum Schutz gegen Überspannung einzubauen, das gilt auch für die Rechner der Prozessleittechnik und den PC; eine unterbrechungsfreie Stromversorgung der Rechner ist notwendig.

9 Messtechnik

Mit Hilfe der Untersuchungen zur Selbstüberwachung wird das Betriebsgeschehen kontrolliert. Selbstüberwachung wird auch Eigenüberwachung oder Eigenkontrolle genannt. Wichtig ist, dass die Messungen möglichst häufig durchgeführt werden. Dadurch bekommt das Betriebspersonal ein Gespür für die richtige und optimierte Betriebsweise der Kläranlage.

Um die verschiedenen Messergebnisse bewerten und vergleichen zu können sind einheitlich durchzuführende Arbeitsweisen Voraussetzung. In den Deutschen Einheitsverfahren (DEV) [4] sind alle wichtigen Verfahren für Abwasser- und Schlammuntersuchungen standardisiert. Dazu gibt es einschlägige DIN, DIN EN und DIN EN ISO Normen die beim Beuth Verlag GmbH, Berlin, erschienen sind. Alle Fachinstitute arbeiten nach diesen Bestimmungsvorschriften. Dies gilt vor allem für behördliche Untersuchungen.

Auch die Messungen der Selbstüberwachung durch das Betriebspersonal sind im Grundsatz in diese Überwachungspraxis mit einbezogen. Allerdings ist die Anwendung der Labormethoden sehr zeitaufwändig und teilweise auch kompliziert. Diese Messungen eignen sich daher weniger für die Selbstüberwachung im praktischen Kläranlagenbetrieb und sollten den chemisch geschulten Fachleuten vorbehalten bleiben. Stattdessen wurden einige Messverfahren entwickelt, die sich speziell für die Selbstüberwachung auf der Kläranlage eignen. Diese sogenannten *Betriebsmethoden* haben den Vorteil der einfachen Handhabung. Bei sorgfältiger Durchführung sind aber ausreichend genaue Ergebnisse zu erwarten.

Um die verschiedenen Methoden der Messtechnik leichter unterscheiden und zuordnen zu können, wird folgende Begriffsfestlegung (Definition) verwendet:

- Labormethode (Schiedsmethode, z. B. CSB-DIN-Methode mit Kaliumdichromat),
- Betriebsmethode (Messungen zur Eigenüberwachung auf der Kläranlage, z. B. fotometrische Bestimmung des CSB),

- Feldmethode (Grobbestimmung mit einfachster Handhabung, auch als „in situ"-Methode bezeichnet, z. B. NH_4-N-Bestimmung mit Stäbchen und Farbvergleich).

Bild 9.1: Betriebsanalytik

Die Messverfahren, die sich besonders für die Selbstüberwachung eignen, sind im „Handbuch zur Betriebsanalytik auf Kläranlagen" [15] (Bild 9.1) umfassend beschrieben. Eine intensive Schulung des Betriebspersonals ist eine Voraussetzung für die richtige Durchführung. Viele Landesverbände der DWA bieten dazu geeignete Kurse an.

Eine wichtige Grundlage ist das Arbeitsblatt DWA-A 704 „Betriebsmethoden für die Abwasseranalytik" [1]. Hier werden einheitliche Anforderungen aufgestellt, unter deren Berücksichtigung auf Dauer eine hohe Messgenauigkeit sichergestellt ist. Die Absicherung der Messungen durch Kontrollen ist dabei ein Schwerpunkt. Die Durchführung regelmäßiger *interner Qualitätskontrollen (IQK)* ist ein entscheidendes Element für die Plausibilität der Messergebnisse. Dazu gehören Mehrfachbestimmungen, Analysen mit Standardlösungen, Vergleichsmessungen z. B. im Rahmen der Kanal- und Kläranlagen-Nachbarschaften, Plausibilitätskontrollen, Wartung und Überprüfung der Messgeräte. Externe Qualitätskontrollen durch Labormethoden sind zwar nicht ganz entbehrlich, sie können aber meistens auf seltene Fälle im Jahr beschränkt werden.

Regelmäßige Schulungsmaßnahmen des Betriebspersonals sind sehr wichtig, damit das analytische Wissen aktuell erhalten bleibt und fachspezifisch aufgefrischt und vertieft wird.

Das Arbeitsblatt DWA-A 704 bietet zur Durchführung der IQK eine Arbeitshilfe, die aus elf IQK-Karten besteht. Zusammengefasst ergeben sie das Qualitätsgerüst für die Betriebsanalytik; ausgefüllte Beispiele erleichtern die Handhabung.

Der Mindestumfang der Selbstüberwachung einschließlich der Ausrüstung ist in Länderverordnungen geregelt.

Begriffe der Messtechnik

In der Messtechnik sind folgende Begriffe eingeführt:

Die *Messgröße* ist die zu messende physikalische oder chemische Größe (Temperatur, Sichttiefe, Durchfluss usw.).

Die *Messeinheit* der Messgröße ist teilweise durch Naturgesetze gegeben, meist aber durch Vereinbarungen festgelegt (°C, cm, l/s, kg/m^3 usw.).

Der *Messwert* wird aus der Anzeige eines Messgerätes oder der Analyse ermittelt. Er ist das Produkt aus Zahlenwert und Messeinheit (8 °C, 30 cm, 25 l/s usw.). Die *Messwertanzeige* gibt einen Momentanwert auf der Skala eines Messgerätes, einem Schreibstreifen oder einem Zählwerk an.

Der *Messfehler* ist die Summe aller Fehler, die ein Messergebnis verfälschen können. Sei es durch zufällige Fehler (falsche Ablesung, fehlerhafte Probenahme u. Ä.) oder systematische Fehler (falsche Messanordnung, ungenaues Messgerät).

In Anlehnung an DIN 1319 [21] „Grundbegriffe der Messtechnik" werden drei Begriffe erläutert, die in der Praxis häufig unsachgemäß verwendet werden:

Justieren bedeutet das gezielte Einstellen oder Abgleichen eines Messgerätes durch Vergleich mit einem oder mehreren Sollwerten. Ziel dieses Eingriffs am Messgerät ist, die Messabweichungen möglichst klein oder zumindest kleiner als die Fehlergrenzen zu halten.

Kalibrieren bedeutet das Feststellen der Abweichungen eines Messgerätes durch Vergleich mit einem oder mehreren Sollwerten. Es erfolgt kein Eingriff am Messgerät.

Eichen eines Messgerätes umfasst Prüfungen und Stempelung durch die zuständige Eichbehörde nach den Eichvorschriften. Eichen ist ein amtlicher Vorgang. Die Prüfung stellt fest, ob das Messgerät hinsichtlich Beschaffenheit und messtechnischen Eigenschaften den Eichvorschriften entspricht. Die Stempelung beurkundet das positive Prüfungsergebnis.

Durch Kalibrieren und Eichen kann die Kenngröße (Kennlinie) des Messgerätes, der Messeinrichtung, als funktionale Beziehung zwischen Bezugsgröße und Ausgangsgröße ermittelt werden. Durch Justieren lässt sich eine vorgegebene Soll-Kenngröße einstellen.

Die Mehrzahl der in der Abwassertechnik verwendeten Messgeräte, -einrichtungen und -verfahren sind nicht eichfähig, da ihre Funktionsfähigkeit und Messabweichungen zu sehr von den Einsatzbedingungen abhängen.

9.1 Probenahme

Die Untersuchung von Abwasserproben kann nur ein repräsentatives Ergebnis liefern, wenn nicht schon bei der Entnahme der Proben Fehler gemacht werden (DIN 38402-11 „Probenahme von Abwasser" [4, 21]). Der Einfluss solcher Fehler ist größer als die Fehlergrenzen der Laboruntersuchung. Die Entnahmestellen sind dort zu wählen, wo eine gute Durchmischung des Abwassers vorhanden ist und nicht gerade Ablagerungen mitgeschöpft werden (Bild 9.2). Wenn z. B. im Zulauf nur von oben geschöpft wird, gibt es ein falsches Ergebnis. Je nach Art und Ziel der Untersuchung sind Proben auf Kläranlagen an mehreren Stellen zu entnehmen – man sagt auch „zu ziehen". Damit die Ergebnisse vergleichbar sind, müssen sie immer an den gleichen Stellen und in der gleichen Systematik entnommen werden.

9 Messtechnik

Um die Kläranlagenbelastung zu bestimmen, ist die Probe aus dem Gesamtzulauf vor der Vorklärung (nach Rechen, ggf. nach Sandfang) zu entnehmen. Zur Bestimmung der Belastung des biologischen Teiles wird die Probe aus dem Gesamtablauf der Vorklärung, für die Restverschmutzung einer Kläranlage wird sie aus dem Gesamtablauf vor der Einleitung in das Gewässer entnommen.

Bei Trockenwetter ist diese Festlegung eindeutig, da hier kaum Entlastungen innerhalb der Kläranlage vor dem Ablauf stattfinden. Bei Regenwetter entlasten manche überlasteten Anlagen einen Teil des Mischwasserzuflusses vor dem Endablauf zum Gewässer. Solche Entlastungen sind bei der Probenahme bis zum zweifachen des Trockenwetterabflusses mit zu erfassen.

Bild 9.2: Probenahmestelle

Bild 9.3: Die qualifizierte Stichprobe

Es werden verschiedene Arten von Proben unterschieden:

Eine Einzelprobe nennt man Stichprobe; sie liefert nur eine Momentaufnahme der augenblicklichen Beschaffenheit. Das ist aber ein Zufallsergebnis. Es ist deshalb meist ein mehrfaches Schöpfen von Einzelproben vorgeschrieben, wodurch man eine *„qualifizierte Stichprobe"* erhält. Nach der AbwV sind für eine qualifizierte Stichprobe mindestens fünf Stichproben im Abstand von nicht weniger als zwei Minuten zu schöpfen und zu vermischen. Man benötigt dazu ein Gefäß (z. B. 10 l-Eimer), in welchem die Stichproben gesammelt werden (Bild 9.3). Jede Stichprobe sollte die gleiche Menge, etwa 0,5 l Abwasser aufweisen. An der Entnahmestelle muss das Abwasser gut durchmischt sein, um eine möglichst repräsentative Probe zu schöpfen. Nach intensivem Umrühren des Eimerinhaltes wird die für die Untersuchung notwendige Probemenge abgefüllt. Normalerweise genügen 2 l.

Eine Stichprobe ist für Messungen im Ablauf von Kläranlagen mit großen Nutzräumen (besonders Abwasserteiche mit einer Durchflusszeit von mehr als 24 Stunden) ausreichend. Bei diesen Anlagen sind die Konzentrationen am Ablauf so stark ausgeglichen, dass Mischproben nicht erforderlich sind.

Erst wenn viele Stichproben über eine bestimmte Zeit mittels automatischem Probenehmer entnommen werden, spricht man von einer Mischprobe, z. B. 2 h-, oder 24 h-Mischprobe (= Tagesmischprobe).

Eine sichere Aussage ist nur mit *durchflussabhängigen* (durchflussproportionalen) Mischproben mit automatischen Probenahmegeräten möglich. Sie kann auf zwei Arten erhalten werden:

a) in immer gleichen Zeitabständen werden je nach Größe des Zuflusses kleinere oder größere Probemengen genommen;

b) je nach Größe des Zuflusses wird häufiger oder weniger oft immer die gleiche Probemenge entnommen (mengenproportional).

Die Proben sind bis zur Untersuchung möglichst kühl und dunkel aufzubewahren.

Die automatische Entnahme wird über die Durchflussmesseinrichtung angesteuert; die Geräte sollen folgende Eigenschaften haben:

1. Einfache Reinigung, einschließlich der Zu- und Ableitung sowie der Probesammelgefäße. Bei Dauerbetrieb sind die mit dem Abwasser verschmutzten Teile wöchentlich zu reinigen.

2. Entnahme von Einzelproben in einem Zeitabstand von weniger als 15 Minuten, damit Abwasserstöße erfasst werden

3. Fließgeschwindigkeit des Abwassers über 1 m/s und Mindestdurchmesser 1/2 Zoll (≈ DN 13 mm) in den ständig durchflossenen Leitungen.

4. Probenehmer sind so auszustatten, dass sie entweder im Freien in einem wetterfesten Schrank (mit Kühlung und Heizung auf ca. 5 °C) oder in einem Gebäude (mit Kühlung der Probeflaschen) untergebracht werden können.

5. Zeitvorwahl für Beginn und Ende der Probenahme.

Bei Kläranlagen, bei denen nicht nur eine 24 h-Probe zu untersuchen ist, sondern auch der Tagesgang der Abwasserbelastung durch z. B. 12 Mischproben am Tag untersucht werden soll, ist die Beschaffung eines Gerätes mit Probenverteiler erforderlich.

Bereits ab einer Kläranlagen-Ausbaugröße von 1 000 EW ist ein transportables Probenahmegerät notwendig um

Bild 9.4: Automatischer Probenehmer (Fa. MAXX)

an den verschiedensten Messstellen im Klärwerk oder auch im Kanal Proben entnehmen zu können. Dafür muss es netzunabhängig betrieben werden können und explosionsgeschützt ausgeführt sein. Fest eingebaute Probenehmer kommen meist für Anlagen ab einer Ausbaugröße von 5000 EW in Frage; dann muss aber ein zweites transportables Gerät für die weiteren Messstellen zur Verfügung stehen.

Zur Überwachung von Abwassereinleitungen aus Betrieben ins Kanalnetz (Indirekteinleiter) ist es zweckmäßig Messschächte in der Entwässerungssatzung vorzuschreiben; sie erleichtern Probenahme und Durchflussmessung.

Rückstellproben aus dem Ablauf der Kläranlagen

Die Einleiter sind häufig verpflichtet, Rückstellproben vom Ablauf der Abwasserbehandlungsanlage zu entnehmen. Dies hat für den Betreiber den Vorteil, die tatsächlich eingeleitete Schadstofffracht besser belegen und sich vor ungerechtfertigten Anschuldigungen schützen zu können. Aus diesen Gründen wird empfohlen, dass ab 5000 EW täglich eine Rückstellprobe (Bild 9.5) entnommen und diese 7 Tage in einem eigenen Kühlschrank aufbewahrt wird.

Geräteausstattung

- 1 stationäres, durchflussproportionales Probenahmegerät am Ablauf der Nachklärung, eingerichtet für zwölf 2-h-Mischproben, mit Kühleinrichtung.
- 1 Mischbehälter, Kunststoff (30 l),
- 10 Glasflaschen (1 l, klare Laborflaschen mit ISO-Gewinde); empfohlen werden 14 Glasflaschen, um eine tägl. Neubeschriftung zu vermeiden,
- Kühlschrank.

Durchführung

Ein automatischer Probenehmer entnimmt über 24 Stunden zwölf durchflussproportionale 2 h-Mischproben. Sie werden in einem Behälter zu einer 24 h-Probe gemischt.

Aus diesem Behälter wird 1 l in eine Glasflasche gefüllt und verschlossen. Die Probe ist zu kennzeichnen (Entnahmedatum). Anschließend wird die Glasflasche in den Kühlschrank gestellt und dort mindestens 7 Tage bei einer Lagertemperatur von höchstens + 5 °C aufbewahrt.

Bild 9.5: Entnahme der Rückstellprobe

Gab es keine ungewöhnlichen Vorkommnisse im Gewässer, kann der Inhalt der Flasche weggeschüttet werden. Achtung: für die Reinigung keine phosphathaltigen Spülmittel verwenden, Verkrustungen können mit 10%iger Salzsäure entfernt werden! Wird von den zwölf 2 h-Mischproben eine Probe für Abwasseruntersuchungen gebraucht, fehlt sie für die 24 h-Mischprobe. Das Fehlen dieser Probe kann bei der 24 h-Mischung vernachlässigt werden, da sie eigens untersucht wird und dieses Messergebnis dann auch vorliegt.

9.2 Probenvorbehandlung, Homogenisierung

Bevor eine Probe analysiert wird, ist eine Vorbehandlung erforderlich. Dieser Schritt trägt ganz entscheidend zur Richtigkeit des Analysenergebnisses bei. So wird zwischen nicht abgesetzten, abgesetzten, filtrierten algenfreien und homogenisierten Proben unterschieden.

Eine klare Regelung bei der Probenvorbereitung gibt es nicht. Am eindeutigsten sind die Festlegungen, wenn Abwasserproben konserviert werden müssen, denn bei den gelösten Parametern Orthophosphat, Ammonium, Nitrit und Nitrat ist die Filtration vor Ort mittels 0,45 μm vorgeschrieben (DIN EN ISO 5667-3 „Wasserbeschaffenheit – Probenahme – Teil 3: Konservierung und Handhabung von Wasserproben" [21]).

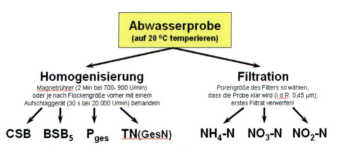

Bild 9.6: Probenvorbehandlung

Im Übrigen wird in den einschlägigen Merkblättern darauf hingewiesen, dass Probenahme und Analysen unter Beachtung der Regelungen für die analytische Qualitätssicherung (AQS) durchzuführen sind.

Die Wahl der Vorbehandlungstechnik richtet sich nach dem Ausgangsvolumen der Probe, der Art und Menge der Partikel und den zu bestimmenden Parametern.

Homogenisierung durch Schütteln

Ein Probevolumen von weniger als fünf Liter kann von Hand aufgeschüttelt werden, wenn eine ausreichende Durchmischung sichergestellt ist. Wenn BSB_5, CSB, NH_4-N, NO_3-N, P_{ges} u. a. aus nicht abgesetzten Proben bestimmt werden sollen, geschieht dies, indem die Probe aufgeschüttelt und dann drei Minuten abgesetzt wird.

Homogenisierung mittels Rührer

Nach DIN 38402-30 [21] wird dazu ein Magnetrührer verwendet. Wichtig ist, dass die Rührgeschwindigkeit so gewählt wird, dass die Probe gut durchmischt wird. Bei richtiger Anwendung ist diese Art der Homogenisierung eine sehr schonende und doch wirkungsvolle Durchmischung.

Homogenisierung mittels Aufschlaggerät (Dispergiergerät)

Bei nennenswerten gröberen Stoffen (vor allem im Zulauf nach dem Rechen) wird die Probe mit einem Aufschlaggerät behandelt um alle Inhaltsstoffe mit zu erfassen, die für eine Frachtermittlung zur Berechnung des Abbaugrades der Kläranlage notwendig sind. Die Dauer dieser Homogenisierung ist vom Probenvolumen abhängig (z. B. 500 ml bei einer Frequenz von 20.000 min^{-1} 60 Sekunden). Ein Aufschlaggerät ist z. B. das IKA-ULTRA-TURRAX mit vollelektronischer Drehzahlregelung. Zu beachten ist die dabei auftretende Erwärmung der Proben; auch können durch starkes Aufschäumen von ungelösten Bestandteilen die Ergebnisse verfälscht werden. Daher ist die Behandlung mit schnelldrehenden Geräten möglichst kurz zu halten.

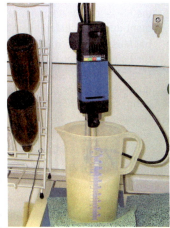

Bild 9.7: Probenaufschluss durch Aufschlaggerät

Diese Probe ist sofort zu analysieren. Ist eine Teilung des Probengutes für eine Paralleluntersuchung vorgesehen, hat die Teilung ebenfalls unmittelbar danach zu erfolgen.

9.3 Messung physikalischer Werte

9.3.1 Durchflussmessung (Wasser-, Schlamm-, Gasanfall)

Werden Mengen (z. B. m³) die einen bestimmten Querschnitt durchfließen, auf eine Zeiteinheit (z. B. h, s) bezogen, werden sie als Abfluss, Zufluss oder Durchfluss (z. B. m³/h, l/s) bezeichnet.

Eine zutreffende Beurteilung der gesamten zugeführten Schmutz- und Abwasserlast oder des Abbaugrades ist nur möglich, wenn neben den Abwasserinhaltsstoffen auch der Durchfluss laufend gemessen wird. Selbst für kleine Anlagen ist deshalb eine Durchflussmesseinrichtung notwendig.

Die „Durchflussmessung von Abwasser in offenen Gerinnen und Freispiegelleitungen" ist in der DIN 19 559 [21] genormt. Es muss darauf geachtet werden, dass

- die Sohle der Messstrecke möglichst waagerecht ist,
- die Messstrecke auch bei großem Zufluss (z. B. max. $2 \cdot Q_{TW}$) nicht durch Rückstau beeinflusst wird,
- bei Messanlagen mit Einschnürung des Querschnittes (Venturi) ein Rückstau oberhalb entsteht.
- Durchflussmesseinrichtungen sind mit Impulsgebern für durchflussproportionale Probenahmegeräte mit einem Ausgang von 4 bis 20 mA auszustatten.
- Die Wahl des maximalen Messbereiches ist für die Genauigkeit besonders wichtig; für eine Ausbaugröße von 5 000 EW z. B. etwa 5 bis 50 l/s.

Standortauswahl einer Messeinrichtung

Die Messeinrichtung soll wegen der größeren Betriebssicherheit im Ablauf eingerichtet werden. Wenn es die Höhenverhältnisse dort nicht zulassen, kann auch im Zulauf nach Rechen und Sandfang vor oder nach der Vorklärung gemessen werden, wichtig ist, dass Rücklaufwasser oder Rücklaufschlamm oder andere Teilströme nicht miterfasst werden.

Grundlagen

Dem Messverfahren liegt bei fließendem Wasser folgende Formel zu Grunde: Q = v · A, wobei
Q der Durchfluss in [m³/s],
v die Fließgeschwindigkeit in [m/s] und
A die durchflossene Querschnittsfläche in [m²] ist.

In einem Gerinne sind Form und Gefälle gegeben, dann stellt sich zu bestimmten Fülltiefen (Wasserspiegellage) immer ein bestimmter Wert für v ein. Zu jeder Fülltiefe gehört auch ein bestimmtes A. Jede gemessene Wassertiefe ergibt einen bestimmten Durchfluss.

Um sichere Strömungsverhältnisse und genauere Ablesungen zu erhalten und den Einfluss des Rückstaus unterhalb des Messwehres zu vermeiden, sind definierte Messstrecken erforderlich. Dann kann durch ein Messwehr aus einer zugehörigen Schlüsselkurve zu jeder Wassertiefe der jeweilige Durchfluss abgelesen werden.

Überfallmessung mit Messwehren

Zur Überlaufmessung wird das Wasser durch ein Messwehr aufgestaut; es hat eine Dreieck-, Trapez- oder Rechteckform (Bild 9.8). Die Überlaufhöhe ergibt ein Maß, das wenigstens 30 cm über dem nicht gestauten Wasserspiegel liegt und nicht durch

gerades Wehr

Trapezwehr

Dreieckswehr

Bild 9.8: übliche Messwehr-Querschnitte

Rückstau im Unterwasser beeinflusst wird. Der rückstaufreie Überfall heißt „vollkommener" Überfall.

Die Überlaufhöhe wird an einer Messlatte abgelesen, deren Nullpunkt dem Tiefpunkt des Messausschnittes entspricht und die etwa 4 bis 5mal so weit von der Blende entfernt liegt, als die voraussichtlich höchste Überlaufhöhe beträgt.

Für ein dreieckiges Messwehr mit einem Messausschnitt von 90° – auch Thompson-Überfall genannt – kann der Durchfluss Q nach der Überfallhöhe h mit folgender Tabelle bestimmt werden

h in cm	1	2	3	4	5	6	7	8	9	10
Q in l/s	0,014	0,08	0,22	0,45	0,78	1,23	1,80	2,35	3,40	4,42
h in cm	11	12	13	14	15	16	17	18	19	20
Q in l/s	5,60	7,00	8,53	10,25	12,2	14,3	16,7	19,2	22,0	25,0
h in cm	21	22	23	24	25	26	27	28	29	30
Q in l/s	28,3	31,8	35,4	39,5	43,8	48,3	53,0	58,0	63,4	69,0
h in cm	31	32	33	34	35	36	37	38	39	40
Q in l/s	75,0	81,0	87,6	94,4	101	109	117	125	133	142

Bild 9.9: Durchflussbestimmung für ein 90°-Dreiecksmesswehr

Wenn für kleine Abflüsse ein Messausschnitt von 60° verwendet wird, sind die Werte für Q mit 0,577, bei 45° mit 0,414 zu multiplizieren.

Venturigerinne
Die häufigste Durchflussmesseinrichtung auf Kläranlagen ist das Venturigerinne, bei dem seitliche, gerundete Einbauten eine Einschnürung verursachen (DIN 19 559 [21]).

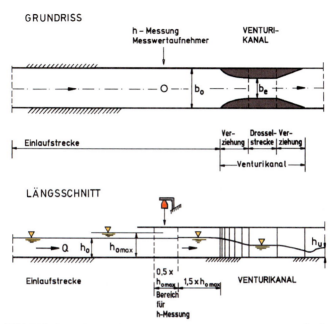

Bild 9.10: Anordnung eines Venturi-Kanals aus DIN 19 559 [21]

Durch die Messung der Wassertiefe [h] kann wie bei den Messwehren indirekt der Durchfluss ermittelt werden. Als Messeinrichtung werden meistens verwendet:
- pneumatische Messung durch Lufteinperlmethode
- Druckdosen (ähnlich Barometer) am Gerinneboden
- Echolot-Einrichtung mit Sender und Empfänger (Sensor) für Ultraschallimpulse.

Die von diesen Geräten gemessenen Werte werden in ein Anzeige- und Zählgerät übernommen und als Durchfluss angezeigt, summiert und selbständig aufgeschrieben, d. h. auf einer Schreibrolle aufgezeichnet.

Ähnliche Verfahren werden auch für wasserstandsabhängige Schalt- und Steueranlagen in Pumpwerken oder anderen maschinellen Geräten angewandt.

Die vom Gerät angezeigten Werte sind in regelmäßigen Zeitabständen (siehe Betriebsanweisung) zu überprüfen und einmal jährlich durch ein unabhängiges Messverfahren zu kontrollieren (ggf. auch durch den Hersteller).

Bild 9.11: Venturigerinne

Es empfiehlt sich regelmäßig die sogenannte „Null-Lage" zu kontrollieren. Wenn kein Abwasser zufließt oder kurzzeitig der Zufluss durch Absperren zurückgestaut wird und damit nichts mehr durch das Gerinne fließt, muss auch das Messgerät Null anzeigen. Trifft dies nicht zu, muss das Messgerät neu justiert werden. Hier empfiehlt es sich meistens den Hersteller oder den zuständigen Kundendienst beizuziehen.

Bedienungs- und Wartungshinweise zu Venturigerinnen

In Anlagen mit selbstschreibendem Gerät werden einzelne Werte übernommen, da die Schreibstreifen selbst zum Bestandteil des Tagebuches werden. Die Häufigkeit der Eintragung ins Tagebuch richtet sich nach den Vorschriften der Selbstüberwachung und der Betriebsanweisung, üblicherweise täglich einmal.

Für richtige Messergebnisse ist eine regelmäßige Instandhaltung der Messstrecke und des Messgerätes Voraussetzung. Die Messstrecke ist auf der ganzen Länge von Fremdkörpern, Ablagerungen, Schwemmsand u. a. freizuhalten. Auch die Seitenwände müssen sauber sein. Bei pneumatischer Messung sind die Einperlrohre regelmäßig mit Druckluft durchzublasen um die Sandablagerungen an der Gerinnesohle zu entfernen. Bei

Druckdosen ist die Membrane wöchentlich mit Spülmittel und Bürste zu reinigen und zu entfetten, nicht mit Wasser- oder Luftdruckstrahl, da die Membrane zu empfindlich ist.

Eine jährliche Wartung der Geräte durch die Lieferfirma ist zu empfehlen. Bei Venturigerinnen darf nie auf eine ausreichend lange Beruhigungsstrecke verzichtet werden (Vorsicht: Ablagerungen!).

Die Messung des Schlammanfalls erfolgt in erster Linie durch die MID-Messung.

Bild 9.12: MID-Messung

Magnetisch-induktive Durchflussmessgeräte (MID)

Diese Messung setzt meistens eine gefüllte Rohrleitung voraus; wie z. B. in Druckleitungen nach Pumpen. Bei Rohabwasser können Ablagerungen in der Dükerleitung zu Messfehlern führen. Deshalb sind hier besondere Vorkehrungen zu treffen.

- Messungen am Tiefpunkt einer Rohabwasser-Leitung sind wegen der Gefahr von Ablagerungen zu vermeiden.
- Schieber oder andere Armaturen dürfen nicht unmittelbar neben dem Messwertaufnehmer eingebaut werden.
- Auf ausreichende Vor- und Nachlauflängen ist zu achten.
- Der Durchmesser sollte mindestens DN 150 betragen, um Rohrverstopfungen auszuschließen.
- Luft und Schaum im Rohr verfälscht die Messwerte.
- In der Rohrleitung ist eine Absperrmöglichkeit vorzusehen, um das Gerät ausbauen zu können (Reinigung der Messstrecke, Reparatur, Nullpunktüberprüfung); außerdem kann ein Umlauf (Bypass) erforderlich sein.
- Eine Rohrleitungseinschnürung im Bereich des Durchfluss-

messers ist nur gerechtfertigt, wenn der Messbereichsumfang kleiner ausgelegt werden muss (Unterbelastung). Die auftretenden Druckverluste sind zu beachten, ebenso die Vor- und Nachlauflängen.

| Diese Messung wird durch einen Rückstau nicht verfälscht.

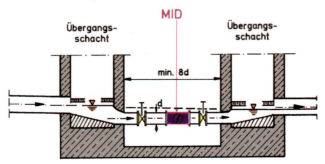

Bild 9.13: Magnetisch-induktives Durchflussmessgerät (MID)

Nachteilig bei diesen Geräten ist, dass die Messergebnisse vom Betriebspersonal nicht direkt überprüft werden können. Dies ist nur mit Hilfe eines unabhängigen Messverfahrens (z. B. Messwehr) möglich. Entsprechende Einrichtungen dafür sind unentbehrlich. Neue Geräte verfügen meist über einfache Prüfmöglichkeiten am Messwertumformer. Auch auf eine Möglichkeit der Nachprüfung mit Hilfe elektrischer Messungen ist zu achten. Für diese Kontrollen muss in der Regel eine Fachfirma zugezogen werden.

Messung des Gasanfalls

Die Messung erfolgt durch eine Messblende im Rohr, mit der ein Druckabfall erzeugt und auf eine Ringwaage übertragen wird. Über eine Anzeige ist das Ergebnis ablesbar.

9.3.2 Farbe, Geruch

Bei dieser Beurteilung geht es um grobsinnliche Wahrnehmungen unmittelbar nach der Probenahme, da mögliche Veränderungen der Abwasserprobe schon nach kurzer Zeit eintreten können. Obwohl die Wahrnehmungen der Färbung und des Geruchs subjektiv sind, erlauben sie untereinander Vergleiche und damit Angaben über Änderungen der Abwasserzusammensetzung.

9.3.3 Temperatur

Die *Wassertemperatur* wird mit einem Thermometer bestimmt, das einen Bereich von -5 bis +50 °C umfasst. Bei der Messung ist wichtig, dass sich der Messkopf des Thermometers während der Messung unter Wasser befindet, dafür ist ein sog. „Schöpfthermometer" zu verwenden, bei dem sich um den Messkopf eine Hülse für das Probenwasser befindet.

Dieses Schöpfthermometer wird 1 bis 2 Minuten in das Wasser gehalten, man zieht es dann – ohne das Wasser am unteren Ende der Hülse auszugießen – heraus und liest die Temperatur ab. Es genügt, das Ergebnis auf 1,0 °C gerundet anzugeben. In der Regel liegt die Temperatur von Abwasser zwischen 10 und 20 °C.

Die *Lufttemperatur* wird mit einem Außenthermometer im Schatten gemessen. Zweckmäßig ist ein Maximum-Minimum-Thermometer (Bereich -30 bis +50 °C), auf dem die höchste und niedrigste Temperatur seit der letzten Ablesung feststellbar ist. Die Kennmarken sind nach der Ablesung nachzustellen.

Bild 9.14: Schöpfthermometer

In beheizten Faulräumen wird die *Schlammtemperatur* durch fest eingebaute Thermometer (Temperaturfühler) gemessen und auf ein Anzeigegerät fernübertragen. Üblich sind mindestens zwei Messstellen.

9.3.4 Sichttiefe, Durchsichtigkeit, Trübung

Zur Bestimmung sind verschiedene Methoden anwendbar:

Bestimmung mit der Sichtscheibe

Das Sichtscheibengerät besteht aus einer quadratischen oder runden Scheibe mit 20 cm Kantenlänge bzw. Durchmesser und ist in der Mitte an einer von 10 auf 10 cm markierten Kette oder Stange befestigt Zur Messung wird die Sichtscheibe soweit ins Nachklärbecken eingetaucht, bis die Scheibe gerade noch erkennbar ist. Die Eintauchtiefe wird als „Sichttiefe in cm" angegeben. Die Messergebnisse sind etwas von den Lichtverhältnissen und der Sehschärfe der messenden Person abhängig.

Fotoelektrische Trübungsmessung

Bei diesen Geräten wird die Trübung des Wassers fotoelektrisch (ähnlich wie beim Belichtungsmesser von Fotoapparaten) gemessen. Bei größeren Anlagen werden selbstschreibende Geräte zur fortlaufenden Trübungsmessung eingebaut. Die Fotozellen müssen regelmäßig gereinigt werden, da anhaftender Schmutz oder Algenbewuchs das Ergebnis verfälscht.

9.3.5 Absetzbare, abfiltrierbare Stoffe, Schlammvolumen

Absetzbare Stoffe

Zur Bestimmung der absetzbaren Stoffe wird der „Imhofftrichter" verwendet, er heißt auch Absetzglas, Spitzglas oder Sedimentiergefäß (Bild 9.16). Die Trichter werden in Stativen, nicht in der Sonne, aufgestellt. Der Imhofftrichter wird mit der aufgeschütteten Abwasserprobe bis zur 1 000-ml-Marke gefüllt.

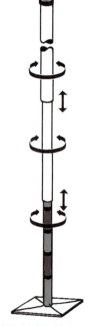

Bild 9.15: Sichtscheibe

Falls die Proben in größeren Gefäßen ins Betriebsgebäude gebracht werden, ist der Inhalt vor dem Einfüllen gut zu durchmischen. Die Menge der absetzbaren Stoffe wird durch Ablesung des von den Sinkstoffen eingenommenen Volumens der Trichterspitze nach 2 Stunden bestimmt. Etwa 15 Minuten vor der Ablesung wird der Trichter ruckartig um die Längsachse hin und her gedreht, um die an der Glaswandung haftenden Teilchen zum Absinken zu bringen.

Für bestimmte Messungen kann unter besonderen Voraussetzungen eine Verkürzung der Absetzdauer für die Messung von 2 h auf 30 min ausreichend sein. Die verkürzten Messungen sind dann unter sich wieder vergleichbar.

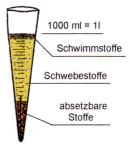

Bild 9.16: Imhofftrichter

Der Gehalt an absetzbaren Stoffen liegt im Rohabwasser (Kläranlagenzulauf) üblicherweise zwischen 10 und 30 ml/l. Insbesondere nach starken Niederschlagsereignissen und die damit verbundene Spülwirkung im Kanal, werden die absetzbaren Stoffe erhöht sein.

Abfiltrierbare Stoffe

Feststoffe im Kläranlagenablauf erhöhen die Verschmutzung bei CSB, BSB_5 und P_{ges}. Sie sind daher schon im Hinblick auf die Einhaltung von wasser- und abgaberechtlichen Grenzwerten generell unerwünscht. Es ist allerdings zu erwähnen, dass der optische Eindruck keine Rückschlüsse auf den tatsächlich vorhandenen Feststoffabtrieb zulässt. Aus diesem Grunde wird immer häufiger die Messung der abfiltrierbaren Stoffe anstatt der Sichttiefe gefordert.

Bei ausreichend dimensionierter Nachklärung und störungsfreiem Betrieb der biologischen Stufe liegen die Gehalte der abfiltrierbaren Stoffe (Suspensa) im Ablauf um 10 mg/l, erhöht wird er erst dann bezeichnet, wenn 30 bis 50 mg/l überschritten werden.

1 mg/l Feststoffe entsprechen etwa einem CSB von 0,8 bis 1,6 mg/l bzw. 0,1 mg/l P_{ges}. Die N-Verbindungen sind in der gelösten Phase, daher ist der Feststoffanteil im Kläranlagenablauf für Überwachungswerte des anorganischen, gebundenen Stickstoffs bedeutungslos.

Arbeitsanleitung

Abfiltrierbare Stoffe (AS) sind die mittels Glasfaserfilter (60 µ) abtrennbaren Sink-, Schweb- und Schwimmstoffe im Abwasser. Glasfaserfilter ziehen im Gegensatz zu Papierfiltern keine Luftfeuchtigkeit an und ermöglichen somit ein genaueres Wiegen.

Geräteausstattung

Wasserstrahlpumpen sind meist besser geeignet als elektrische Vakuumpumpen, da die Filtration bei Überfüllung der Saugflasche nicht unterbrochen werden muss

- Infrarot-Trocknungsgeräte können alternativ zu Trockenschrank oder Mikrowellenherd verwendet werden
- Luftbetriebene Vakuumfiltriergeräte mit größeren effektiven Filterflächen sind den herkömmlichen Porzellannutschen vorzuziehen
- Die Präzisionswaage ist mit digitaler Anzeige ausgestattet und hat eine Ablesbarkeit von 1 mg.

Vorbemerkungen zur Durchführung

Die AS-Bestimmungen sollten frühzeitig nach der Probenahme erfolgen, um Fehler durch Nachflockung zu vermeiden!

Es ist so viel Probevolumen zu filtrieren, dass mindestens 20 mg Trockenmasse auf dem Filter erhalten werden. Bei zu erwartenden AS-Werten < 20 mg/l sind deshalb mindestens 2 l Abwasser zu filtrieren.

In der Regel lassen sich bei kommunalem Abwasser

50 -200 ml	Rohabwasser (nach dem Rechen)
100 - 500 ml	vom Ablauf der Vorklärung und
500 - 3 000 ml	vom Ablauf der Nachklärung nach biologischer Reinigung

in weniger als 15 Minuten filtrieren. Kürzere Filtrationszeiten sind durch Druckfiltrationsgeräte möglich.

Durchführung der Bestimmung

- Glasfaserfilter in Porzellannutsche einlegen und etwa 0,5 l sauberes Leitungswasser durchsaugen.
- Filter mindestens 1 Stunde im Trockenschrank[*] bei 105°C, ±2°C, trocknen, im Exsikkator etwa 5 Minuten abkühlen lassen und auf 1 mg auswiegen.
- Filter auf der Rückseite mit einem wasserfesten Faserstift nummerieren, Nummer und Leergewicht des Filters ins Filterbuch eintragen[**].
- Abwasserprobe gut durchmischen und das zu filtrierende Volumen abmessen.
- Filter in die Porzellannutsche legen, mit etwas Leitungswasser anfeuchten und mittels Vakuum ansaugen.
- Abgemessene Abwasserprobe filtrieren und Filter etwa 1 Minute trocken saugen.
- Filter mindestens 2 Stunden im Trockenschrank bei 105°C, ±2°C, trocknen, etwa 5 Minuten im Exsikkator abkühlen lassen und danach sofort auswiegen.
- Filtriertes Abwasservolumen und Gewicht des Filters mit AS ins Filterbuch eintragen.

[*] Bei Verwendung von Mikrowellenherd oder Infrarottrocknern bis zur Gewichtskonstanz trocknen

[**] Empfehlung: gleich mehrere Filter auf diese Weise vorbereiten.

Auswertung

Die abfiltrierbaren Stoffe werden wie folgt berechnet:

$$\frac{(\text{Filter mit A S} - \text{Filter leer}) \cdot 1000\,[\text{mg}]}{\text{filtriertes Abwasservolumen [ml]}} = \text{AS [mg/l]}$$

Die Ergebnisse werden auf 1 mg/l, bei AS-Werten über 100 mg/l auf 10 mg/l auf- oder abgerundet.

Für die BSB_5- und CSB-Messung sollen bei Abwasserteichen nur ungetrübte, nicht verfärbte, klare Proben genommen werden. In der AbwV ist dazu festgelegt:

Ist bei Teichanlagen, die für eine Aufenthaltszeit von 24 Stunden und mehr bemessen sind, die Probe durch Algen deutlich gefärbt, so sind CSB, BSB_5, NH_4-N, NO_3-N und P_{ges} von der algenfreien Probe zu bestimmen. In diesem Fall erhöhen sich die festgelegten Werte beim CSB um 15 mg/l und beim BSB_5 um 5 mg/l.

Die Proben müssen also filtriert werden, damit die Schwebstoffe, vorwiegend Plankton-Algen, entfernt werden. Die Algen würden sonst die Messwerte verfälschen. Die Verfälschung kommt vor allem vom verstärkten Sauerstoffverbrauch der Algen durch Atmung (bei Dunkelheit) und Absterben. Algengetrübte Proben ergeben deshalb höhere Werte. Der Messfehler, der entsteht, wenn mit den Algen auch andere Schwebstoffe entfernt werden, ist bei Abwasserteichen wohl zu vernachlässigen.

Bild 9.17: Abfiltrierbare Stoffe

Schlammvolumen VS

Bei Belebungsanlagen wird der Gehalt an Belebtschlamm im Standzylinder (wird auch als Messzylinder bezeichnet) (Bild 9.18) bestimmt. Die Probe aus dem gut durchmischten Bereich des Belebungsbeckens wird in den Messzylinder bis zur 1 000-ml-Marke eingefüllt. Der Schlammstand wird nach 30 Minuten Absetzzeit abgelesen und in ml/l angegeben.

Wenn sich ein Schlammvolumen ergibt, das größer als 250 ml/l ist, dann ist die Messung mit Verdünnung zu wiederholen. Dazu füllt man den Standzylinder z. B. bis zur 500-ml-Marke mit Belebtschlamm und ergänzt dann bis zur 1 000-ml-Marke mit Abwasser aus der Nachklärung. Nach 30 Minuten wird das Schlammvolumen abgelesen, z. B. 200 ml. Die Verdünnung war 500 ml + 500 ml, also 1 + 1. Der Verdünnungsfaktor ist dann 2. In das Betriebstagebuch wird dann einzutragen: 2 · 200 ml/l (siehe auch [15]).

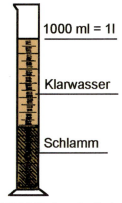

Bild 9.18: Standzylinder

9.3.6 Schlammtrockensubstanz und Schlammindex

Von Schlamm wird der Trockensubstanzgehalt (TS_R) bestimmt. Er wird auch als Trockenmassenkonzentration oder Feststoffgehalt bezeichnet, die Einheit ist g/l.

Die getrocknete Schlammmasse ist die Trockensubstanz – auch Trockenmasse (mT) – mit der Einheit kg, g oder mg.

Trockensubstanzgehalt des Belebtschlammes (TS_{BB}) und des Rücklaufschlammes (TS_{RS}).

In Belebungsanlagen wird nach der Bestimmung des Schlammvolumens der Trockensubstanzgehalt des Belebtschlammes und des Rücklaufschlammes ermittelt.

Hierbei wird zunächst das Schlammvolumen bestimmt, dann die Hauptmenge des Wassers der Probe filtriert (ähnliches Vorgehen wie bei den abfiltrierbaren Stoffen). Lufttrockne Rundfilter nummeriert in Vorrat auf 0,01 g auswiegen; Filternummer und Filtergewicht mit Bleistift auf Filter und im Filterheft notieren; Filtrieren wie in Kap. 9.3.5 beschrieben; Filter vorsichtig von Nutsche abheben, zweimal zusammenfalten, auf Uhrglasschale legen, in Trockenschrank geben. Bei 108°C mindestens 2 Stunden trocknen. Danach im Exsikkator auskühlen lassen und auf 0,01 g auswiegen. Verwendet man aschefreie Filter für diese Analyse, kann bei Erfordernis mit der gleichen Probe auch der Glühverlust, also der organische Anteil des Schlammes ermittelt werden.

Bild 9.19: Exsikkator

Von diesem Gesamtgewicht (Filter + Schlamm) wird das Gewicht des (vorher!) gewogenen, leeren Filters abgezogen und das erhaltene Trockengewicht auf 1,0 l Belebtschlamm errechnet. Wenn das Ausgangsvolumen der Probe 1 000 ml war, so dauert die Trocknungszeit mindestens 2 Stunden (zweckmäßig über Nacht in den Trockenschrank geben), wenn nur 100 ml genommen werden (der Verdünnungsfaktor beträgt dann 10), genügt 1 Stunde. Genauer wird das Ergebnis allerdings, wenn 1 000 ml filtriert werden (Näheres siehe [15]).

Auch Mikrowellenherde können zum Trocknen des Schlammes verwendet werden. damit lassen sich die Trockenzeiten erheblich verkürzen.

Der TS-Gehalt von Belebtschlamm liegt im Betrieb meistens zwischen 2,5 bis 5 g/l. Ein höherer TS bringt zwar eine größere Prozessstabilität bei Spitzenbelastungen oder Vergiftungen, bedeutet aber auch sehr hohen Energieaufwand für die Belüftung der größeren Menge an Bakterien und Mikroorganismen.

Der TS-Gehalt von Rücklaufschlamm ist bei guter Eindickung im Trichter des Nachklärbeckens meistens um etwa 2 mg/l höher als der des Belebtschlamms.

Der *Schlammindex* gibt das Volumen an, das 1 g Trockensubstanz nach 30 Minuten Absetzzeit einnimmt und ist ein Maß für die Absetzeigenschaft des Schlammes. Der Schlammindex wird errechnet, indem das Schlammvolumen nach 30 Minuten Absetzzeit (ml/l) durch den Trockensubstanzgehalt (g/l) geteilt wird. Der Schlammindex eines üblichen Belebtschlamms liegt zwischen 80 und 150 ml/g. Bei einem höheren Schlammindex und Anwesenheit von fadenförmigen Mikroorganismen spricht man von „Blähschlammbildung". Diese Blähschlammbildung kann auch manchmal durch schnelle Temperaturänderungen im Frühjahr und Herbst sowie durch einseitige Abwasserzusammensetzung verursacht sein.

Trockenrückstand des Roh- und Faulschlammes (TR)

Zur Bestimmung des Trockenrückstandes von Roh- und Faulschlamm wird die Schlammprobe im Gegensatz zum belebten Schlamm nicht im Messzylinder abgemessen und filtriert, sondern in einer Schale eingewogen und getrocknet, weil sich das Schlammwasser des Roh- oder Faulschlammes durch Filtration kaum abtrennen lässt. Beim Trocknen des Schlammes werden daher nicht nur die ungelösten Schlammstoffe, sondern auch die im Schlammwasser gelösten Stoffe, vor allem Salze, miterfasst.

Methode:
Porzellanschale auf 0,01 g auswiegen (= Gewicht der Schale leer), ca. 50 g Schlamm einfüllen und auf 0,01 g auswiegen. Die

Einwaage „E" wird aus dem Unterschied errechnet. Die Schale mit dem nassen Schlamm im Trockenschrank bei 105 °C mindestens 12 Stunden trocknen und anschließend ca. 1 h im Exsikkator abkühlen. Schale sofort auf 0,01 g auswiegen und Trockenrückstand ausrechnen: Schale mit trockenem Schlamm abzüglich Schale leer ergibt das Gewicht des Trockenrückstandes „D3". Üblicherweise wird er aber als Prozentwert angegeben, deshalb: TR = D3 : E · 100 = ...%.

9.3.7 Glühverlust GV und Glührückstand GR

Der Glühverlust kennzeichnet den organischen Inhalt eines Schlammes. Er ist eine Maßzahl dafür, wie gut der Schlamm durch seine Stabilisierung (aerob oder anaerob) behandelt wurde. Für die Analyse wird der getrocknete Schlamm nach Kap. 9.3.6 im Muffelofen bei 550 °C mindestens 2 h lang geglüht, die Schale im Exsikkator etwa 1 h abkühlen lassen. Nach Wägung der Schale auf 0,01 g wird das Gewicht der leeren Schale abgezogen.

Bild 9.20: Muffelofen

Diese Differenz D4 wird in einen Prozentwert umgerechnet:
GV = (D3 − D4) : D3 · 100 = ...%.

Der Glührückstand, also die anorganische Masse des Schlammes, wird errechnet aus:
GR = 100 − GV = ...%.

9.4 Messung chemischer Werte

9.4.1 Sauerstoffgehalt

Die Messungen des Sauerstoffgehaltes sind meist nur bei Belebungsanlagen erforderlich, weil der Sauerstoffgehalt für die Organismen lebenswichtig ist.

Belebungsanlagen müssen so betrieben werden, dass ein O_2-Gehalt von 1 bis 2 mg/l, insbesondere zur Zeit der Spitzenbelastung, erreicht wird. Dies ist der gelöste Überschuss des Sauerstoffs den die Organismen nicht verbraucht haben. Für die Nitrifikation im Belebungsbecken sind zumindest zeitweise Werte von über 2 mg/l unumgänglich. Soll im Belebungsbecken auch denitrifiziert werden, muss dagegen der gelöste O_2-Gehalt bei 0 mg/l liegen. Dies kann im Klärwerk durch wechselnde Betriebsweisen, getrennte Beckenabschnitte oder eigene Becken erreicht werden.

Kontinuierliche Sauerstoffmessungen sind Voraussetzung dafür, dass die erforderlichen O_2-Gehalte geregelt werden können und damit wirtschaftliche Betriebsweisen möglich sind. Die Geräte bestehen aus einer Messsonde (Messfühler, Messelektrode) und einem Anzeigegerät, an dem der Sauerstoffgehalt an einer Skala abgelesen werden kann und diese Werte dann in die Regelungskette einfließen.

Alle Messungen zeigen nur brauchbare Ergebnisse, wenn eine ausreichende Anströmgeschwindigkeit an der Elektrode erreicht wird. Die Geräte sind durch Kalibrieren zu überprüfen, im Dauereinsatz wenigstens wöchentlich. Bei transportablen Geräten muss die Elektrode stets feucht gehalten werden.

Ein verbreitetes optisches Messverfahren zur Bestimmung der Sauerstoffkonzentration ist das sog. *Lumineszenz-Verfahren*. Die Methode basiert auf der Strahlung eines Leuchtstoffes (Luminophores) und führt die Messung auf eine reine physikalische Messung der Zeitdauer zurück. Da die Zeitmessung driftfrei ist, muss der Sensor durch den Anwender nicht kalibriert werden.

Die Hinweise der Hersteller sind genauestens zu beachten! Siehe auch Handbuch zur Betriebsanalytik auf Kläranlagen [15].

9.4.2 Chemischer Sauerstoffbedarf (CSB)

Der CSB ist in der AbwV und im AbwAG für die Bestimmung der oxidierbaren Stoffe vorgeschrieben. Der CSB wurde für die Abwasserabgabe als maßgebender Kennwert festgelegt, weil mit ihm die organischen Stoffe des Abwassers vollständig erfasst werden, im Unterschied zum BSB_5. Auch die Verschmutzung des Industrieabwassers ist besser mit der des häuslichen Abwassers vergleichbar.

Die CSB-Bestimmung, wie sie in der AbwV vorgeschrieben wird, ist ein DIN-Verfahren, in dem mit z. T. sehr giftigen Chemikalien offen umgegangen werden muss. Es wird deshalb nur in größeren Labors von labortechnisch ausgebildetem Personal durchgeführt. Die Bestimmung geschieht mit einer verhältnismäßig großen Probemenge (20 bis 50 ml); dies erfordert auch eine größere Menge an Chemikalien. Dafür ist die Genauigkeit recht gut und auch für gerichtliche Auseinandersetzungen verwendbar (sog. Schiedsmethode).

Für den Einsatz im Kläranlagenbetrieb wird die Betriebsmethode mit Küvetten und Fotometer verwendet, die Ergebnisse sind vergleichbar. Hier müssen die gefährlichen Chemikalien vom Personal nicht berührt werden, da sie abgepackt in geschlossenen Küvetten geliefert werden. Die Schmutzstoffe des feststofffreien Abwassers in der Küvette werden mit Kaliumdichromat unter Erhitzen in einem Heizblock (je nach Hersteller 2 Stunden bei 145°C) aufgeschlossen und die Färbung dann fotometrisch ermittelt. Die CSB-Betriebsmethode braucht nur ein kleines Probevolumen (z. B. 2 ml) und wenig Chemikalien. Allerdings muss diese kleine Probemenge sehr genau abgemessen werden (IQK!).

Mit Schutzbrille und Handschuhen kann sie auch vom entsprechend dafür ausgebildeten Klärwärter vorgenommen werden. Die Chemikalien bleiben in den Küvetten, die nach einmaligem Gebrauch an den Hersteller zurückgehen. Der CSB-Küvettentest ist in der DIN ISO 15 705 [21] genormt.

Kennzeichnend für den CSB ist:

- Bei der CSB-Bestimmung wird die Oxidation (der Abbau) von organischen Inhaltsstoffen mit Hilfe von Chemikalien vorgenommen.
- Bei der CSB-Bestimmung werden auch biologisch nicht abbaubare organische Substanzen erfasst.
- Die CSB-Bestimmung dauert ca. drei Stunden, das Ergebnis ist am selben Tag bekannt.
- Die CSB-Konzentrationen liegen im Mittel für kommunales unbehandeltes Schmutzwasser bei einem Wert von 600 mg/l, für mechanisch gereinigtes bei 400 mg/l und für biologisch gereinigtes bei 25 bis 90 mg/l.
- Der für die Stickstoffoxidation verbrauchte O_2 wird mit dem CSB kaum erfasst.

Die CSB-Werte sind bei Rohabwasser etwa doppelt so hoch wie beim BSB_5; im Kläranlagenablauf hingegen sind sie etwa 4 - 5 Mal so groß. Das Verhältnis von BSB_5 : CSB lässt eine Aussage über die Abbaubarkeit zu; bei 1 : 2 entspricht es häuslichem Schmutzwasser, bei 1 : 4 schwer abbaubarem, ggf. einseitig zusammengesetztem gewerblichen Abwasser; deshalb ist die BSB_5-Bestimmung auch sinnvoll.

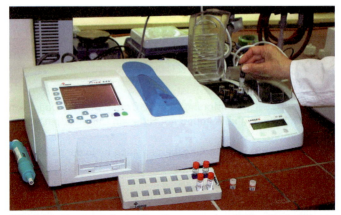

Bild 9.21: Fotometrische Bestimmung des CSB mittels Küvetten, Heizblock und Fotometer

Die CSB-Schmutzfracht eines Einwohners pro Tag (Abwassermenge · Schmutzkonzentration) beträgt:

CSB-Fracht: 200 l/(E · d) · 0,600 g/l = 120 g/(E · d).

Bei den fotometrischen Bestimmungen des CSB sind die individuellen Herstellerangaben genauestens zu beachten. Weiteres zur CSB-Bestimmung siehe Handbuch zur Betriebsanalytik auf Kläranlagen [15].

Mittelwertberechnung

Der CSB der Probe ist der Mittelwert aus drei Parallelbestimmungen. Sogenannte Ausreißer werden nicht berücksichtigt. Ein Ausreißer wird daran erkannt, wenn bei CSB-Werten

< 150 mg/l (kleiner Messbereich) ein Wert >15 mg/l oder

> 150 mg/l (großer Messbereich) ein Wert um >10 %

vom mittleren Wert der Einzelbestimmung abweicht.

Beispiel: 1. Messung: 75 mg/l (Median)
             2. Messung: 72 mg/l
             3. Messung: 91 mg/l (Ausreißer)

Der Mittelwert beträgt: 75 + 72 = 147; geteilt durch die 2 Werte ergibt: 73 mg/l CSB. Bei mehr als einem Ausreißer ist die Messung zu wiederholen und nach Fehlerursachen zu suchen.

Häufige Fehlerursachen

Die Qualität der CSB-Betriebsmethode ist sehr gut, die Vorgaben der „Internen Qualitätskontrolle" (IQK), siehe Kapitelanfang, sind jedoch pflichtbewusst einzuhalten. Folgende Ursachen für Fehler sind häufig:

Pipettierfehler:
Die Genauigkeit der Pipette soll vierteljährlich durch Auswiegen des angesaugten Wasservolumens kontrolliert werden. Das 5-malige Auswägen von 2 ml destilliertem Wasser bei Zimmertemperatur muss als Mittelwert 1,98 bis 2,02 g ergeben.

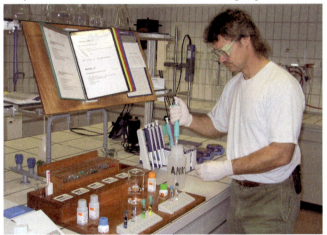

Bild 9.22: Sorgfältiges Pipettieren

Abfiltrierbare Stoffe/Schlammflocken:
Der CSB von 1 mg Tropfkörper- oder Belebtschlamm beträgt rund 1 mg. Durch das kleine Volumen von 2 ml kann bei ungenügend homogenisierten Proben der Fehler beträchtlich sein. Es ist notwendig, unter ständigem Rühren des Magnetrührers

bei mittlerer Drehzahl die Probe mittels Pipette zu entnehmen. Wenn die Probe mit dem Auge wahrnehmbare Feststoffe enthält, ist ein Aufschluss durch Dispergieren (z. B. mittels Ultra-Turrax (Bild 9.7)) erforderlich. Damit ist sichergestellt, dass auch alle Inhaltsstoffe analysiert werden können.

9.4.3 pH-Wert

Die Bedeutung des pH-Wertes in der Abwasserbehandlung wird im Abschnitt Abwasserbeschaffenheit dargestellt.

Wenn im Rohabwasser pH-Werte <6 und >9 festgestellt werden, kann die biologische Abwasserreinigung gestört werden. Derartig niedrige oder hohe pH-Werte werden meist durch Einleiten von Abwasser aus Industrie oder Gewerbe verursacht oder durch Einleitungen aus der Landwirtschaft.

Während im Kläranlagenbetrieb der pH-Wert für die Biologie und die Schlammfaulung bedeutungsvoll ist, ist für die Gewässerüberwachung der pH-Wert des Ablaufes entscheidend.

Bild 9.23: pH-Messgerät (WTW)

Grundsätzlich werden elektrisch betriebene, fortlaufend messende Geräte verwendet, sie liefern zuverlässige pH-Werte (auf 0,1 oder 0,05 pH-Einheiten genau). Möglichst vor jeder Messung ist das Gerät abzugleichen, d. h. die Steilheit ist auf den Wert einer Pufferlösung einzustellen. Besonders ist darauf zu achten, dass die Elektrode nie trockensteht, da sie sonst schnell unbrauchbar wird. Eine Glaselektrode hat eine Lebensdauer von etwa 2 Jahren.

Der stationäre Einbau einer pH-Messelektrode mit Schreibvorrichtung im Zulauf, z. B. nach dem Sandfang, ist notwendig. Sie ist regelmäßig (täglich bis wöchentlich) zu reinigen. Verkrustungen können durch kurzes Eintauchen in Salzsäure, Öl- und Fettbeläge durch Lösungsmittel (Spülmittel) entfernt werden. Darüber hinaus ist es zweckmäßig, ein transportables pH-Messgerät zur Verfügung zu haben, um Einleitungen vom Betriebsabwasser im Kanalnetz und Schlammproben überprüfen zu können.

Die Herstellerangaben des Messgerätes sind genauestens zu beachten. Weitere Hinweise siehe Handbuch [15].

9.4.4 Säurekapazität, Alkalität im Faulwasser

Beim anaeroben Abbau (der Faulung) von organischen Stoffen treten als Zwischenprodukte organische Säuren (auch als Buttersäuregehalt, Fettsäuregehalt oder „Gehalt an wasserdampfflüchtigen, organischen Säuren" bezeichnet) auf. Ein schlecht ausgefaulter Schlamm ist durch einen hohen Gehalt an organischen Säuren gekennzeichnet, der im Schlamm meist einen

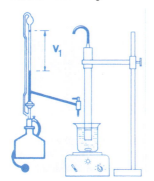

Bild 9.24: Verbrauch V1

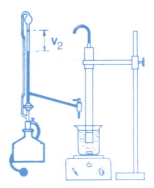

Bild 9.25: Verbrauch V2

niedrigen pH-Wert und üblen Geruch hervorrufen kann. Daneben weisen diese Schlämme eine geringe Konzentration an puffernden, d. h. pH-stabilisierenden Karbonaten und Bikarbonaten (auch Alkalität bzw. Kalkreserve genannt) auf. Eine Beeinträchtigung des Stoffwechsels der Organismen im Faulbehälter kann hiermit sehr schnell erkannt werden, viel eher als durch pH-Wertänderungen oder Veränderungen des Gasanfalls oder der Gaszusammensetzung.

Vorgehensweise:

200 ml Faulschlamm oder Faulwasser über Papierfilter in Becherglas filtrieren; davon 20 ml in 250 ml-Becherglas füllen und mit 80 ml destilliertem Wasser auf 100 ml auffüllen. Auf einen Magnetrührer stellen, einschalten und mit 0,1n Salz- oder Schwefelsäure (= 0,1 mol/l) bis zum pH 5,00 titrieren. Die verbrauchte Säuremenge V1 (Bild 9.25) notieren, sie soll etwa bei 8 – 15 ml liegen; niedrigere Werte können auf Beeinträchtigungen der Schlammfaulung hinweisen.

Bürette dann wieder auffüllen und nun tröpfchenweise in das gleiche Becherglas weiter titrieren bis pH 4,4. Verbrauchte Säuremenge V2 (Bild 9.25) notieren, sie soll bei weniger als 0,7 ml liegen; ist der Verbrauch erhöht ist mit einem nachlassenden Säureabbau im Faulbehälter zu rechnen.

Weitere Ausführungen dazu [15].

9.4.5 Stabilisierungsgrad des Schlammes

Allgemeines

Der Überschussschlamm wird in einer Kläranlage ohne Faulbehälter üblicherweise so weit behandelt, dass er stabilisiert – d. h. fäulnisunfähig – ist. Ein gewisser Anhaltspunkt für den Stabilisierungsgrad ist die Geruchsentwicklung bei der Zwischenlagerung in Stapelräumen oder Silos. Ein aerob weitgehend stabilisierter Schlamm ist auch bei längerer Lagerzeit und hohen Außentemperaturen – im Gegensatz zu teilstabilisiertem Schlamm – weitgehend geruchsfrei. Auch die Bestimmung des Glühverlustes lässt eine gewisse Aussage über den Grad der Schlammstabilisierung zu.

Um mit betrieblichen Maßnahmen eine ausreichende Stabilisierung des Überschussschlammes zu erkennen, ist je nach Entnahmezeitpunkt eine wöchentliche Überprüfung notwendig.

Enzymaktivität (TTC-Test)

Eine gute Näherungsmethode für den Stabilisierungsgrad ist der vereinfachte TTC-Test. Er ist Bestandteil der Deutschen Einheitsverfahren zur Wasser-, Abwasser- und Schlammuntersuchung (DEV/L3) [4]. Da die Aktivität der Enzyme an das Vorhandensein lebender Bakterienzellen gebunden ist, kann anhand der fotometrisch messbaren Formazanproduktion der Stabilisierungsgrad eines Schlammes annähernd festgelegt werden.

Um in der Praxis einen Stabilisierungsgrad bestimmen zu können, wurde eine einfache Betriebsmethode entwickelt.

Geräteausstattung und Chemikalien
- Thermoschrank, eingestellt auf 20 °C
- Messzylinder (100 und 200 ml)
- Reagenzgläser (10 bis 15 ml), verschließbar (auch Leerküvetten aus dem Küvettentest)
- Ständer für Reagenzgläser
- Sicherheitspipette (1 ml)
- 2,3,5-Triphenyltetrazoliumchlorid (TTC), max. 5 g, im Chemiehandel zu erhalten.

TTC-Lösung herstellen

0,5 g TTC in 100 ml destilliertem Wasser lösen. Die Lösung wird vor Licht geschützt, in einer braunen Glasflasche aufbewahrt und sollte nach spätestens 2 Jahren erneuert werden.

Im Laborhandel werden auch Fertigtests angeboten.

Geräteausstattung
- Sauerstoffflasche (Winkler-, Karlsruher-Flasche), Inhalt 200 bis 300 ml, (genaue Volumenangabe der Flasche nicht erforderlich). Flaschenhalsweite ist etwa der vorhandenen O_2-Laborsonde anzupassen
- Sauerstoffmessgerät mit O_2-Laborsonde
- Magnetrührgerät mit stufenlos regelbarer Drehzahl
- Magnetrührstäbe, Länge mindestens 30 mm

- 2 ml-Pipette
- Glühofen (wenn Glühverlust bzw. oTS bestimmt wird)

Arbeitsanleitung
1. TS-Gehalt des entnommenen Überschussschlammes (ÜS) bestimmen oder auf ± 20 % abschätzen.

2. 20 ml ÜS mit Wasser aus der Nachklärung in einem Messzylinder auf einen TS-Gehalt von etwa 1 g/l vorverdünnen. Hierzu folgende Beispiele: Bei einem TS-Gehalt von 4,5 g/l → 20 ml Schlamm auf 20 · 4,5 = 90 ml verdünnen; bei einem TS-Gehalt von 5,3 g/l → 20 ml Schlamm auf 20 · 5,3 = 106 ml verdünnen.

3. Verdünnte Schlammprobe im Wasserbad auf etwa 25 °C erwärmen. 10 ml dieser Probe in das Reagenzglas mit 1 ml der 0,5 %igen TTC-Lösung abfüllen.

Bild 9.26: Magnetrührer

4. Glas verschließen, Inhalt gut durchmischen und auf Zimmertemperatur von 20°C bringen. Ein Thermoschrank kann hier hilfreich sein. Die Temperatur darf maximal ±2°C vom Sollwert 20°C abweichen, Lichteinfall ist zu vermeiden.

5. Nach 30 bis 60 Minuten Standzeit wird der Schlamm auf seine Rotfärbung überprüft.

Bewertung:
Ist nach einer Stunde noch keine rötliche Färbung der Schlammflocken erkennbar, handelt es sich um einen Schlamm, der die „technische aerobe Stabilisationsgrenze" erreicht hat. Bei unzu-

reichend stabilisierten Schlämmen tritt oft schon nach 30 Minuten, spätestens aber nach 45 Minuten, eine deutlich erkennbare Rotfärbung ein.

Atmungsaktivität

Die Messung der O_2-Atmungsaktivität ist die exaktere Methode zur Bestimmung des Stabilisierungsgrads eines Schlammes. Die Atmungsaktivität eines Belebtschlamms – häufig auch als Sauerstoffzehrung bezeichnet – wird durch die Geschwindigkeit der O_2-Aufnahme der aktiven Biomasse bestimmt. Sie ist im Wesentlichen von der Temperatur und vom Stabilisierungsgrad des Schlammes abhängig. Eine Zehrung durch Ammonium würde das Messergebnis verfälschen; um diese zu unterbinden, wird bei der Bestimmung grundsätzlich N-Allylthioharnstoff (ATH) zugegeben.

Bei einer Temperatur von 20 °C (bei dieser Temperatur wird die Messung durchgeführt) und einem TS-Gehalt von etwa 4 g/l gelten als Faustzahlen für die O_2-Aufnahme (= O_2-Zehrung des Schlammes) für Anlagen

- mit Teilstabilisierung: 0,2 bis 0,3 mg/(l · min)
- mit ausreichender Stabilisierung: 0,1 bis 0,15 mg/(l · min).

Hieraus wird deutlich, dass schon während der Messung der O_2-Zehrung bei ungefährer Kenntnis des TS-Gehaltes eine Aussage über den Stabilisationsgrad getroffen werden kann.

Arbeitsanleitung

- Etwa 0,5 l Schlamm mit bekanntem TS-Gehalt aus dem Ablauf der Belebung im Wasserbad auf etwa 20 °C erwärmen und zur O_2-Anreicherung

Bild 9.27: Füllen der Winkler-Flasche

auf > 6 mg/l mindestens 20 Sekunden in einer 1 l-Flasche schütteln.
- Eine Winkler-Flasche mit 2 ml 0,05 %iger ATH-Lösung füllen, mit dem belüfteten Schlamm bis zum Rand auffüllen (Bild 9.26) und Magnetstäbchen einwerfen.
- Flasche in ein Wasserbad stellen oder Messung in einem größeren Thermostatschrank durchführen.
- O_2-Sonde des kalibrierten O_2-Gerätes bis etwa zur Mitte der Flasche ohne Lufteinschluss einführen. Drehzahl am Magnetrührgerät soweit erhöhen, dass eine für die Anströmung der Sonde erforderliche Turbulenz erreicht wird.
- Je nach Geschwindigkeit der O_2-Zehrung muss die Zehrung in Abständen von 1 bis 3 Minuten abgelesen werden, die Werte sind in das Diagramm (Bild 9.28) einzutragen. Die Aufzeichnungen können meist nach etwa 15 Minuten beendet werden, spätestens dann, wenn die O_2-Konzentration den Wert 0,5 mg/l erreicht hat. Niedrigere Werte werden bei der Berechnung der Aktivität nicht berücksichtigt.

Berechnung der Atmungsaktivität des Schlammes:

Die Atmungsaktivität wird als O_2-Verbrauch von 1 kg TS pro Tag gemäß folgender Formel berechnet:

$$O_2\text{-Atmungsaktivität [g/(kg} \cdot \text{d)]} = \frac{O_2\text{-Zehrung [mg/(l} \cdot \text{min)]} \cdot 60\,\text{min} \cdot 24\,\text{h}}{\text{TS [g/l]}} =$$

Beispiel:

TS des Schlammes:	4,8 g/l
O_2 zu Beginn der Aufzeichnungen:	4,1 mg/l
abzgl. O_2 nach 15 Minuten (Ende der Messung):	<u>1,5 mg/l</u>
ergibt Zehrung in 15 Minuten:	2,6 mg/l
geteilt durch 15 Minuten ergibt:	0,173 mg/(l · min)

$$O_2\text{-Atmungsaktivität} = \frac{0{,}173 \text{ mg}/(l \cdot \text{min}) \cdot 1440}{4{,}8 \text{ g}/l}$$

$$= 52 \text{ g}/(\text{kg TS} \cdot \text{d})$$

Bewertung

Liegt die Atmungsaktivität unter 60 g/(kg TS · d), handelt es sich i. d. R. um einen weitgehend stabilisierten Schlamm. Bei darüberliegenden Werten ist von einer Teilstabilisierung auszugehen.

Eine sehr sichere Aussage kann getroffen werden, wenn die Aktivität auf den organischen Anteil (oTS) bezogen wird; hierfür ist der Glühverlust zu bestimmen. Für oTS gilt bei weitgehend stabilisierten Schlämmen ein Wert von ≤ 100 g/(kg TS · d).

Siehe dazu auch Leitfaden des DWA-Landesverbandes Bayern: <www.dwa-bayern.de>, unter Publikationen und Leitfaden.

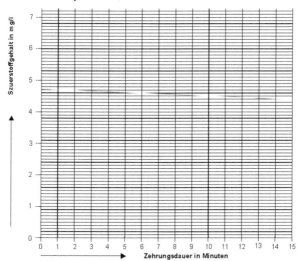

Bild 9.28: Diagramm Atmungsaktivität

9.4.6 Ammonium-Stickstoff (NH_4-N)

Neben den organischen Stoffen sind im Abwasser auch Stickstoffverbindungen enthalten. Im Zulauf zur Kläranlage liegen sie überwiegend als Ammonium-Stickstoff, NH_4-N vor, er wird in mg/l gemessen.

Da Ammonium-Stickstoff den Sauerstoff im Gewässer verbraucht, soll im Kläranlagenablauf der NH_4-N möglichst niedrig sein. In der AbwV ist für den NH_4-N ein Anforderungswert festgelegt. Diese Konzentration ist im Sommerhalbjahr vom 1. Mai bis 31. Oktober bzw. bei Abwassertemperaturen von über 12 °C im biologischen Teil einzuhalten.

Im Allgemeinen liegt NH_4-N im Zulauf von kommunalen Kläranlagen zwischen 40 und 60 mg/l, je nach der Aufenthaltszeit in Pumpwerken o. Ä. Wenn keine besonderen Verfahrensstufen zum Abbau vorgesehen sind, wird NH_4-N im Ablauf von schwachbelasteten Anlagen etwa auf die Hälfte vermindert.

NH_4-N kann verhältnismäßig einfach und ausreichend genau mit den gleichen Geräten fotometrisch gemessen werden, wie sie für die CSB-Betriebsmethode angeboten werden. Die jeweiligen Herstellerangaben sind genauestens zu beachten!

Für die fortlaufende NH_4-N-Messung (Online-Messung) gibt es Geräte, die mit sogenannten gassensitiven Elektroden oder mit fotometrischen Verfahren arbeiten. Der Wartungsaufwand ist nicht wesentlich größer als der für Sauerstoff-Messgeräte.

9.4.7 Nitrat-Stickstoff (NO_3-N)

In einer Kläranlage ohne Stickstoff-Oxidation (Nitrifikation) im biologischen Teil ist der Nitratgehalt im Abwasser sehr gering. Es ist dann auch nicht sinnvoll, Nitrat zu messen. Sobald sich aber durch Nitrifikation das Nitrat bildet, kann der Nitratgehalt 50 mg/l und mehr betragen. D. h., wenn eine Anlage gut nitrifiziert, sinkt der Ammonium-Stickstoff, dafür entsteht aber Nitrat-Stickstoff.

Nitrat-Stickstoff ist ein Nährstoff (Dünger für die Wasserpflanzen) und damit eine Belastung für das Gewässer. NO_3-N wird in der Dimension mg/l angegeben.

In der AbwV ist für Nitrat kein eigener Anforderungswert festgelegt, aber NO_3-N ist in der Summe der Stickstoffverbindungen im Parameter Stickstoff, gesamt, (N_{ges}) enthalten (siehe 9.4.9).

Die fotometrische Bestimmung mittels Küvettentest ist als Betriebsmethode vorgesehen. Dazu wird wieder das Fotometer verwendet, wie für die CSB- oder NH_4-N-Bestimmung. Allerdings müssen ein eigenes Interferenzfilter und die geeigneten Küvetten vorhanden sein. Die jeweiligen Herstellerangaben sind genauestens zu beachten!

Für die Online-NO_3-N-Messung werden fotometrische Verfahren eingesetzt, ebenso auch „ionenselektive Nitratelektroden" (Bild 9.29), sie werden bevorzugt zur verfahrenstechnischen Regelung der Denitrifikation eingesetzt.

9.4.8 Nitrit-Stickstoff (NO_2-N)

Die Nitrit-Messung ist in aller Regel bei der Selbstüberwachung entbehrlich, da der Nitritgehalt im kommunalen Abwasser vernachlässigbar gering ist. Nitritstickstoff ist normalerweise keine stabile Stickstoffverbindung und entsteht, wenn in einer Kläranlage gut nitrifiziert wird als „Zwischenstation" bei der Oxidation von NH_4-N zum Nitrat-Stickstoff.

Der Nitritgehalt ist meist deutlich kleiner als 1 mg/l. Die Messung kann mit Küvetten und fotometrischer Bestimmung erfolgen, wie dies bei NH_4-N geschieht. Voraus-

Bild 9.29: Online-Messung

setzung sind ein eigener Interferenzfilter und die richtigen Küvetten. Eine Konservierung ist nicht möglich. Da das Nitrition sehr instabil ist, muss sehr schnell analysiert werden, ansonsten geht es in NO_3-N über.

9.4.9 Gesamtstickstoff (N_{ges}, GesN, TKN)

In der AbwV - Anhang 1 „Häusliches und kommunales Abwasser" ist festgelegt, dass beim Einleiten von Abwasser in Gewässer ein Anforderungswert für den Gesamtstickstoff (N_{ges}) einzuhalten ist. Bislang müssen nur Kläranlagen mit einer Ausbaugröße von mehr als 10 000 EW einen Überwachungswert von 18 mg/l N_{ges} einhalten; bei mehr als 100 000 EW sind das 13 mg/l N_{ges}. Der N_{ges} ist als Summe der anorganischen Stickstoffverbindungen NH_4-N + NO_3-N + NO_2-N definiert. Der Wert darf im Sommerhalbjahr von Mai bis Oktober – bzw. ab einer Abwassertemperatur von 12 °C im biologischen Teil – nicht überschritten werden. Ablaufwerte von N_{ges} <18 mg/l sind nur einhaltbar, wenn die Kläranlage nitrifizieren und denitrifizieren kann. Der Gesamtstickstoff N_{ges} ist auch abgaberechtlich ein Schadstoffparameter. Für die Summenbildung ist es wichtig, dass die 3 Analysen immer aus der gleichen Abwasserprobe bestimmt werden, da sonst das Ergebnis nicht repräsentativ ist.

Bei der Bestimmung dieses Gesamtstickstoffes N_{ges} wird nach der Definition der AbwV und dem AbwAG der organische Anteil des Stickstoffs nicht berücksichtigt.

Um die Stickstoffverminderung in der Abwasseranlage für den Abbaugrad zu ermitteln, ist aber eine Gesamtstickstoffbilanz (Bild 4.5) vorzunehmen. Die Verminderung bezieht sich auf das Verhältnis der Stickstofffracht im Zulauf zu der im Ablauf. Für die Fracht ist die Summe aus organischem und anorganischem Stickstoff - zur Unterscheidung GesN - zu Grunde zu legen. Der GesN (TN = Total Nitrogen, d.h. alle Stickstoffverbindungen) kann ebenfalls mittels Betriebsmethode bestimmt werden, die jeweiligen Herstellerangaben sind genauestens zu beachten!

Der Chemiker benutzt für die Bestimmung des Gesamtstickstoffs im Rohabwasser hilfsweise den TKN (Total Kjeldahl Nitrogen). Dies ist die Summe aus organisch gebundenem Stickstoff und Ammoniumstickstoff; hier wird der oxidierte Stickstoff – vor allem das Nitrat – nicht erfasst. Der TKN hat als Betriebswert bisher kaum Bedeutung.

9.4.10 Phosphor (P), Ortho-Phosphat-Phosphor (PO_4-P)

Im biologisch gereinigten Abwasser sind noch anorganische Salze enthalten, von denen besonders Phosphate das Wachstum von Algen und Grünpflanzen in Gewässern fördern.

Nach der AbwV - Anhang 1 „Häusliches und kommunales Abwasser" ist beim Einleiten von Abwasser in Gewässer ein Anforderungswert für P_{ges} einzuhalten. Bislang müssen nur Kläranlagen mit einer Ausbaugröße von mehr als 10 000 EW einen Überwachungswert von 2 mg/l P_{ges}, einhalten; bei mehr als 100 000 EW sind es 1 mg/l P_{ges}. Bei empfindlichen Gewässern kann ein Grenzwert für P_{ges} auch schon bei kleineren Kläranlagen erforderlich sein. Derzeit wird in der Fachwelt diskutiert auch für kleinere Kläranlagen im Ablauf Anforderungswerte für P_{ges} zu fordern, bei Redaktionsschluss lagen allerdings noch keine Zahlen vor. Der Gesamtphosphor P_{ges} ist auch abgaberechtlich ein Schadstoffparameter.

Die Bestimmung von Phosphorverbindungen nach der DIN-Methode sollte nur von Betriebspersonal mit großer Laborerfahrung durchgeführt werden. Die Geräteausstattung und die Chemikalien dafür sind sehr aufwändig.

Bei der Betriebsmethode wird mit Fertigküvetten und fotometrischer Auswertung gearbeitet. Auf den richtigen Messbereich der Phosphor-Küvetten und ggf. auf das geeignete Interferenzfilter ist zu achten. Da in Spülmitteln Phosphate enthalten sind, ist es bei dieser Bestimmung besonders wichtig, alle eingesetzten Geräte vorher gründlich mit destilliertem Wasser zu spülen, um Spülmittelreste zu entfernen.

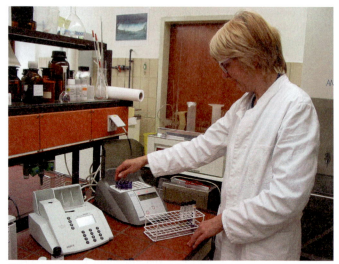

Bild 9.30: Betriebsmethode zur Bestimmung des P_{ges}

Bei der Messung des Phosphors mit dem Fotometer beschränkt man sich teilweise auf die Bestimmung des PO_4-P (Phosphat-Phosphor). Es ist die häufigste vorkommende Phosphorverbindung und kann für den Kläranlagenbetrieb ausreichend genau mit dem Küvettentest (nach dem Molybdänblau-Verfahren) bestimmt werden. Im Ablauf einer Kläranlage beträgt der PO_4-P ~ 80 bis 90 % des Gesamtphosphors (P_{ges}), je nach Gehalt der abfiltrierbaren Stoffe. Dieses Verhältnis kann aber nicht auf den Zulauf übertragen werden.

Aus betrieblichen wie aus wasserrechtlichen Gründen empfiehlt es sich, den Gesamtphosphorgehalt im Zulauf (nach dem Rechen) sowie im Ablauf der Kläranlage zu bestimmen; er wird auch für die Ermittlung des Abbaugrades benötigt. Da ein Aufschluss von Phosphaten (z. B. aus Waschmitteln) und organisch gebundenen Phosphaten ein Erhitzen der vorbereiteten sauren Lösung auf ca. 100 °C erfordert, wird dazu auch der Heizblock wie für den CSB gebraucht. Bei der Analyse sind die Herstellerangaben genauestens zu beachten! Wenn die Probe mit dem Auge wahrnehmbare Feststoffe enthält, ist ein Aufschluss durch Dispergieren (z. B. mittels Ultra-Turrax) erforderlich, damit sichergestellt ist, dass auch alle Inhaltsstoffe analysiert werden können.

Für die online P-Messung gibt es ebenfalls Geräte. Meist wird dabei der PO_4-P gemessen. Die Messgeräte eignen sich besonders für die Regelung der Dosiereinrichtung zur P-Fällung, da nur PO_4-P gefällt werden kann.

9.5 Messung biochemischer Werte

Biochemischer Sauerstoffbedarf (BSB_5)

Der BSB_5 ist der **B**iochemische **S**auerstoff**b**edarf in 5 Tagen, er ist in der AbwV als Anforderungswert vorgeschrieben, wird aber im AbwAG nicht als Schadstoffparameter bewertet.

Bei häuslichem Abwasser liegt die mittlere BSB_5-Konzentration im Rohabwasser bei 300 mg/l, bei mechanisch gereinigtem Abwasser bei 200 mg/l und nach der biologischen Reinigung bei 5 bis 25 mg/l.

Die BSB_5-Schmutzfracht eines Einwohners pro Tag (Abwassermenge · Schmutzkonzentration) errechnet sich zu

BSB_5-Fracht: 200 l/(E · d) · 0,300 g/l = 60 g/(E · d)

Bei der Bestimmung wird also die Menge Sauerstoff gemessen, die von den Mikroorganismen innerhalb von 5 Tagen verbraucht wird, um die organischen Stoffe bei 20 °C abzubauen.

Respirometrische Geräte mittels Druckmesskopf

Bei dieser Methode wird eine genau abgemessene Probemenge in eine Flasche gefüllt, ATH (Allylthioharnstoff ist ein Nitrifikationshemmstoff) und Kaliumhydroxid zugegeben und dann luftdicht abgeschlossen. Während des Zeitraumes der Bestimmung wird durch Bakterien O_2 aus dem Luftbereich veratmet. Der Sauerstoffverbrauch erzeugt einen Unterdruck der an einem Manometer angezeigt wird (Bild 9.31). Beim Ausatmen durch die

Bakterien wird auch Kohlenstoffdioxid-Gas (CO_2) gebildet; zur Bindung wird Kaliumhydroxid verwendet.

Wenn man dann den Sauerstoffverbrauch über den Unterdruck und seinem Gewicht ins Verhältnis setzt zur eingefüllten Abwassermenge, erhält man den O_2-Verbrauch der Bakterien. Je schmutziger das Abwasser ist umso mehr Bakterien entwickeln sich in diesen 5 Tagen durch Zellteilung und umso mehr O_2 wird dafür von ihnen verbraucht.

Bild 9.31: BSB_5 mit Druckmesskopf

Daraus entsteht dann die vorgenannte spezifische Zahl von 60 g/ (E · d); d.h. die tägliche Abwasserverschmutzungsfracht eines natürlichen Einwohners ist so groß, dass sich so viele Bakterien entwickeln, die zusammen 60 g O_2 zum Leben verbrauchen.

Auf Formblättern werden die gespeicherten Tageswerte wie auch der Endwert (= BSB_5) eingetragen und graphisch aufgezeichnet. Verbindet man die Werte, so entsteht eine Kurve des biochemischen Sauerstoffverbrauches, auch „BSB-Kurve" genannt, die den Abbauverlauf der im Abwasser enthaltenen Schmutzstoffe kennzeichnet.

Die Vorgaben der Hersteller sind genauestens zu beachten! Näheres zur BSB_5-Messung siehe Handbuch zur Betriebsanalytik auf Kläranlagen [15].

BSB_5-Messung nach dem vereinfachten Verdünnungsverfahren
Die respirometrische BSB_5-Messung zählt zu den zeitaufwändigen Laborarbeiten. Auch stößt das Verfahren bei sehr niedrigen Ablaufwerten an die Grenzen der Genauigkeit. Da der Ablauf biologisch reinigender Kläranlagen meist sehr niedrig liegt empfiehlt es sich, bei Werten <10 mg/l BSB_5 das vereinfachte Verdünnungsverfahren anzuwenden. Diese Methode ist genauer und weniger zeitaufwändig.

Geräteausstattung
- BSB_5-Thermostatschrank, einstellbar auf 20 °C ± 1 °C
- 2 Winkler-Flaschen, Inhalt 250 bis 300 ml, (genaue Volumenangabe nicht erforderlich)
- Sauerstoffmessgerät mit O_2-Laborsonde
- Magnetrührgerät mit stufenlos regelbarer Drehzahl
- 2 Magnetrührstäbe, Länge mindestens 30 mm
- Messzylinder mit 10- oder 20-ml-Teilung, Inhalt 500 ml
- 2-ml-Pipette
- N-Allylthioharnstoff (ATH), 0,05%ige Lösung (0,25 g ATH in 500 ml destilliertem Wasser lösen)
- Verdünnungswasser, hergestellt durch Belüftung von chlorfreiem

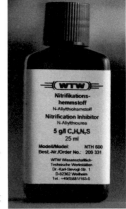

Bild 9.32: ATH-Lösung

Leitungswasser mit Trinkwasserqualität. Die Belüftung (z. B. halbgefüllte Flasche etwa 1 Minute kräftig aufschütteln) erfolgt nach der Entnahme und etwa 10 bis 20 Minuten vor Gebrauch. Das Verdünnungswasser wird in einer Glasflasche in Dunkeln aufbewahrt und ist frühestens nach 3 Tagen und längstens 14 Tage lang zu verwenden.

Durchführung der Messung
Siehe auch Leitfaden LF2-1 des DWA-Landesverbandes Bayern: <www.dwa-bayern.de>, Publikationen und Leitfaden.

Herstellen der Probenansätze
1. In die zwei mit einem wasserfesten Faserstift nummerierten Winkler-Flaschen 1 und 2 jeweils 2 ml ATH-Lösung geben.
2. Etwa 250 ml der Ablaufprobe in eine 1-l-Flasche (Flasche 1) füllen und zur O_2-Anreicherung 1/2 bis 1 Minute kräftig aufschütteln. Die Wassertemperatur sollte 18 bis 22°C betragen.
3. Überschüssige Luftblasen entweichen lassen und Flasche mit der Ablaufprobe bis zum Rand auffüllen (Ansatz 1).
4. 200 ml der Ablaufprobe im 500-ml-Messzylinder abmessen, mit Verdünnungswasser (18 bis 22°C) auf 400 ml auffüllen und kurz mit Glasstab rühren.
5. Flasche 2 mit der verdünnten Ablaufprobe bis zum Rand auffüllen (Ansatz 2). Rest der verdünnten Probe bis nach der O_2-Messung im Kühlschrank aufbewahren!

Bestimmung der O_2-Konzentration in beiden Flaschen
1. Winkler-Flasche in einem Gefäß (z. B. Becherglas für Überfüllung) auf den Magnetrührer stellen und Magnetrührstab einwerfen.
2. O_2-Sonde langsam bis auf etwa 5 cm über dem Rührstab in die Flasche einführen; eventuell an der Membran eingeschlossene Luftblase durch kurzes ruckartiges Hochziehen der Sonde entfernen.
3. Drehzahl am Magnetrührer langsam erhöhen. Eine ausreichende Turbulenz ist dann erreicht, wenn sich der O_2-Wert nicht weiter nach oben verändert.

4. O_2-Wert ablesen, wenn dieser mindestens 30 Sekunden auf ± 0,1 mg/l konstant bleibt und als Sofort-O_2 protokollieren.
5. Das durch die Sonde verdrängte Wasservolumen ersetzen, Flasche luftblasenfrei verschließen und in den BSB-Schrank stellen.
6. Sauerstoffkonzentration nach 5 Tagen abermals messen und Werte als Rest-O_2 ins Protokoll eintragen.

Berechnung
Flasche 1: Sofort-O_2 - Rest-O_2 = 1. BSB_5-Einzelwert
Flasche 2: (Sofort-O_2 - Rest-O_2) · 2 = 2. BSB_5-Einzelwert

Der BSB_5 der Ablaufprobe ist der auf ganze mg/l auf- oder abgerundete Mittelwert aus beiden Ansätzen. Wichtig! Liegt der Rest-O_2 in Flasche 1 unter 1 mg/l, wird nur das Ergebnis der Flasche 2 gewertet. Liegt der Rest-O_2, auch in Flasche 2 unter 1 mg/l, ist als Ergebnis < 15 mg/l BSB_5 einzutragen.

<u>Beispiel 1:</u>

Flasche 1: 8,5 mg/l - 0,4 mg/l = 8,1 mg/l (nicht werten)
Flasche 2: (8,7 mg/l - 3,7 mg/l) · 2 = 10,0 mg/l
BSB_5 der Probe = 10 mg/l

<u>Beispiel 2:</u>

Flasche 1: 8,5 mg/l - 4,1 mg/l = 4,4 mg/l
Flasche 2: (8,7 mg/l - 6,0 mg/l) · 2 = 5,4 mg/l
BSB_5 der Probe = 5 mg/l (Mittelwert)

Weitere BSB_5-Messverfahren
Es gibt ein BSB_5-Messverfahren mit Fertigküvetten und fotometrischer Auswertung. Hierbei kann das gleiche Fotometer wie bei den bewährten Betriebsmethoden verwendet werden. Die Küvetten werden mit Abwasserprobe und Verdünnungswasser befüllt, 5 Tage bei 20 °C lichtgeschützt inkubiert (bebrütet, warmgehalten) und dann fotometrisch ausgewertet. Das Fotometer zeigt den BSB_5 direkt in mg/l O_2 an. Vergleichsergebnisse ergaben eine gute Übereinstimmung mit den respirometrischen Methoden.

Hemmstoff für BSB_5-Messung (ATH)
Nach der AbwV ist beim Analysenverfahren für den BSB_5 vorgeschrieben 5 mg/l Allylthioharnstoff (ATH) zur Hemmung der Nitrifikation (Stickstoffoxidation) zu verwenden. Dies gilt unabhängig von der Abwasserart, also auch für die Zulaufprobe der Kläranlage. Auch in der Selbstüberwachung darf auf die Zugabe des Hemmstoffs nicht verzichtet werden.

Der ATH-Hemmstoff selbst ist nicht unbegrenzt haltbar. Die Hemmfähigkeit lässt je nach Aufbewahrungsort und Temperatur mit der Zeit nach. Genauere Verfallsangaben sind nicht bekannt. Um eine sichere Hemmung zu erreichen wird empfohlen, Allylthioharnstoff nicht länger als 1 Jahr zu verwenden.

9.6 Das mikroskopische Bild

Durch die Bestimmung des mikroskopischen Bildes werden wesentliche Informationen über die Reinigungswirkung und den Betriebszustand einer Anlage gewonnen. Die gefundenen Indikatororganismen ermöglichen eine Beurteilung der vorherrschenden Milieuverhältnisse zum Zeitpunkt der Probenahme wie auch zeitlich zurückliegend, insbesondere Milieubedingungen wie Schlammbelastung, Schlammalter, Art der Abwasserinhaltsstoffe, Sauerstoffverhältnisse, pH-Wert, Faulprozesse und toxische Einflüsse.

9.6.1 Anforderungen an die Ausstattung des Mikroskops

Zur mikroskopischen Belebtschlammuntersuchung wird ein *Durchlichtmikroskop mit Phasenkontrastausstattung* benötigt, das eine Gesamtvergrößerung bis 1 000-fach ermöglicht. Hier die wesentlichen Anforderungen an die Funktionalität und optische Leistungsfähigkeit eines Mikroskops (Bild 9.33):

- binokularer Beobachtungstubus
- fokussierbare Weitwinkel-Okulare mit 10-fach Vergrößerung und Sehfeldzahl größer 18; eingebaute Okular-Strichplatte zur Längenmessung

- Objektivrevolver mit Phasenkontrastobjektiven der Vergrößerung 10-fach, 40-fach und 100-fach (Ölimmersionsobjektiv), jeweils mit hoher numerischer Apertur

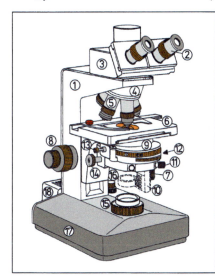

1 Stativ
2 Okular
3 Tubus
4 Objektivrevolver
5 Objektiv
6 Kreuztisch mit Präparatehalter
7 Bedienungstrieb für den Kreuztisch
8 Feintrieb und Grobtrieb zur Bildschärfeneinstellung
9 Revolverscheibe des Kondensors mit Phasenring- und Hellfeldblenden
10 Einklapphebel der Kondensorlinse (falls vorhanden)
11 Zentrierschrauben zur Kondensorzentrierung
12 Kondensorblende
13 Zentrierschrauben zum Justieren der Phasenkontrastblenden
14 Höhenverstellung des Kondensors
15 Leuchtfeldblende
16 Regulierung der Beleuchtungsstärke
17 Stativfuß
18 Lampenhaus

Bild 9.33: Aufbau eines Mikroskops

- Kreuztisch mit koaxialem Trieb und seitlich heraus klappbarem Objekthalter für Standardobjektträger (76 · 26 mm)
- Kondensor mit drehbarer Revolverscheibe zum schnellen Wechsel der Beleuchtungs-/Kontrastierungsmethode
- Revolverscheibe, versehen mit Stellungen für Hellfeld, für drei Phasenringblenden und eine Dunkelfeldblende (Kondensoren mit Steckblenden sind untauglich).
- Beleuchtungseinrichtung: Halogenglühlampe mit stufenlos regulierbarer Lampenspannung (für Videoeinrichtung ist eine 100 Watt Halogenglühlampe erforderlich)
- Einstellfernrohr zur Kontrolle und Einstellung der Apertur- und Phasenringblenden

„Billigmikroskope" haben ein viel kleineres Blickfeld sowie schlechte Optik und sind daher nicht geeignet.

Die Hinweise des Herstellers zur Pflege (staubfrei, spezielles Reinigungspapier für Okulare und Objektive, regelmäßiger Kundendienst) sind zu beachten.

9.6.2 Durchführung der mikroskopischen Untersuchung

Der Belebtschlamm bzw. Biofilm ist eine Lebensgemeinschaft aus einfach organisierten Organismen, d. h. Bakterien (Prokaryonten) und aus höher organisierten Organismen (Eukaryonten), wie einzellige Protozoen und mehrzellige Metazoen.

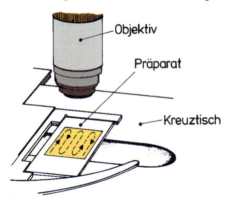

Bild 9.34: Systematische Untersuchung des Präparates

Für die Belebtschlammuntersuchung wird eine Probe aus der turbulenten, belüfteten Zone des Belebungsbeckens verwendet.

Durchführung der Probenanalyse:

- Einen Tropfen mit blauer Einmal-Impföse (Volumen 10 µl) auf einen Objektträger (76 · 26 mm) geben und mit einem Deckglas (18 · 18 mm; Normdicke 0,17 mm) abdecken,
- das Lebendpräparat auf dem Kreuztisch in die Präparatehalterung einlegen,

- 10-fach-Phasenkontrastobjektiv einschwenken und die dazu gehörende Ringblende am Kondensor einstellen,
- einstellen der verschiebbaren Okularstutzen entsprechend dem Augenabstand,
- Präparat mittels Grob- und Feintrieb scharf stellen und systematisch untersuchen (Bild 9.33 bis Bild 9.35).

Bild 9.35: Mikroskopische Untersuchung

Zur Dokumentation der Biozönose sind folgende Strukturen und Organismengruppen zu erfassen:
- Die Ausbildung der Schlammflocken wird anhand der Form, Festigkeit, Struktur und Größe beschrieben.
- Die Bestimmung der Schlammfädigkeit erfolgt bei 100-facher Vergrößerung durch Zuordnung zu einer der abgebildeten Fädigkeitskategorien.
- Das Vorkommen von Spirillen, Protozoen (Flagellaten, Amöben, Schalenamöben, Wimpertierchen (Ciliophora, veraltet auch Ciliata genannt)) und Metazoen (Rotatorien) und ihre Häufigkeit wird pro Präparat abgeschätzt.
- Die Größenordnung freier Bakterienzellen wird pro Gesichtsfeld bei 400-facher Vergrößerung erfasst.

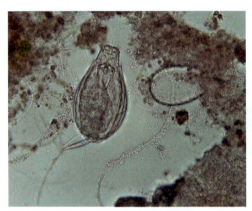

Bild 9.36: Die Artenvielfalt der Mikroorganismen

Die Artbestimmung von Protozoen und Metazoen sowie die Bestimmung einzelner Typen von Fadenmikroorganismen wird bei 1 000-facher Vergrößerung durchgeführt, sie ist zunächst aber nicht erforderlich. Die Ergebnisse der Untersuchung sind in einem Analysenformular zu protokollieren (siehe Bild 9.38).

9.6.3 Qualitätsbeurteilung der Biozönose

Die Analyse soll zu einem Qualitätsurteil führen (gut, mäßig, schlecht). Darüber hinaus ist es in Hinblick auf die Prozessüberwachung sinnvoll, die Analyse mit früher durchgeführten zu vergleichen und die Entwicklung der Biozönose zu verfolgen (Trend: besser, gleich, schlechter).

Die Belebtschlammqualität wird durch die Morphologie der Schlammflocken, die Anwesenheit fädiger Mikroorganismen und freier Bakterienzellen sowie das Vorkommen von Protozoen und Metazoen bestimmt. Folgende allgemeine Richtlinien sollen die Beurteilung der Schlammqualität erleichtern:

- Bei der mikroskopischen Untersuchung ist zu kontrollieren, ob die vorhandenen Organismengruppen charakteristisch für die vorgegebene Belastung sind. Bei niedriger Belastung treten vor allem Ciliaten und Organismen mit langen Generationszeiten auf, wie Schalenamöben und Metazoen. In einer Hochlastanlage sind auf Grund des hohen Nahrungsangebots und des kurzen Schlammalters hauptsächlich freie Bakterien, Flagellaten und Amöben zu finden.

- Eine hohe Artenvielfalt in der Protozoen- und Metazoenfauna sind Zeichen für stabile Betriebs- bzw. Milieubedingungen.
- Ein Rückgang der Artenvielfalt und/oder ein Massenvorkommen einzelner Arten lassen auf eine Störung der Biozönose bzw. auf instabile Betriebsbedingungen schließen.
- Das Vorkommen von Spirillen, die im sauerstoffarmen und sulfidhaltigen Milieu verbreitet sind, kann auf eine unzureichende Belüftung und/oder auf Faulprozesse hinweisen.
- Günstige Flockeneigenschaften in Hinblick auf eine gute Schlammsedimentation zeigen abgerundete Flocken mittlerer Größe mit einer kräftigen und kompakten Struktur.
- Die Feststoffbelastung im Ablauf wird gering sein, wenn eine gute Flockenqualität vorliegt und die Dichte fädiger Mikroorganismen und freischwimmender Bakterien niedrig ist.

Eine detaillierte Beurteilung der Schlamm- bzw. Biofilmqualität sollte durch Fachleute erfolgen.

Die Ergebnisse der mikroskopischen Untersuchung in Verbindung mit den messtechnischen Parametern und deren plausibler Auswertung ermöglichen eine Beurteilung der Verfahrenstechnik. Ergänzende Literatur dazu siehe Bild 9.37 [10], [11], [12], [13], [14] und [15].

Bild 9.37: Literatur zum Mikroskopieren

Kurs: Grundlagen für den Kläranlagenbetrieb

Dokumentation der mikroskopischen Schlammuntersuchung

Kläranlage:	Datum der Probenahme:	Probenbezeichnung:	Untersuchung durch:

1. Ausbildung der Schlammflocke:

1.1 Form: ☐ abgerundet ☐ vieleckig

1.2 Struktur: ☐ kompakt ☐ offen

1.3 Festigkeit: ☐ kräftig ☐ schwach

1.4 Größe: ☐ klein (<25µm) ☐ mittel (25-250 µm) ☐ groß (> 250 µm)

1.5 Fädigkeit: ☐ Kategorie 0 ☐ Kategorie 1 ☐ Kategorie 2 ☐ Kategorie 3 ☐ Kategorie 4 ☐ Kategorie 5

2. Erkennen der Belebtschlammorganismen:

Häufigkeitsschlüssel

Kategorie	Organismen	freie Bakterien
0	nicht gefunden	keine
1	selten	wenige
2	mehrfach	einige zig
3	häufig	hunderte

2.1 Bakterien:

Freie Bakterien (Häufigkeit pro Gesichtsfeld 400fach): Häufigkeit: [ ]

Spirillen (Häufigkeit pro Präparat): Häufigkeit: [ ]

2.2 Protozoen und Metazoen (Häufigkeit pro Präparat):

Ciliaten z.B. *Carchesium* sp.	z.B. *Aspidisca cicada*.	Flagellaten	Amöben	Schalenamöben z.B. *Arcella* sp.	Metazoen z.B. Rotatorien
Häufigkeit: [ ]	Häufigkeit: [ ]	Häufigkeit: [ ]	Häufigkeit: [ ]	Häufigkeit: [ ]	Häufigkeit: [ ]

3. Beurteilung

3.1 Schlammqualität:	gut	mäßig	schlecht	3.2 Trend:	besser	gleich	schlechter

© in Zusammenarbeit mit Dipl.-Biologin George Lind, IMA, Institut für mikroskopische Analytik, München, Tel.: 0170 9021493

Literatur: Das mikroskopische Bild bei der Abwasserreinigung, Informationsbericht 1/1999, Hrsg.: Bayer. Landesamt für Wasserwirtschaft, München; EIKELBOOM, D.,(2000): Prozessüberwachung von Belebungsanlagen durch mikroskopische Schlammuntersuchung, Hrsg.: ATV-DVWK, Hennef; LEMMER, H., LIND, G.(2000): Blähschlamm, Schaum, Schwimmschlamm, Mikrobiologie und Gegenmaßnahmen; Hrsg.: F. Hirthammer Verlag, München

Bild 9.38: Analysenformular (für Kurse in Bayern)

10 Überwachung des Betriebs

10.1 Allgemeines zur Betriebsüberwachung

Die Überwachung ist wichtig, umfangreich und vielfältig. Sie umfasst nicht nur das Bedienen, Beaufsichtigen, Pflegen und Instandhalten aller baulichen und maschinellen Einrichtungen, sondern insbesondere das Überwachen, Steuern und Regeln des Betriebsablaufes sowie das Messen, Aufzeichnen und Auswerten. Eine gewissenhafte Betriebsüberwachung leitet sich aus dem WHG ab. Ziel muss es sein, die Abwasseranlage so zu betreiben, dass sie stets einen guten Abbaugrad hat. Nur bei einer sorgfältigen Betriebsführung ist auf Dauer ein einwandfreier Betrieb zu erreichen und eine möglichst niedrige Belastung für das Gewässer sicherzustellen.

Zur Regelung der Vorgaben ist es unerlässlich, dass der Unternehmensträger (Kommunalverwaltung, Zweckverband usw.) eine Dienst- und Betriebsanweisung erlässt. Die DWA hat in ihrem Arbeitsblatt DWA-A 199 Grundsätze dafür erarbeitet (Bild 10.1) [1].

Um Abbaugrad und Wirtschaftlichkeit einer Kläranlage beeinflussen zu können, braucht der Betreiber (=Unternehmensträger) qualifiziertes Personal mit besonderen verfahrenstechnischen Kenntnissen. Alle Tätigkeiten, die der Betreiber in eigener Verantwortung unternimmt, um diese Kenntnisse zu erhalten – sei es durch das Betriebspersonal oder durch beauftragte Dritte – nennt sich *Selbstüberwachung* (WHG §61). Auch die Bezeichnungen *Eigenüberwachung* oder *Eigenkontrolle* werden in einigen Bundesländern verwendet. Im Gegensatz dazu stehen die von den staatlichen Aufsichtsbehörden veranlassten Überwachungen.

Bild 10.1: Arbeitsblatt DWA-A 199-4

Die Abwasseranlage zählt zu den teuersten Vermögenswerten einer Gemeinde. Schon aus diesem Grund ist das Personal verpflichtet, mit den Anlagen sorgfältig umzugehen, denn Werterhaltung und Betriebssicherheit sind oberstes Gebot. Es ist eine sehr verantwortungsvolle Aufgabe, alle Einrichtungen der Abwasseranlage mit hoher Effizienz zu betreiben.

Die Betriebsüberwachung ist demnach ein Entscheidungsinstrument, das Informationen über Qualität und Wirtschaftlichkeit des Betriebes sowie über den Zustand der dazu benötigten Einrichtungen liefert. Maßnahmen zur Betriebsverbesserung basieren auf Erkenntnissen der Selbstüberwachung.

Unterlässt der Betreiber diese Selbstkontrolle, besteht die Gefahr, dass wasserrechtlich, strafrechtlich oder abgaberechtlich bedeutsame Betriebszustände nicht frühzeitig erkannt werden. Schließlich kann der Verantwortliche die Wirtschaftlichkeit bzw. die Notwendigkeit kostenaufwändiger Maßnahmen nicht begründen.

Um die Wirtschaftlichkeit der eigenen Anlage beurteilen zu können ist es hilfreich, am *Benchmarking* teilzunehmen. Das bedeutet, sich mit anderen vergleichbaren Abwasseranlagen anonymisiert zu vergleichen, um zu erfahren, in welchen Bereichen man sehr gut ist und wo es Defizite gibt. Dabei werden z. B. bei einem Kennzahlenvergleich einzelne Merkmale nach dem „Fünf-Säulen-Modell":

Wirtschaftlichkeit,

Sicherheit,

Qualität,

Kundenservice und

Nachhaltigkeit der Abwasserbetriebe

miteinander verglichen.

Bei Benchmarking-Projekten in Deutschland liegt der durchschnittliche Aufwand für die Abwasserbeseitigung bei 117 € pro Einwohner und Jahr.

10.2   Umfang der Betriebsüberwachung

In den vorhergehenden Abschnitten wurden die Bedienungs- und Wartungsaufgaben für die Einrichtungen verschiedener Abwasseranlagen beschrieben. Nachfolgend werden allgemeine Regeln, die für jede Abwasseranlage, unabhängig von Größe und Art immer gelten, zusammengefasst.

Betriebs- und Aufenthaltsräume sind wenigstens einmal wöchentlich zu reinigen und sauber zu halten. Zur Raumpflege gehört auch Fensterputzen.

Metallteile (Räumwagen, Rohrleitungen, Geländer, Zäune usw.), sind zu entrosten und die Anstriche zu erneuern. Die besten Rostschutz- und Anstrichmittel sind für die harte Beanspruchung auf der Kläranlage gerade gut genug. Alternativ sind korrosionsbeständige Materialien wie Edelstahl im Abwasserbereich bzw. Aluminium für Geländer zu verwenden.

Holzteile (Türen, Fensterrahmen usw.) verfaulen weniger rasch und sehen freundlicher aus, wenn sie alle drei bis fünf Jahre gestrichen oder imprägniert werden.

Für *maschinelle Einrichtungen* (Motoren, Gebläse, Pumpen, Räumer, Steueranlagen, Drehsprenger, Belüftungseinrichtungen usw.) geben die Lieferfirmen eigene Bedienungs- und Betriebsanleitungen zu Instandhaltung und Pflege. Diese Anweisungen, insbesondere hinsichtlich Abschmieren und Ölwechsel, sind genau zu befolgen. Als Hilfe für Überwachung und Wartung von Maschinen und Geräten wird in Kapitel 8 auf ein Wartungs-Karteisystem mit Terminplan hingewiesen. Ersatz- und Verschleißteile sind in ausreichendem Maße vorrätig zu halten.

Eine *Generalüberholung* aller Anlagenteile ist in regelmäßigen Zeitabständen vorzunehmen und rechtzeitig einzuplanen, um Betriebsausfälle und Störungen zu vermindern. Diese Vorsorge macht sich, ebenso wie die Errichtung einer Werkstätte mit ausreichender Ausstattung, durch einen wirtschaftlicheren Betrieb bezahlt.

Besonders bei kleineren Anlagen fehlen häufig die räumlichen Möglichkeiten. Dann kann es zweckmäßig sein mit den Herstellerfirmen die Wartungsverträge abzuschließen. Nicht vergessen: Betriebspersonal hat sich insbesondere auf die Verfahrenstechnik zur Optimierung der Wirtschaftlichkeit zu konzentrieren.

Sehr wichtig! Wenn wesentliche Teile oder die ganze Anlage aus triftigen Gründen (z. B. Beckentotalentleerung, Generalüberholung von Geräten, Hochwasser (Bild 10.2)) abgeschaltet und außer Betrieb genommen werden müssen, ist das vorher den Überwachungsbehörden anzuzeigen. In Niedrigwasserzeiten ist damit zu rechnen, dass die Zustimmung versagt wird. Nutzungsberechtigte, z. B. Fischerei, müssen benachrichtigt werden.

Bild 10.2: Kläranlage landunter

Wenn eine vorherige Meldung wegen „Gefahr im Verzug" nicht mehr möglich ist, muss sie sofort nachgeholt werden (fernmündlich!). Vermerk im Betriebstagebuch nicht vergessen!

Elektrische Anlagenteile dürfen nur von Fachkräften mit entsprechender Ausbildung zur elektrotechnisch unterwiesenen Person regelmäßig geprüft und mit Einschränkung auch selbständig repariert werden.

Die gesamte Ausstattung ist zu pflegen und instand zu halten. Dazu gehören alle Untersuchungs- und Messgeräte sowie Werkzeuge und Arbeitsgeräte.

Wenn nicht gerade Jauche (verboten!) oder der Inhalt von Fäkalien-Saugwagen (lästig!) oder giftiges Industrieabwasser einer sonst ausreichend bemessenen Kläranlage zugeführt werden, gilt als Grundsatz:

Wenn es stinkt, fehlt es an Bedienung und Wartung!

Nur durch regelmäßige Untersuchungen ist der Betreiber in der Lage, die Wirkungsweise seiner Abwasseranlage zu verfolgen. Dadurch ist es möglich rechtzeitig zu erkennen, ob

- Belastungsschwankungen des zufließenden Abwassers sich auf den Betrieb und auf den Abbaugrad auswirken,
- die wasserrechtlichen Erlaubniswerte eingehalten werden,
- es möglich ist, die Abwasserabgabe zu vermindern,
- die Kläranlage wirtschaftlich betrieben wird und z. B. der Energieverbrauch nicht unnötig hoch ist,
- nicht Schmutzstöße die Wirkung der Kläranlage verschlechtern und frühzeitig Gegenmaßnahmen zu ergreifen sind,
- sich eine Überlastung der Anlage andeutet und deshalb Vorbereitungen für eine Erweiterung zu treffen sind.

Mit einer lückenlosen Aufschreibung und Auswertung der Betriebsergebnisse können der Betreiber und das Betriebspersonal beweisen, wie gut die Kläranlage funktioniert. Damit können auch ungerechtfertigte Anschuldigungen Dritter abgewiesen werden (Schadstoffeinleitungen in ein Gewässer, Fischsterben u. a.).

10.3 Betriebsunterlagen

Alle zum Betrieb notwendigen aktuellen Unterlagen müssen schnell auffindbar auf der Kläranlage zumindest in Kopie aufliegen; leider sieht die Praxis anders aus.

Wer schon einmal in die Lage gekommen ist den Auslastungsgrad der Kläranlage vor Ort zu ermitteln, ohne die Bauwerksabmessungen oder die Bemessungswerte zu kennen, der weiß es zu schätzen, wenn die Planungsunterlagen vollständig sind. Ein Stellvertreter ist auf die Betriebsunterlagen besonders angewiesen, vor allem wenn eine Ausnahmesituation eintritt.

Zu den Betriebsunterlagen gehören:
- Betriebstagebuch
- Unterlagen mit Bemessungswerten, Bestandsplänen und hydraulischen Längsschnitten, ggf. auch die der Kanalisation
- wasserrechtliche und abgaberechtliche Bescheide
- Dienstanweisung des Dienstherrn
- Betriebsanweisung für die Abwasseranlage
- Betriebsanleitungen für Betriebs- und Labormessgeräte;
- Betriebsvorschriften für maschinelle u. elektr. Einrichtungen
- Analysenvorschriften
- Unfallverhütungsvorschriften und Erste Hilfe-Anleitungen
- Sicherheitsdatenblätter, Gefahrstoffverzeichnis
- Alarm- und Benachrichtigungsplan
- bundes- und landesgesetzliche Bestimmungen
- Entwässerungssatzung soweit diese mittelbar und unmittelbar den Betrieb und die Selbstüberwachung betreffen.

Eine sorgfältige Selbstüberwachung ist nur dann möglich, wenn vollständige Betriebsunterlagen in der Abwasseranlage vorhanden sind.

10.4 Messungen vor Ort und im Labor

Mit den Aufzeichnungen der Selbstüberwachung wird das Betriebsgeschehen kontrolliert. Wichtig ist es die Messungen möglichst häufig durchzuführen. Damit bekommt das Betriebspersonal ein Gespür für die Wirkungsweise und die Leistungsgrenzen der Kläranlage.

Für die Durchführung der Messungen auf der Kläranlage ist ein geeigneter Raum als Labor einzurichten. Es muss eine Mindestausstattung aufweisen, einwandfrei zu lüften und gut beleuchtet sein (siehe Kapitel 12). Nur unter diesen Voraussetzungen kann das Betriebspersonal sorgfältige analytische Untersuchungen durchführen und Ergebnisse mit der erforderlichen hohen Genauigkeit und Qualität erzielen (Bild 10.3).

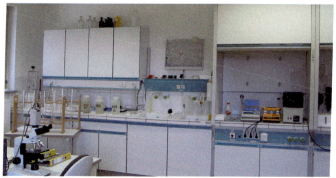

Bild 10.3: Das Labor einer Kläranlage

Beispiel für Untersuchungshäufigkeiten

Ort der Untersuchung	Parameter bzw. Überprüfung	Kläranlagen nach Ausbaugrößen in EW				
		bis 999	1 000 bis 5 000	5 001 bis 10 000	10 001 bis 100 000	> 100 000
Kläranlagenstandort	Wetter, Lufttemperatur	2 · w	at	t	t	t
Zulauf	Abw.-Zufluss	nur bei fehlender Abflussmessung, Häufigkeit siehe Abwasserabfluss				
	Abw. Temperatur	2 · w	2 · w			
	pH-Wert	2 · w	2 · w	kontinuierlich		
Abw.-Teiche	Schlammstand	1/4 j	1/4 j			
Zulauf oder Zulauf biologischer Teil	BSB$_5$, CSB P$_{ges}$ GesN/ NH$_4$-N	1/4 j	monatlich			wöchentlich
Belebungsbecken/ belüft. Teiche	Sauerstoffgehalt	2 · w	at	3 · at	kontinuierlich	
Belebungsbecken/ belüftete. Teiche mit Rücklaufschlammführung	Schlammvolum.	2 · w	at	täglich		
	TS$_R$-Gehalt Schlammindex	m	m	2 · w	3 · w	at
	TSR-Gehalt im Rücklaufschl.			14 tgl.		wöchentlich
	Mikroskop. Bild			wöchentlich		at
Tropfkörper	Beschickung	2 · w	at	täglich		
	Mikroskop. Bild				wöchentl.	at
Rotationstauchkörper	Sauerstoffgehalt			2 · w		
Ablauf Biologie	Abw. Temperatur			täglich		
Ablauf	Abw.-Abfluss	w	kontinuierlich			
	min.- und max. Durchfluss		at	täglich		
	Abw.-Schmutz-Wassermenge		monatlich			
	Fremdwasserbestimmung	1/4 j	monatlich			

j = jährlich; m = monatlich; at = arbeitstäglich; kont. = kontinuierlich; tgl. = täglich

[ ] bei Abwasserteichen oder nachgeschalteten Schönungsteichen andere Regelung

Ort der Untersuchung	Parameter bzw. Überprüfung	Kläranlagen nach Ausbaugrößen in EW				
		bis 999	1 000 bis 5 000	5 001 bis 10 000	10 001 bis 100 000	> 100 000
Ablauf bzw. Zulauf Schönungsteich (bei technischen Anlagen mit nachgeschaltetem Schönungsteich	pH-Wert	2 · w	at	kontinuierlich		
	Sichttiefe	arbeitstäglich		täglich		
	Trübung					kont.
	abfiltr. Stoffe			2 · w	täglich	wöchentl.
	absetzb. Stoffe	2 · w	[at]			
	Methylenblaupr.		[2 · w]			
	Rückstellproben			kontinuierlich		
	BSB$_5$, CSB, P$_{ges}$	1/4 j	m	14 tgl.	w	tgl.
	NH$_4$-N, NO$_3$-N	1/4 j	m	14 tgl.	w	tgl.
	NO$_2$-N				m	14 tgl.
	Ges-N	1/4 j	m		14 tgl.	w
	PO$_4$-P, TOC					kont.
Ablauf Schönungsteich	BSB$_5$,CSB, NH$_4$-N, NO$_2$-N, P$_{ges}$	1/4 j		m		14 tgl.
Ablauf (AQS)	Paralleluntersuchungen	1 · j	2 · j		3 · j	4 · j
Abwasserteich	Schlammstand	jährlich				
Schlammbehandlungsteil	Beschickung		at	täglich		
	Temperatur		kontinuierlich			
	pH-Wert		at		täglich	
	TS, Glühverlust		monatlich			
	Gasanfall			täglich		
	CO$_2$ bzw. CH$_4$ Faulgas			3 · w		
	Nachweis der Stabilisierung		monatlich			
	Schl.entnahme		at	täglich		
Gesamtanlage	Abbaugrade BSB$_5$, CSB, GesN, P$_{ges}$	1 x j	1/2 j	1/4 j	monatlich	
	Energieverbrauch	w	at	täglich		
	Schlammabgabe (nass, entwässert)	bei Abgabe				
	Sieb-, Rechen-, Sandfanggut					
Zulauf- bzw. Ablaufkontrolle		arbeitstäglich		täglich		
Einleitungsstelle	Auffälligkeiten	wöchentlich				

Bei der Überwachung ist zwischen der Selbstüberwachung und der amtlichen Überwachung zu unterscheiden. Die Überwachungswerte des Bescheides werden meist innerhalb von drei Jahren mindestens fünf Mal amtlich untersucht. Dabei werden auch die für die Abwasserabgabe wichtigen Parameter überprüft.

Für die Plausibilität ist es angebracht, gleichzeitig mit den Proben die für die amtliche Untersuchung gezogen werden, auch Proben für die Selbstüberwachung zu untersuchen. Um die Ergebnisse vergleichen zu können, ist die Probenvorbehandlung abzusprechen (z. B. Homogenisierung). Die meisten Bundesländer haben für die Durchführung der Selbstüberwachung Verordnungen erlassen. Hier ist für den Betreiber einer Abwasseranlage vorgeschrieben, welche Messungen erforderlich sind. Abhängig von der Ausbaugröße der Kläranlage sind Art und Häufigkeit der Untersuchungen festgelegt. Einige Bundesländer legen die Auflagen für die Selbstüberwachung auch im Wasserrechtsbescheid fest.

Da sich die Selbstüberwachung vorwiegend nach betrieblichen Erfordernissen richtet, sind die Untersuchungsmethoden nicht im Detail vorgeschrieben. In vielen Fällen ist es der Verantwortung des Betreibers überlassen, die seinen Bedürfnissen angepasste Methode auszuwählen. Als Anhalt dienen die einschlägigen DIN-, DIN-EN- und DIN-EN-ISO-Normen sowie das Handbuch zur Betriebsanalytik auf Kläranlagen [15].

Um gravierende Fehler bei den Betriebsmethoden zu vermeiden ist es notwendig, die Messgeräte regelmäßig zu überprüfen. Eine Selbstkontrolle durch Parallelmessungen oder durch Nachmessungen mit Standardlösungen bietet sich an. Eine weitere Möglichkeit besteht darin, die Messungen mit einem anderen Gerät oder Messverfahren zu überprüfen. Zur Qualitätssicherung wird auf das einschlägige Arbeitsblatt DWA-A 704 verwiesen [1], insbesondere auf die IQK-Karte 4: „Messungen von Standards, IQK-Karte 6: „Vergleichsmessungen" und IQK-Karte 7: „Parallelmessungen zum Referenzverfahren". Bei kleinen Anlagen empfiehlt es sich, dass mehrere benachbarte Kläranlagen gemeinsame Geräte anschaffen. Auch ist es denkbar, dass im

Zuge der Nachbarschaftshilfe eine große Anlage für die kleinen Kläranlagen die Untersuchungen vornimmt; die Vergabe an ein Fachlabor ist auch eine Möglichkeit. In jedem Fall muss jedoch auf der Kläranlage eine Mindestausstattung vorhanden sein, um sämtliche geforderten Messungen einwandfrei und zeitnah durchführen zu können; dazu gehören auch ausreichende Räumlichkeiten.

Ihrer Art nach lassen sich Betriebsmessungen unterscheiden in
  Messungen vor Ort, z. B. Durchfluss, Sichttiefe, Sauerstoffgehalt, pH-Wert, Temperatur, und
  Messungen im Labor, z. B. BSB_5, CSB, NH_4-N, NO_3-N, P_{ges}.

Die Messung beginnt bereits bei der Probenahme. Nur wenn die Proben sorgfältig gezogen werden, kann das Ergebnis der Untersuchung die tatsächlichen Verhältnisse wiedergeben (siehe Kap. 9.1). Messungen vor Ort sind für alle Parameter erforderlich, die später nicht mehr reproduzierbar sind oder durch längeres Aufbewahren oder Transportieren der Proben ihre Eigenschaften verändern.

10.5 Auswerten der Betriebsergebnisse

Das Auswerten der Betriebsergebnisse hat den Zweck, Zurückliegendes zu dokumentieren und Prognosen über zukünftige Betriebsabläufe zu ermöglichen sowie die ordnungsgemäße Betriebsführung nachzuweisen.

Die Ergebnisse der Selbstüberwachung müssen in übersichtlicher Form aufgeschrieben werden. Hierzu gehören auch die wesentlichen Bedienungs- und Wartungsvorgänge, Betriebszustände und Störungen, Defekte, Beanstandungen sowie sonstige Vorkommnisse, soweit daraus mit Auswirkungen auf Menge und Beschaffenheit insbesondere im Ablauf der Kläranlage zu rechnen ist.

Gedruckte Protokolle automatisch arbeitender Datenerfassungsanlagen können handgeschriebene Betriebsaufzeichnungen ersetzen. Voraussetzung dabei ist, dass Form und Inhalt der Ausdrucke so übersichtlich und zweckdienlich sind, dass sie für das Personal Arbeitserleichterung und Zeitersparnis bieten. Das Hirthammer-SBS-Betriebstagebuch NG erfüllt diese Voraussetzungen. Eine elektronische Datenerfassung für die Protokollierung sowie zur Steuerung von Betriebsvorgängen ist nicht von der Ausbaugröße der Kläranlage abhängig. Entscheidend ist vielmehr, dass die Anwendung der EDV für das Personal Vorteile bietet und betriebliche Erleichterungen mit sich bringt.

Betriebsaufzeichnungen, Protokolle von Datenerfassungsanlagen und Schreibstreifen von selbsttätig aufzeichnenden Messgeräten, sind mindestens 5 Jahre nach der letzten Eintragung aufzubewahren. Es ist sinnvoll, diese Unterlagen nicht einfach in den Schrank zu stellen, sie sollen auch ausgewertet werden.

Bild 10.4: Das Betriebstagebuch ist ein Dokument

Wird beispielsweise regelmäßig am Freitagnachmittag auf dem Schreibstreifen des pH-Messwertes ein erhöhter Wert registriert, dann ist zu vermuten, dass hier ein Betrieb Laugen ablässt, wie z. B. Waschwasser. Werden hierdurch vielleicht der Reinigungsprozess gestört, die wasserrechtlichen Auflagen in Frage gestellt oder das Kanalrohr geschädigt? Da der Zeitpunkt der pH-Stöße ersichtlich ist, kann der Betriebsablauf gezielt beobachtet, zurückverfolgt und kontrolliert werden.

Die Schreibstreifen können als Beweis vorgelegt werden. Dies gilt auch für andere Aufzeichnungen von Messdaten. Schreibstreifen und Protokolle sind eine wichtige Beweissicherung bei Rechtsstreitigkeiten.

Schreibstreifen, auf denen der Parametermaßstab in Prozent vom Messbereich des Messinstrumentes angegeben wird, erfüllen diese Forderung nicht.

Bild 10.5: Der Schreibstreifen

10.5.1 Die Führung des Betriebstagebuches

Das Führen eines Betriebstagebuches ist für alle Kläranlagen – gleich welcher Größe – unerlässlich. Im Allgemeinen wird dies in den wasserrechtlichen Erlaubnisbescheiden zwingend vorgeschrieben. In allen Bundesländern werden Verstöße gegen die vorgeschriebene Selbstüberwachung als Ordnungswidrigkeiten mit erheblichen Geldbußen geahndet.

Das Betriebstagebuch hat verschiedene Aufgaben:

- Durch gewissenhafte Eintragungen kann das Betriebspersonal die Verrichtung der vorgeschriebenen Tätigkeiten (Untersuchungen, Messungen, Steuerungen, Wartungsarbeiten) und weitgehend den Erfolg der Anlage nachweisen.
- Es ermöglicht dem Dienstherrn und dem Gewässerschutzbeauftragten, sich einen Überblick zu verschaffen.
- Der Unternehmensträger und das Betriebspersonal können sich vor ungerechtfertigten Vorwürfen und Schadenersatzforderungen schützen.
- Belastungsspitzen und Überlastungszeiten werden erkannt.
- Die wirtschaftliche Betriebsführung wird dokumentiert.
- Das Betriebstagebuch ist eine *Urkunde*, deshalb sind alle Eintragungen sorgfältig mit Kugelschreiber vorzunehmen.

- Es kann als Beweismittel für eine ordnungsgemäße Betriebsweise auch vor Gericht herangezogen werden. Dazu ist es zweckmäßig, die Originalseiten der Monatsberichte vorher zu nummerieren. Das Betriebstagebuch ist ein Dokument aus dem Originalblätter nicht entfernt werden dürfen und in dem nicht radiert oder gelackt werden darf.

Fehlerhafte Eintragungen werden so durchgestrichen, dass das Durchgestrichene leserlich bleibt. Dies gilt analog auch für EDV-geführte Aufzeichnungen.

Die Aufzeichnungen sind mindestens fünf Jahre lang aufzubewahren.

Es liegt im Interesse des Betriebspersonals, wenn die Berichte monatlich dem Dienstvorgesetzten vorgelegt und von ihm abgezeichnet werden. Die Aufzeichnungen können auch verwendet werden um über Betriebsumstellungen oder Erweiterungen der Anlage zu entscheiden, da die Entwicklung der zugeführten Abwasser- und Schmutzmengen zu erkennen ist. Ebenso sind sie die Basis für verfahrenstechnische und energetische Optimierung.

Es ist notwendig, Zwischenberichte (z. B. für das Quartal) und Jahresberichte zu erstellen und auszuwerten, um die Entwicklung vergleichen zu können. Übersichtliche Jahresberichte können die Festsetzung kostenechter Abwassergebühren, in die die Abwasserabgabe einzurechnen ist, erleichtern.

Bei großen Anlagen umfasst der Begriff „Betriebstagebuch" neben den täglichen Eintragungen auch spezielle Monatsberichte, wie Leistungsbescheinigungen, Lohnzettel, Inventarverzeichnis. Schlammbuch, Pumpenbetriebsbuch und sonstige Nachweise sowie Schreibstreifen von selbstschreibenden Messgeräten. Maßgebend für alle Aufzeichnungen ist die für jede Kläranlage individuell aufzustellende *Betriebsanweisung.*

10 Überwachung des Betriebs

Tagesaufzeichnungen bei Kläranlagenrundgang und Schaltwarte für Monatsbericht

Tag/Datum: Fr/ 16.06.17

Wetterschlüssel für das Wetter des gesamten 24-h-Tages (Klärwerkstag) bei:
Trockenwetterzufluss: trocken = 1; Frost = 2
Mischwasserzufluss: Regen = 3; Gewitter = 4; Schneeschmelze = 5; Schneefall = 6; Regennachlauf = 7.

Spalte						Spalte					
3		Uhrzeit für Spalte, siehe Erläuterungen Monatsbericht		8:00		58		stabilisierter Überschussschlamm		15	m³
		Niederschlagshöhe für Klärwerkstag		0	mm	60		Fäkalschlammannahme		0	m³
4		Wetterschlüssel für Klärwerkstag		1		62	in Stapelräume gepumpt	Nr.	1	15	m³
5		Lufttemperatur	min	18	°C	bzw.		Nr.	2	0	m³
			max	24	°C	MF20		Summe:		15	m³
6		Abwassertemperatur		16	°C	63		zur maschinellen Entwässerung		0	m³
7		pH-Wert mit Uhrzeit	3 Uhr, min	3,9			MF25	Betriebsstunden der Entwässerung			h
			14 Uhr, max	7,1		64		Trübwasserabzug / Zentrat (Rückbelastung)		4	m³
Bem.	Zulauf Kläranlage	Auffälligkeiten:				65	MF27	Schlammabgabe	nass	180	m³
8		niedrigster Durchfluss		22	m³/h	66	MF28		entwässert		m³, to
9		höchster Durchfluss		104	m³/h	MF2		Anfall Primärschlamm			m³
10		Zählerablesung		55.662	m³	MF5	Schlammbehandlung bei Faulbehälter	Anfall Rohschlamm / eingedickt			m³
15		Rechengutanfall		0,2	m³	MF6		Beschickung Faulbehälter			m³
16		Sandanfall		0		MF9		Temperatur im Faulbehälter			°C
Bem.		Schwimmstoffe auf Vorklärung	ja		X nein	MF10		pH-Wert im Faulbehälter			
Bem.		Geruch	auffällig		unauffällig X	MF13		Erzeugung Klärgas (feucht)			m³
38		Temperatur im biologischen Teil	Uhr 08:00	16	°C	MF15		Klärgas für BHKW (getrocknet)			m³
33	Belebungsbecken	O₂-Gehalt min/max mit Uhrzeit	Becken 1 min Uhr 12:00	2,8	mg/l	MF17	Schlammbehandlung	Dauer der Zusatzheizung			h
			Becken 1 max Uhr 02:00	3,4	mg/l	MF18		zusätzl. Brennstoffverbrauch			[l; m³]
			Becken 2 min Uhr 11:00	2,7	mg/l	67	Strom-verbrauch	Zählerablesung HT		72.758	kWh
			Becken 2 max Uhr 02:00	3,4	mg/l	69		Zählerablesung NT		42.448	kWh
			Becken 3 min Uhr		mg/l	72		Stromverbrauch biologischer Teil		805	kWh
			Becken 3 max Uhr		mg/l						
			Mittelwert:	3,1	mg/l						
Bem.		Schaum		Algenbildung							
		ÜS-Abzug	auf 20 m³ X erhöht		verringert	73	Abwasserbereich	Pumpe Nr.: 1 Zulauf 1 Zulauf		24	h/d
39	Ablauf Kläranlage	pH-Wert mit Uhrzeit	Uhr	7,2	min	74		Pumpe Nr.: 2 Zulauf 2 Zulauf		0	h/d
40			Uhr	7,2	max	75		Pumpe Nr.: 1 Rücklau 1 Rücklauf		24	h/d
42		Sichttiefe / Trübung			cm						h/d
Bem.		sonst. Auffälligkeiten:	keine			MF29	Schlamm-bereich	Pumpe Nr.: 3 Umwälzung			h/d
56		Fällungsmittelverbrauch				MF30		Pumpe Nr.: 4 Umwälzung			h/d
		Reinigung Probenehmer notwendig!!				MF31		Pumpe Nr. _____			h/d
Bem.		**Laufgeräusche bei RS-Pumpe 1**				MF32		Pumpe Nr. _____			h/d

☐ In der Regel sind die Ablesungen und Aufschreibungen für die gerasterten Zeilen in der 1. Arbeitsstunde, für den vorangegangenen Klärwerkstag durchzuführen!

Bemerkungen: die freien Zeilen können z.B. verwendet werden für Windrichtung, Geruch, Kontrolle von Tropfkörperoberfläche und Drehsprenger, Änderung von Probenahmestellen usw. sowie:

verstärkten Überschussschlammabzug wegen hohem Schlammvolumen eingestellt!

Keller
Unterschrift

© 2017 Verlag F. Hirthammer in der DWA, 21. Auflage

Bild 10.6: Die Tagesaufzeichnungen
(Mustersatz zum Betriebstagebuch für Kläranlagen (5))

Aufzeichnungen während des Rundganges durch die Kläranlage sollten nicht unmittelbar in das Betriebstagebuch eingetragen werden um das Tagebuch nicht zu verschmutzen. Es empfiehlt sich einen handlichen Notizblock zu benützen und erst danach die Angaben zu übertragen.

Bei der DWA ist das gebundene Betriebstagebuch für Kläranlagen erhältlich [5], um lose Blätter möglichst zu vermeiden. Die einheitlichen Aufzeichnungen sollen dem Personal, dem Betriebsleiter, dem Dienstvorgesetzten (Bürgermeister, Verbandsvorsitzender usw.) und schließlich auch der überwachenden Behörde in kurzer Zeit eine Übersicht der wichtigsten Betriebsergebnisse verschaffen. Das Buch enthält Monatsberichte, vierteljährliche Auswertungen (Bild 10.7), Jahresberichte, Arbeitshilfen zur Fremdwasserermittlung (Bild 10.15) sowie Blätter für Überlegungen zum Energiesparen. Für Anlagen mit beheizter Schlammbehandlung gibt es ein ergänzendes Buch.

Durch Festlegung der Trockenwettertage kann über Monats- und Jahresberichte die Jahresschmutzwassermenge für die Abwasserabgabe ermittelt werden.

Ein gleichartiges Betriebstagebuch gibt es auch für naturnahe Abwasseranlagen [6]. In beiden Büchern sind umfassende Erläuterungen zu allen Aufzeichnungen und Auswertungen enthalten. Sie entsprechen den Selbstüberwachungsrichtlinien. Alle drei Bücher sind bei der DWA beziehbar, ebenso wie ausgefüllte Mustersätze.

Die Jahresschmutzwassermenge

Die Jahresschmutzwassermenge (JSM) hat für die Berechnung der Abwasserabgabe maßgebliche Bedeutung.

Gemäß WHG und AbwAG ist Schmutzwasser definiert als das durch häuslichen, gewerblichen, landwirtschaftlichen und sonstigen Gebrauch in seinen Eigenschaften veränderte Wasser, einschließlich dem bei Trockenwetter damit zusammen abfließende Wasser (z. B. Fremdwasser). Unter dem Begriff „Trockenwetter" wird der Zeitraum ohne nennenswerten Niederschlag im Einzugsgebiet einer Einleitung verstanden.

Kläranlage: *Weilberg*

AUSWERTUNG der monatlichen Betriebsergebnisse (Zwischenbericht) für den

Zeitraum vom **1. Jul.** bis **30. Sept.** (N-Verbindungen nur 1. Mai bis 31. Okt. berücksichtigen)

Hydraulische Belastung

		Einheit	Bescheidwerte	Betriebswerte
a	Durchfluss, höchster Wert bei Trockenwetter (Felder M9)[1]	m³/h	248	139
b	Durchfluss, höchster Wert aller Tage (Felder M8)[1]	m³/h	454	298
c	Tagesdurchfluss, höchster Wert aller TW-Tage (Felder M10)[1]	m³/d	2.272	1.230
d	Schmutzwassermenge (anteilige JSM) (Felder F : B · d)[2]	m³		98.428
e	Abwassermenge (alle Tage) (Summe der Felder E)[1]	m³		162.545
f	Fremdwasseranteil (Spalte J10)[1]	%	<25	25

Zulauf (organische, anorganische Belastung)

		Einheit	BSB₅	CSB	NH₄-N	GesN	P_ges
g	Zulauf Rohabwasser, Mittelwert (2h/24h-Proben)[2]	mg/l	299	606		40	6,1
h	Zulauf biologischer Teil, Mittelwert (2h/24h-Proben)[2]	mg/l	–	–	–	–	–
i	Messungen (Zeile g oder h)	Anzahl	12	12		12	12
k	Mittlere Zulauffracht[2]	kg/d	493	1070		81	14,2
l	Ausbaugröße **12.000** EW₆₀		BSB₅-Belastung aus Zeile k : 0,06 =		8217	EW₆₀	

Ablauf

		Einheit	BSB₅	CSB	NH₄-N	NO₃-N	NO₂-N	N_ges	GesN	P_ges
m	Art der Probenahme: Stichprobe, 2h-Probe, 24h-Probe	Sp, 2h, 24h	24h	Sauerstoffbedarf					Nährstoffbelastung	
			2h	2h	2h	2h	2h	2h	2h	2h
n	Messungen	Anzahl	6	6	6	6	6	6	12	6
o	höchster Messwert Felder M1 bis M8[1]	mg/l	5	33	1,3	3,7	0,1	4,8	5,2	1,6
p	Mittelwert (Felder P9 bis P.16)[1]	mg/l	2	19	0,2	2,8	<0,1	3,0	3,5	1,3
q	Bescheidwert	mg/l	20	90	10			18		2
r	Überschreitungen (Felder Ü5 bis Ü9)[1]	Anzahl	0	0	0			0		0
s	Mittlere Ablauffracht[2]	kg/d	4,3	46					8,7	2,9
t	Abbaugrad (k − s) : k · 100[2]	%	99	96					89	80
u	Stufen für die Abbaugrade aus Zeile t (Schlüssel siehe unten)[2]		1	1					1	3
v	Stufen für Sauerstoffbedarf und Nährstoffbelastung aus Zeile p (Schlüssel siehe unten)[2]		1	1	1			1		3
w	**Gesamtstufen**			1					2	

[1] Nummern der Spalten/ Felder in Monatsberichten; bei J10 aus Jahresbericht [2] Berechnung siehe Erläuterungen

Schlüssel für Sauerstoff- und Nährstoffbelastung						Schlüssel für Abbaugrad				
Stufe		1	2	3	4	Stufe		1	2	3	4
BSB₅	X	≤5	>5 10	>10 20	>20	Abbaugrad		hervorragend	sehr gut	gut	mäßig
CSB	X	≤30	>30 50	>50 90	>90	BSB₅	%	X ≥98	<98 96	<96 93	<93
NH₄-N	X	≤1,5	>1,5 3	>3 10	>10	CSB	%	X ≥95	<95 92	<92 85	<85
N_ges	X	≤5	>5 13	>13 18	>18	GesN	%	X ≥85	<85 76	<76 68	<67

Stufen festgelegt am: **12.10.2017**   durch: *Keller*
Unterschrift

© 2017 Verlag F. Hirthammer in der DWA

Bild 10.7: Die Auswertung von Betriebsergebnissen [5]

Eine direkte Messung der JSM ist nicht möglich. Sowohl bei getrenntem Ableiten von Schmutzwasser und Niederschlagswasser in verschiedenen Kanälen (Trennverfahren), wie auch beim gemeinsamen Ableiten (Mischverfahren) treten bei Niederschlägen höhere Abflüsse auf. Diese dürfen zur Bestimmung des JSM nicht berücksichtigt werden.

Zur Ermittlung der JSM sind daher besondere Berechnungen (AbwAG) nach den folgenden Fallgruppen anzuwenden:
- Über die Einleitung liegen gesicherte Messwerte vor.
- Es liegen nur wenige zuverlässige oder gar keine Messwerte vor.

Für jede der Fallgruppen kommen zur Ermittlung der JSM mehrere Methoden in Betracht. Eine mathematisch eindeutige Berechnung, deren Anwendung in jedem Fall zu repräsentativen Ergebnissen führt, gibt es nicht.

In der Praxis haben sich folgende Methoden bewährt:

Ermittlung der JSM anhand gesicherter Messwerte
Um die JSM mit hinreichender Genauigkeit bestimmen zu können, müssen mindestens 50 zuverlässige Messwerte (Tagessummen) zur Auswertung zur Verfügung stehen. Dazu wird die Methode „Auswertung auf Grund von Tagesmessergebnissen bei Trockenwetter" angewandt. Nach den Aufzeichnungen im Betriebstagebuch werden Tage nicht berücksichtigt, an denen offensichtlich kein Trockenwetter herrschte (z. B. Regenwetter, Entleerung eines Regenbeckens, Schneeschmelze). Von den so gewonnenen „Trockenwettertagen" wird über eine Mittelbildung auf die JSM hochgerechnet. Dieses Verfahren wird am häufigsten angewandt. Die Ermittlung an Hand der Aufzeichnungen ist leicht möglich, sie ist schnell überprüfbar und leicht verständlich.

Bei der Festlegung der Trockenwettertage werden die Tagesmessergebnisse herausgesucht an denen folgende Bedingungen (Niederschlagshöhe N) erfüllt sind:

N ≤ 1,0 mm an diesem und am vorigen Tag

10 Überwachung des Betriebs

Ermittlung der JSM, wenn keine Messwerte vorhanden sind
Abwasseranlagen werden meist mit einem mittleren spezifischen Schmutzwasseranfall von 150 l/(E ·d) bemessen. Dieser Wert ist um einen Fremdwasserzufluss zu erhöhen, der ebenfalls geschätzt werden muss. Diese Ermittlung sollte aber die Ausnahme bleiben, denn es sind aus den neuen Bundesländern zum Teil wesentlich niedrigere spezifische Schmutzwasserwerte bekannt.

Besser ist es, die JSM mit Hilfe des Trinkwasserverbrauchs im Einzugsgebiet der Abwasseranlage zu bestimmen, aber auch hier darf ein geschätzter Wert für den Fremdwasserzufluss nicht ganz vergessen werden. Die größte Unsicherheit dabei bleibt immer der Fremdwasseranteil (siehe 10.5.5).

Das Wetter
Das Kläranlagenpersonal muss beurteilen, ob es im Einzugsgebiet geregnet hat. Hilfreich dafür sind Regenmesser im Einzugsgebiet der Kanalisation bzw. auf der Kläranlage.

Nachdem die Jahresschmutzwassermenge auf der Grundlage der Abwasserzuflüsse aller Trockenwettertage ermittelt wird, ist die Angabe des Wetters besonders wichtig. Täglich muss eine Schlüsselzahl für das Wetter der vergangenen 24 Stunden (z. B. von 7.00 bis 7.00 Uhr = Klärwerkstag) ins Betriebstagebuch [5, 6] eingetragen werden.

Folgender Wetterschlüssel hat sich bewährt:

trocken	= 1	Regen	= 3
Frost	= 2	Gewitter	= 4
		Schneeschmelze	= 5
		Schneefall	= 6
		Regennachlauf	= 7

Der Wetterschlüssel 1 ist nur zu verwenden, wenn die Niederschlagshöhe ≤1,0 mm beträgt. Frost = 2 ist immer dann einzutragen, wenn die Temperaturen unter 0 °C liegen. Steigen die Temperaturen über 0 °C und liegt Schnee, dann ist Schneeschmelze = 5 anzugeben, wenn sich dadurch der Trockenwetterzufluss erhöht. Die Festlegungen für Gewitter = 4 und für Schneefall = 6 sind wohl am einfachsten.

Schwieriger wird es bei der Frage des Regennachlaufs bei längeren Entleerungszeiten von Regenbecken. Da im Betriebstagebuch nur das Wetter eines ganzen (24stündigen) Klärwerkstages einzutragen ist, heißt das, dass nach einem Regenereignis der folgende Tag als Nichttrockenwettertag (Regennachlauf = 7) eingetragen wird, wenn Regenbecken oder Stauräume entleert werden. Müssen in einem Kanalnetz weitere Regennachlauftage berücksichtigt werden, so ist dazu von der zuständigen Behörde eine Genehmigung einzuholen.

10.5.2 Wirtschaftlichkeit, Energiesparmöglichkeiten

Eine wirtschaftliche Betriebsführung ist auch für den öffentlichen Dienst eine bedeutsame Aufgabe; schließlich wird für die Abwasserbehandlung das Geld der Bürger ausgegeben. Natürlich kann dafür nicht alleine das Betriebspersonal verantwortlich gemacht werden, sind doch viele Einflüsse beim Bau der Abwasseranlage festgelegt worden. Für die Transparenz der Kosten ist die Teilnahme am Benchmarking (siehe Kap. 10.1) sehr hilfreich.

Energiesparende Maßnahmen gehören seit längerem zum Umweltschutzgedanken. Die gilt besonders auch für Kläranlagen.

Eine Möglichkeit zur Bestandsaufnahme und Bewertung der Energieeffizienz bieten die Formulare (Bilder 10.8 und. 10.9), sie sind über den Verlag von den Autoren zu erhalten. Die verwendeten Zahlenwerte können überwiegend aus dem Betriebstagebuch entnommen werden. Ergibt sich aus dem Ergebnis der Bewertung, dass der Energieverbrauch ungünstig ist, sollten die Ursachen genauer erforscht werden.

Die Gründe für einen hohen Energieverbrauch können vielfältig sein. Unterbelastete Anlagen, ungünstig abgestufte Motoren, unzureichende Klärgasverwertung, hoher Fremdwasseranteil, zu hoher Sauerstoffgehalt im Belebungsbecken, zu hohe Trockensubstanz im Belebungsbecken, Probleme durch Industrieeinleitungen usw. sind nur einige der Ursachen.

Viele Unternehmensträger haben bislang noch keine verfahrenstechnische Energieoptimierung vornehmen lassen. Hier gibt es immer Ansätze für Verbesserungen.

Kennzahlenermittlung zur wirtschaftlichen Energienutzung (ohne Faulbehälter)

Kläranlage *Weilberg*   für das Jahr *2017*

Für die Ermittlung der Energieeffizienz werden grundsätzlich Jahreswerte verwendet. Bei den erforderlichen Schmutzfrachtermittlungen wird auf die richtige Ermittlung der Tagesfrachten in den Monats- und Jahresberichten (JB) hingewiesen; sollte diese Art nicht möglich sein, kann näherungsweise auch mit mittleren Konzentrationen gerechnet werden, die dann mit der Jahresabwassermenge multipliziert werden.

Die Feldnummern J.. beziehen sich auf den Jahresbericht für Kläranlagen!

Ausbaugröße der Kläranlage   E1 = 12.000 EW$_{CSB120}$ entspricht   E2 = E1·0,12·365 = 525.600 kg CSB/a

Ermittlung der CSB-Zulauffracht im Bezugsjahr

Mittelwert Sp J22   960 kg CSB/d · 365 d/a = E3 350.570 kg CSB/a

Auslastungsgrad Kläranlage   = E3:E2·100 = 66,7 %   Belastung der Kläranlage = E4   Mittelwert Spalte J22 : 0,12 = 8.004 EW$_{CSB120}$

Ermittlung der CSB-Zulauffracht zur Biologie im Bezugsjahr

Mittelwert Sp J25   960 kg CSB/d · 365 d/a = E5 350.570 kg CSB/a

Ermittlung der CSB-Ablauffracht im Bezugsjahr

Mittelwert Sp J30   87,0 kg CSB/d · 365 d/a = E6 31.743 kg CSB/a

Daraus CSB-Abbaufrachten der KA   E3 - E6 = E7 318.827 kg/a

Daraus CSB-Abbaufrachten Biologie   E5 - E6 = E8 318.827 kg/a

Elektrischer Energiebedarf
gesamter Jahresstromverbrauch der Kläranlage aus Jahresbericht **Summe J77**   E9 314.901 kWh/a

© by Hannes Felber

abzüglich Jahresstromverbrauch für masch. Schlammentwässerung, Zulaufpumpwerke*) u. ä.:   E10 19.725 kWh/a

*)wenn nur Betriebsstundenzähler und Amperemeter vorhanden: Jahresbetriebsstunden · 0,6 · Amperemeteranzeige = kWh/a.

ergibt jährlichen Stromverbrauch der Kläranlage   E9 - E10   E11 295.176 kWh/a

Jahresstromverbrauch des biologischen Teils, also Stromverbrauch für Belüftung, Umwälzung, Rücklaufschlammpumpen und Räumern der Nachklärung = **Summe J78**   E12 = J78 277.821 kWh/a

Bild 10.8: Der Test zur Energieeffizienz 1
(Mustersatz zum Betriebstagebuch für Kläranlagen (5))

Daten aus dem Stromliefervertrag		€-Beträge jeweils mit Mehrwertsteuer				
Bestell-Leistung beim EVU	**35** kW	Leistungspreis			E13 **1.250,00**	€/a
maximaler Leistungsbezug lt. Abrechnung EVU	E14 **32** kW	Arbeitspreis (incl. Stromsteuer, Kraftwärmekopplung etc.)			E16 **18.409,00**	€/a
Bezogene elektr. Arbeit:	E15 **314.901** kWh/a	sonstige Kosten für Strombezug, wie Zählergebür etc.			E17 **1.171,00**	€/a
Gesamtkosten für den Strombezug	E13 + E16 + E17				E18 **20.830,00**	€/a
daraus: **spezifischer Leistungspreis gesamt**	E13 : E14 =				E19 **39,06**	€/(kW·a)
spezifischer Arbeitspreis gesamt	E16 : E15 =				E20 **0,0585**	€/kWh
Gesamte spezifische Stromkosten	E18 : E15 =				E21 **0,0661**	€/kWh
Jahresbenutzungsstunden (Quotient aus bezogener elektrischer Jahresarbeit / maximalen Leistungsbezug)	E15 : E14 =				E22 **9.841**	h/a

Auswertung der Daten, Kennzahlenerhebung bezogen auf den CSB

Ø jährlicher Stromverbrauch der gesamten Kläranlage je EW-CSB-Belastung	E11	:	E4	=	E23 **36,88**	kWh/(EW$_{CSB\text{-Belastung}}$)
spez. Stromverbrauch je kg biologisch abgebautem CSB	E12 =	:	E8	=	E24 **0,871**	kWh/kg CSB$_{abgebaut}$
spez. maximaler Leistungsbezug je EW-CSB-Belastung:	E14 · 1000	:	E4	=	E25 **4,00**	W/EW$_{Belastung}$

Ergebnisse und Zielwerte zur Energieoptimierung

	Ø jährl. Stromverbrauch der Kläranlage je EW-Belastung			spezifischer Stromverbrauch der Biologie je kg abgebautem CSB		
(zutreffen des Feld ankreuze n)	<15	X >16 <35	>36 kWh/(EW$_{CSB}$·a)	<0,75	X >0,8 <1,75	>1,8 kWh/kg CSB$_{abgebaut}$
	niedrig	mittel	hoch	niedrig	mittel	hoch

© 2017 Verlag F. Hirthammer in der DWA

Bild 10.9: Der Test zur Energieeffizienz 2
(Mustersatz zum Betriebstagebuch für Kläranlagen (5))

Auf das Arbeitsblatt DWA-A 216 „Energiecheck und Energieanalyse - Instrumente zur Energieoptimierung von Abwasseranlagen" [1] wird hingewiesen. Weiter ist als Literatur „Senkung des Stromverbrauchs auf Kläranlagen", Heft 4, DWA-Landesverband Baden-Württemberg [19] zu empfehlen.

10.5.3 Sauerstoffbedarfsstufen, Nährstoffbelastungsstufen

Mit Hilfe der Stufen für den Sauerstoffbedarf und die Nährstoffbelastung ist es auf einfache Weise möglich, die durch die Abwassereinleitungen aus einer Kläranlage verursachten Auswirkungen im Gewässer beurteilen zu können (Bilder 10.10 und 10.11).

Sauerstoffbedarfsstufen

Für den Sauerstoffverbrauch in unseren Gewässern sind drei wesentliche Parameter der Abwassereinleitung maßgebend. Der biochemische Sauerstoffbedarf (BSB_5) als Maß für die biologisch abbaubare Verschmutzung, der chemische Sauerstoffbedarf (CSB) als Maß für die chemisch abbaubare organische Verschmutzung und der Ammonium-Stickstoff (NH_4-N).

In dem Bewertungsschlüssel für den Sauerstoffbedarf wird jeder Messwert einer zugehörigen Sauerstoffbedarfsstufe zugeordnet und schließlich eine vereinfachte gemittelte Gesamtstufe errechnet. Wenn die aus dem Klärwerk ablaufende Restverschmutzung sehr klein ist, ergibt sich Stufe 1. Stufe 5 ergibt sich bei hohen Konzentrationswerten, die gemäß den Anforderungen nach der Abwasserverordnung nicht mehr zulässig sind.

Es gilt folgender Bewertungsschlüssel:

Stufe	1	2	3	4	5
Sauerstoffbedarf	sehr gering	gering	mäßig	groß	sehr groß
BSB_5 mg/l	≤5	>5 - 10	>10 - 20	>20 - 30	>30
CSB mg/l	≤30	>30 - 50	>50 - 90	>90 - 120	>120
NH_4-N mg/l	≤1,5	>1,5 - 3	>3 - 10	>10 - 20	>20

Bild 10.10: Schlüssel für die Sauerstoffbedarfsstufe

Aus der Gesamtstufe durch Mittelwertbildung ist zu erkennen, wie hoch die Restverschmutzung noch ist, die das Gewässer belastet. Außerdem kann mit einem Blick festgestellt werden, welcher Parameter das Ergebnis am meisten verschlechtert und wo gezielt eine Verbesserung ansetzen sollte. Die Messwerte sind so für den Dienstvorgesetzten und als Sauerstoffbedarfsstufe auch für die Öffentlichkeit leicht verständlich darstellbar.

Nährstoffbelastungsstufen

Werden Nährstoffe (Phosphat und Nitrat) in ein Gewässer eingeleitet, führt dies nicht zu einem unmittelbaren Sauerstoffverbrauch.

Anorganische Nährstoffe fördern die Eutrophierung (Pflanzenwachstum im Gewässer). Dies macht deutlich, warum es sinnvoll ist, als zweites Bewertungssystem die Nährstoffbelastungsstufen zusätzlich darzustellen. Aus der Mittelwertbildung ist leicht zu erkennen, wie stark das Gewässer mit Nährstoffen belastet wird.

Es gilt folgender Bewertungsschlüssel:

Stufe	1	2	3	4	5
Nährstoff-belastung	sehr gering	gering	mäßig	groß	sehr groß
Stickstoff (N_{ges}) mg/l	≤8	>8 - 13	>13 - 18	>18 - 35	>35
Phosphor (P_{ges}) mg/l	≤0,5	>0,5 - 1,0	>1,0 - 2,0	>2,0 - 5	>5

Bild 10.11: Schlüssel für die Nährstoffbelastungsstufen

10.5.4 Abbaugrad einer Kläranlage

Die tatsächliche „Leistung" der Abwasserreinigung ist nicht nur an guten Ablaufkonzentrationen zu erkennen, entscheidend ist vielmehr auch, welche Fracht tatsächlich vermindert wurde.

Nur der Abbaugrad (%) einer Kläranlage (auch Wirkungsgrad genannt) ist ein objektives Maß für die Verminderung einer Schmutzfracht.

$$\text{Abbaugrad (\%)} = \frac{\text{Zulauffracht - Ablauffracht}}{\text{Zulauffracht}} \cdot 100$$

Stufe		1	2	3	4	5
BSB_5	Abbaugrade in %	≥98	<98 – 96	<96 – 93	<93 – 90	<90
CSB		≥95	<95 – 92	<92 – 85	<85 – 80	<80
N_{ges}		≥85	<85 – 76	<76 – 67	<67 – 36	<36
P_{ges}		≥94	<94 – 89	<89 – 78	<78 – 44	<44

Bild 10.12: Schlüssel für den Abbaugrad

Für die Abbaugrade der wichtigsten Schmutzstoffparameter wurde ebenfalls ein Bewertungsschlüssel (Bild 10.12) eingeführt. Damit ist es möglich, den Abbaugrad einer Kläranlage verständlich zu machen.

Werden im Rohabwasser Tagesmischproben gezogen, um die Zulauffracht und den Abbaugrad zu bestimmen, müssen alle enthaltenen Schmutzteilchen erfasst werden. Dazu ist die Probe mit einem Aufschlaggerät (siehe Kap. 9.2) zu behandeln.

10.5.5 Fremdwasserermittlung

Fremdwasser ist ein zusammenfassender Begriff für Wasser, das nicht in einen Abwasserkanal gehört und, weil es sauber ist, nicht in einer Kläranlage behandelt werden muss.

Fremdwasser ist beispielsweise Grund- und Quellwasser oder Wasser aus

Grundstücks- und Baustellendränungen,
Wasserhaltungen von Baugruben,
Gewässern und Entwässerungsgräben,
Überläufe aus Trinkwasserbehältern,
Kühlwasser.

Fremdwasser darf in eine Kanalisation nicht eingeleitet werden. Es darf im Regenwasserkanal unter bestimmten Umständen abgeleitet werden. Regenwasser ist auch Fremdwasser in einem Schmutzwasserkanal, nicht im Mischwasserkanal.

Meist entsteht Fremdwasser, wenn Grundwasser über undichte Kanäle oder Schächte in die Kanalisation gelangt (Bild 10.13).

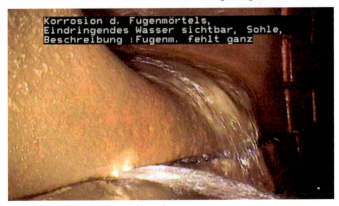

Bild 10.13: Der undichte Kanal

Der Fremdwasseranfall wird aber nicht nur durch jahreszeitliche Schwankungen des Grundwasserstandes beeinflusst. Oft ist nach längeren Regenperioden ein erhöhter Fremdwasserzufluss über mehrere Tage (10 bis 20 Tage) zu beobachten. Dies hängt mit dem Retentionsvermögen (Rückhaltevermögen) des Untergrundes nach intensiven Niederschlagsereignissen zusammen. Auch in solchen Fällen dringt das Wasser über undichte Stellen in die Kanalisation. Das Problem kann sowohl bei öffentlichen Kanälen als auch, meist vermehrt, bei der Grundstücksentwässerung auftreten.

Die Hausanschlussleitungen bereiten die größten Sorgen. Auf Grundstücken werden oft die Dränleitungen unerlaubterweise an den Abwasserkanal angeschlossen. Im Trennverfahren wird das Regenfallrohr oft falsch an den Schmutzwasserkanal angeschlossen, weil er nun mal in der Nähe liegt. Solche Fehlanschlüsse sind durch die Entwässerungssatzung untersagt. Meistens ist Unkenntnis und ungenügende Überwachung durch den Unternehmensträger der Abwasseranlage die Ursache dieser Fehlanschlüsse; sie können aber teure Folgen haben (Bild 10.14).

Bild 10.14: Fehlanschlüsse entdecken durch Nebelberauchung

Auch die Abwasserabgabe erhöht sich, weil Fremdwasser in der Jahresschmutzwassermenge enthalten ist und entsprechend bei der Berechnung der Abgabe berücksichtigt wird. Im AbwAG heißt es ferner, dass die Reinigung des Abwassers nicht durch Verdünnung oder Vermischung erreicht werden darf. Dies kann bedeuten, dass bei großen Fremdwasserzuflüssen die Reinigungswirkung nicht vollständig anerkannt wird und deshalb eine Ermäßigung der Abwasserabgabe nicht gewährt werden kann. Aus diesen Gründen ist es wichtig, immer wieder zu kontrollieren, wie hoch der Fremdwasseranfall ist.

Die Betreiber kommunaler Abwasseranlagen müssen nach den meisten Selbstüberwachungsverordnungen der Länder regelmäßig den Fremdwasseranteil bestimmen. Leider ist diese Bestimmung nicht so einfach möglich. Ein untrügliches Zeichen ist sicherlich, wenn die Zulaufkonzentration des Abwassers sehr gering ist (z. B. BSB_5-Werte <180 mg/l). Doch ist dies lediglich ein Anhaltspunkt. Als Methode wurde vor vielen Jahren die Nachtmessung eingeführt. Ausgehend von der Überlegung, dass Fremdwasser unabhängig von der Tageszeit anfällt, sucht man für die Messung die Zeit aus, in der das Fremdwasser möglichst ohne Schmutzwasser im Kanal fließt.

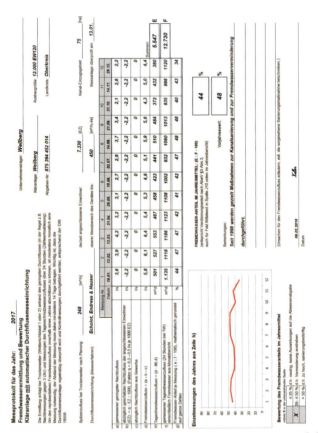

Bild 10.15: Das Arbeitsblatt zur Fremdwasserermittlung [5]

Dies ist erfahrungsgemäß etwa in der Zeit zwischen drei und fünf Uhr nachts. Selbstverständlich darf bei der Messung auch kein Niederschlagswasser anfallen.

Im Betriebstagebuch [5] ist zur Fremdwasserermittlung eine Arbeitshilfe enthalten (Bild 10.15). Dabei wird unterschieden, ob eine selbstschreibende Durchflussmessanlage zur Verfügung steht oder nicht. Da die Messung in den späten Nachtstunden oder frühen Morgenstunden durchgeführt werden muss, ist es bei Kläranlagen ohne Durchflussmessanlage notwendig, dass das Personal den Durchfluss mit Hilfe eines Messwehres, einer Eimermessung oder einer anderen einfachen Messmethode selbst bestimmt. Der zeitliche Aufwand dafür ist kein Grund die Messung nicht durchzuführen. Es genügt nicht, nur einmal zu messen. Kleine Kläranlagen sollten wenigstens viermal, größere zwölf Mal im Jahr messen.

Diese Bestimmungsmethode über das Nachtminimum liefert jedoch nicht immer realistische Ergebnisse.

Hierfür sind insbesondere zwei Gründe maßgebend:

- Bei Kanalnetzen mit langen Fließzeiten, mit Einfluss von Pumpwerken oder mit unbekanntem nächtlichem Abfluss aus Gewerbebetrieben kann ein „Nachtminimum" nicht realistisch erfasst werden.
- Die seit Jahren verwendeten Rechenfaktoren „$q_{s,min}$ [l/(s · 1000 E)]" als spezifischen nächtlichen Schmutzwasserabfluss für die Abschätzung des Nachtzuflusses der angeschlossenen Einwohner sind häufig nicht mehr zeitgemäß, da sich das Entwässerungsverhalten der Anschlussnehmer geändert hat. Außerdem werden lediglich drei Kanalnetzklassen unterschieden, denen verschiedene q-Werte zugeordnet werden (q = 0,3 für bis zu 5.000 E; q = 0,5 für 5.000 bis 100.000 E; q = 1,0 bei über 100.000 E). Diese Aufteilung der Netzgrößen ist sehr grob und berücksichtigt auch keine Unterschiede, die innerhalb der einzelnen Kanalnetzklassen auftreten können.

Doch eine pauschale Ablehnung der Nachtminimum-Methode ist nicht veranlasst, die Anwendungsgrenzen (s.o.) sind jedoch zu beachten.

Die Methode des gleitenden Minimums entsprechend ATV-DVWK-A 198 „Vereinheitlichung und Herleitung von Bemessungswerten für Abwasseranlagen" [1] kann dann empfohlen werden, wenn die Nachtminimum-Methode aufgrund örtlicher Gegebenheiten an ihre Grenzen stößt.

Wenn die Ergebnisse vorliegen, kann sich der Unternehmensträger ein Bild von den tatsächlichen Auswirkungen verschaffen. Liegt der Fremdwasseranteil über 50 %, dann sollten unbedingt gezielte Maßnahmen zur Verminderung des Fremdwasseranfalls eingeleitet werden. Häufig ist es dann angebracht, das planende Ingenieurbüro einzuschalten und zu beauftragen, den Ursachen nachzugehen sowie Sanierungsvorschläge auszuarbeiten. Die Ergebnisse der TV-Inspektion und der Dichtheitsprüfungen erleichtern die Ursachenforschung und das Setzen von Prioritäten.

10.6 Besondere Betriebszustände

Besondere Betriebszustände können verursacht werden durch Frost, Überschwemmung, Unwetter, Geruchsentwicklung, Unfall, Öleinwirkung, Gift- oder pH-Wert-Stöße, Stromausfall oder Betriebsstörungen bei wichtigen Einrichtungen. Die dabei auftretenden Probleme sind sehr vielfältig und können nicht allgemein beschrieben werden.

Vielmehr ist darauf hinzuweisen, dass in der Dienst- und Betriebsanweisung die Vorgaben für das Personal ausgearbeitet sein müssen. Dabei hilft die Arbeitsblattreihe DWA-A 199 „Dienst- und Betriebsanweisung für das Personal von Abwasseranlagen" sowie der DWA-Themenband „Muster-Betriebsanweisung für das Personal von kleinen Kläranlagen" [1].

Reicht das Fachwissen für die Beherrschung von besonderen Betriebszuständen nicht aus, ist die Einschaltung von verfahrenstechnischen Experten (nicht der Architekt als Kläranlagenplaner) und abwasserbiologisch geschulten Fachkräften von Instituten für mikroskopische Analytik dringend empfohlen.

Einige ausgewählte Beispiele besonderer Betriebszustände werden im Folgenden allgemeingültig behandelt:

10.6.1 Inbetriebnahme

Vor Inbetriebnahme ist in sämtlichen Leitungen (Luft, Schlamm, Abwasserzu- und -ablauf) sorgfältig zu prüfen, ob nicht Reste der Baumaßnahme liegen geblieben sind.

Bild 10.16: Der Test des Blasenbildes

Zur Einarbeitung des Belebungsbeckens ist das gesamte vorgeklärte Wasser zuzuführen. Gleichzeitig sind die Rücklaufschlammpumpen mit vollem Förderstrom zu betreiben. Überschussschlamm darf natürlich erst abgezogen werden, wenn der vorgesehene Schlammgehalt erreicht wurde; er ist während dieser Zeit laufend zu überprüfen. Die Einarbeitungszeit dauert 10 bis 20 Tage, bei sehr dünnem Abwasser bis zu vier Wochen. Im Winter lassen sich Belebungsanlagen nur schwer einarbeiten. Hier empfiehlt sich manchmal die Einarbeitung mit einer langsam zu steigernden Teilbeschickung.

10.6.2 Stromausfall

Der Betreiber einer Abwasseranlage muss wissen, wie sicher die Stromversorgung aus dem öffentlichen Netz ist und welche Folgen bei Stromausfall zu erwarten sind. Erst dann wird entschieden, ob eine Ersatzstromanlage (Notstromanlage) bereit zu halten ist. Die in den Bundesländern unterschiedlichen gesetzlichen Regelungen und Anforderungen sind zu beachten.

Ist nur eine einzige Stromeinspeisung vorhanden, ist die Gefahr eines totalen Stromausfalls größer als bei einer Ringversorgung (Einspeisung von zwei Seiten). Bei Kläranlagen und Pumpwerken ist eine Ersatzstromversorgung sicherzustellen, wenn durch Rückstau größere Schäden oder besondere Gefahren entstehen können. Häufig reichen für Pumpwerke in der Regel transportable Ersatzstromanlagen aus. Feuerwehren oder technische Hilfswerke verfügen meist oft über fahrbare Aggregate.

Ob auf eine Ersatzstromversorgung zum Betrieb einer Kläranlage verzichtet werden kann, hängt von der Einspeisungssicherheit, den Gewässerbenutzungen und den behördlichen Auflagen ab. Grundsätzlich muss damit gerechnet werden, dass es bei mehrstündiger Einleitung von unbehandeltem Abwassers zu schwerwiegenden Beeinträchtigungen des Gewässers kommen kann. Dagegen wird selbst bei mehrstündigem Stromausfall (4 bis 6 Stunden) die Biomasse des biologischen Teils nicht nachhaltig geschädigt, da ja meistens das Zulaufpumpwerk auch stromlos ist. Notfalls genügt ein gelegentliches Benetzen des Tropfkörperrasens bzw. ein Umwälzen des Belebtschlammes (z. B. Zapfwellenmixer mit Antrieb durch Traktor). Stationäre Ersatzstromanlagen sind mit vollautomatischer Schaltung auszurüsten; der automatische Schwarzstart ist in bestimmten Abständen zu testen. Die Größe dieser Ersatzstromanlagen ist nicht für den Maximalfall, sondern für den Notbetrieb vorzusehen. Große Kläranlagen mit einer Faulgasverwertung zur Eigenstromerzeugung sind, sofern kein Erdgasanschluss vorhanden ist, mit mindestens einem Zweistoff-Motor auszurüsten, der den Ersatzstrom zum Betrieb der mechanischen Stufe und zur Sicherung der Vorflut liefert.

Bei Stromausfall ist beim zuständigen Elektrizitätswerk die Dauer des Ausfalls zu erfragen und die Betriebsleitung zu verständigen. Nach Wiedereinschalten des Stroms sind alle elektrischen Einrichtungen zu prüfen und zeitabhängige Schreib- und Schaltgeräte ggf. neu einzustellen.

10.6.3 Winterbetrieb

Schwierigkeiten treten insbesondere bei kleinen bis mittleren Anlagen infolge geringen Zuflusses bei sehr niederen Temperaturen und hier besonders in der Nacht auf. Ganz besonders sind Anlagen gefährdet die diskontinuierlich beschickt werden.

Um im Winter den Betrieb einer Kläranlage aufrechterhalten zu können, sind einige Maßnahmen zur Vorbeugung erforderlich.

Zugänge und Wege sind von Schnee und Eis zu räumen und wenn notwendig mit Sand oder Kies zu streuen. Salz ist zu vermeiden, da es Beton angreift.

Bild 10.17: Der Winterbetrieb

Frostgefährdete Leitungen sind durch eine Kälteisolierung (Styropor oder Strohpackung) vor dem Einfrieren zu schützen, zu beheizen oder zu entleeren. Nach dem Entleeren ist der Schieber offen zu lassen. Wenn trotzdem Leitungen oder Schieber einfrieren, darf wegen der Verpuffungs- und Explosionsgefahr keine offene Flamme zum Auftauen verwendet werden.

Die biochemischen Vorgänge sind nicht nur von den bekannten Werten wie Raumbelastung, Schlammbelastung, Aufenthaltszeit usw. abhängig. Es ist bekannt, dass die biologischen Vorgänge auch temperaturabhängig sind. Dieser Gesichtspunkt ist vor allem bei niedrig belasteten Belebungsanlagen wichtig.

Die Vereisung von Messwertaufnehmern hat oft ungenaue Ergebnisse zur Folge, was wiederum die Beurteilung der Reinigungswirkung einer Anlage unmöglich macht.

Rechenanlagen im Freien sind besonders frostgefährdet.

Der *Sandbehälter* im Freien kann einfrieren, sofern dieser nicht mit einer Heizung ausgestattet ist.

Bei Kläranlagen in frostgefährdeten Gebieten ist daher unbedingt anzustreben, dass Rechen, Sand- und Waschbehälter in einem Gebäude untergebracht werden.

Betonbecken sind durch starke Eisdeckenbildung gefährdet, weil die Sprengwirkung des Eises die Umfassungswände beschädigen kann. Vorbeugend können Weichholzbalken oder Styroporplatten an den Außenwänden ausgelegt werden, der Eisdruck wird dadurch auf nachgiebiges Material übertragen.

Das Durchdrehen der Räder von Räumer- oder Belüftungsbrücken bei vereister Räumerfahrbahn kann mit Sand oder Frostschutzmitteln verhindert werden (Bild 10.18). Salz darf nicht verwendet werden. Beheizte Räumerfahrbahnen haben sich bewährt.

Wie alle anderen Anlagenteile erfordern auch Belebungsbecken mit Oberflächenbelüftern ständige Wartung. So ist das Eis, das sich an Kreiseln, Standrohren und Wänden gebildet hat, ständig zu entfernen.

Insbesondere bei kleineren, vielfach auch intermittierend beschickten Tropfkörpern kann sich Eis an den Belüftungsöffnungen am Tropfkörperboden bilden, was zu einer verminderten Luftzirkulation und damit einer Schädigung des biologischen Rasens führt.

Bild 10.18: Die Räumerfahrbahn im Winterbetrieb

Eis an der Tropfkörperoberfläche kann durch eine gleichmäßige Verteilung des Abwassers verhindert werden und durch Säuberung und Regulierung der Austrittsöffnungen am Drehsprenger. Dies vermindert auch die Gefahr der Eiszapfenbildung.

An inneren Tropfkörper-Umfassungswänden kann Eis durch die ständige Benetzung mit dem relativ warmen Abwasser verhindert werden, indem man die Endverschlüsse der Drehsprengerarme teilweise öffnet oder Spritzdüsen und Prallbleche anbringt.

Um eine weitgehende Auskühlung des Tropfkörpers zu vermeiden, sollten die Lüftungsöffnungen am Tropfkörperboden teilweise abgedeckt werden; in extremen Lagen wird das Bauwerk zumindest teilweise überdacht.

Die Einrichtungen zur Nassschlammabgabe sind rechtzeitig zu entleeren, da in Frostperioden ohnedies der Schlamm nicht landwirtschaftlich verwertet werden darf.

10.6.4 Öl im Kläranlagenzulauf

Öl ist ein wassergefährdender Stoff und schädigt die Ökologie. Es kann auch den biologischen Teil einer Anlage zum Erliegen bringen!

Mit dem Abwasser kann Öl verschiedener Art in die Kläranlage fließen, obwohl es nach der Satzung nicht in die Kanalisation eingeleitet werden darf. Man erkennt es meistens am Geruch und an Ölschlieren. Die auftretenden Mengen sind unterschiedlich. Das Auge lässt sich über die Ölmenge auf der Wasseroberfläche leicht täuschen; bereits einige Liter Heizöl verursachen einen riesigen Ölfleck. Solange die Ölschlieren noch in den Regenbogenfarben schillern, ist die Schichtdicke und damit meistens die Menge nicht erheblich. Der Einsatz von Ölbindemitteln ist in diesen Fällen noch wirkungsvoll möglich. Selbst kleinere Ölmengen sollten bereits im Betriebstagebuch vermerkt werden. Es ist zu kontrollieren, dass ab dem Zulauf zum biologischen Teil der Anlage keine Ölschlieren mehr auftreten, weiter ist verfahrenstechnisch nichts veranlasst. Absetzbecken wirken ausgezeichnet als Öl- und Fettabscheider, nur ist die Schwimmschicht manchmal schlecht abzuziehen.

Wenn sehr große Ölmengen (z. B. einige Hundert Liter) in die Kläranlage gelangen (Tankwagenunfall, Benachrichtigung durch Feuerwehr, absichtliches oder unabsichtliches Ölablassen eines Betriebes), ist zu beachten:

1. Keinesfalls Kläranlagenzulauf absperren; Klärbecken, insbesondere Regenbecken, bieten bei Trockenwetter die letzte Möglichkeit, das Öl vom Gewässer fernzuhalten (Bild 10.19).
2. Ölalarmplan bereitlegen und danach handeln. Bei Tankwagenunfällen alles versuchen, um Öl auf der Straße zu sammeln und Straßenabläufe abdichten.

Wenn keine anderslautenden Anweisungen vorliegen gilt:

3. Dienstvorgesetzten, z. B. Bürgermeister und nächste Feuerwehr mit Ölwehrausrüstung (Leitzentrale unter Tel.: **112**) verständigen, möglichst ohne die Anlage zu verlassen.

4. Zulauf zum biologisch wirkenden Teil der Anlage absperren! (Bei Anlagen ohne Vorklärung gelten besondere Überlegungen wie z. B. Zulauf offenlassen, Schwimmbalken einlegen, Belüftung und Rücklaufschlammpumpen abschalten, ebenso die Sandfangbelüftung ausschalten).
5. Zur Beweissicherung sind Proben von 2 l zu entnehmen.
6. Dienstvorgesetzten erinnern, dass sofort Wasserrechtsbehörde und technische Fachbehörden (Wasserwirtschaftsamt usw.) zu verständigen sind; notfalls selbst benachrichtigen.
7. Öl mit Schwimmschlammschild oder Schwimmbalken in einer Ecke des Beckens in Einlaufnähe zusammendrängen und absaugen lassen.
8. Uhrzeit von Beginn und Ende des Ölzulaufs, geschätzte Menge, Farbe und Geruch im Betriebstagebuch notieren.

Bild 10.19: Die Feuerwehr im Einsatz

Bei der Erstellung eines Alarm- und Benachrichtigungsplans bietet das Muster des DWA-Landesverbandes Bayern eine Hilfe. Homepage: <www.dwa-bayern.de>, dann unter Publikationen und Leitfaden.

Wenn Öl im Zufluss öfters auftritt, ist zu vermuten, dass der Verursacher ein Betrieb ist. Mit Hilfe der technischen Fachbehörden muss der Verursacher ausfindig gemacht werden.

Bei der Auswahl des Ölbinders ist darauf zu achten, dass nur Mittel eingesetzt werden dürfen, die dauernd schwimmfähig bleiben. Keinesfalls dürfen Mittel verwendet werden, die das Öl als Emulsion im Wasser verteilen, sogenannte Emulgatoren.

10.6.5 Gift- und pH-Wert-Stöße

Der Einfluss von Giften wird in Kläranlagen meistens erst erkannt, wenn es zu spät ist. In seltenen Fällen ist das giftige Abwasser an einer Verfärbung zu erkennen, z. B. gelblichgrün von chromhaltigem Industrieabwasser.

Häufiger ist es der Fall, dass Gifte gleichzeitig mit pH-Stößen zufließen, insbesondere bei unerlaubter Einleitung des Abwassers aus Galvanikbetrieben. Wenn begründeter Verdacht auf Giftzufluss besteht muss versucht werden, ihn von Schlammfaulung und Biologie fernzuhalten.

In der Kläranlage kann meistens nichts gegen Gift- oder pH-Stöße unternommen werden. Wichtig ist es, sofort Proben (2 l) zu nehmen sowie Zeit und Umstände sofort im Betriebstagebuch und auf der Probeflasche zu vermerken. Eine Meldung an den Dienstvorgesetzten ist notwendig, ggf. auch an die technische Gewässeraufsicht.

Nur durch sorgfältiges Beobachten dieser Ereignisse gelingt es, den Verursacher solcher Stöße zu erfassen. Eine selbstschreibende pH-Messung am Kläranlagenzulauf ist dafür hilfreich. Manchmal hilft auch eine sofortige Nachschau in den Kanälen mit einem pH-Messgerät oder auch eine Sielhautbeprobung, um den Verursacher ausfindig zu machen.

10.6.6 Blähschlamm

Ein gesunder Belebtschlamm hat einen Schlammindex, der zwischen 50 bis 150 ml/g liegt. Steigt er über 150 ml/g an und enthält der Belebtschlamm Fadenorganismen (Bild 10.20), so spricht man von Blähschlamm; er setzt sich sehr schlecht ab, er schwebt mehr oder weniger im Nachklärbecken, teilweise treibt der leichte Schlamm über die Ablaufschwelle ab.

Blähschlamm kann sich dann stark entwickeln, wenn die für Fadenbakterien besonders günstigen Bedingungen erfüllt sind: Nährstoffzusammensetzung, Temperatur, Sauerstoffgehalt, pH-Wert. Darum hat es meist wenig Erfolg, nur den belebten Schlamm zu entfernen. Wenn die Ursachen erkannt sind und ggf. die Betriebsverhältnisse geändert werden, können die Lebensbedingungen der Bakterien so verbessert werden, dass die weitere Blähschlammentwicklung vermindert wird.

Eine Vielzahl verschiedener Bakterienarten haben im Blähschlamm günstige Entwicklungsmöglichkeiten. Dies macht verständlich, dass nicht immer die gleichen Bekämpfungsmaßnahmen zum Erfolg führen. Oft entwickeln sich die Fadenbakterien nur zu bestimmten Jahreszeiten, z. B. häufig im Frühjahr, was auf Temperatureinfluss schließen lässt. Auch besondere Belastungszustände durch Kampagnebetriebe, wie Konservenfabriken oder Brennereien, fördern die Blähschlammneigung. Ebenso wirkt sich angefaultes Abwasser sowie ein Mangel an Stickstoff oder Phosphor aus.

Bestimmte Betriebsweisen scheinen die Blähschlammentwicklung zu fördern. So neigen BSB_5-Schlammbelastungen <0,10 (kg BSB_5/(kgTS · d) besonders dazu. Längsdurchströmte Becken sind weniger gefährdet. Eine geringe hydraulische Belastung eines Nachklärbeckens kann die Betriebsprobleme noch verstärken.

So verschieden die Bakterien und ihre Ursachen sein können, so unterschiedlich sind sie auch zu bekämpfen. Eine bestimmte Gegenmaßnahme, die mit Sicherheit in allen Fällen hilft, gibt es nicht. Hier kann nur empfohlen werden, mit einer biologisch ausgebildeten Fachkraft eine Beurteilung durchführen zu lassen.

Bild 10.20: Fadenorganismen (Typ 021N, 125-fach) [Foto IMA]

Gegen Blähschlammbildung oder Schlammtreiben durch nicht gezielte Denitrifikation im Nachklärbecken können ggf. folgende Maßnahmen in Betracht gezogen werden:

1. Schlammrückführung aus dem Nachklärbecken verstärken.
2. Aufenthaltszeit des abgesetzten Schlammes am Boden der Nachklärung verkürzen (weniger als 1 Stunde), in dem die Geschwindigkeit des Nachklärbeckenräumers etwas vergrößert wird (bei Rundräumern bis zu 6 cm/s). Evtl. sind die Räumschilde etwas zu verlängern oder zu verdoppeln, um den Schlamm schneller zum Trichter räumen zu können.
3. Sorgfältiges Säubern aller Gerinne der Kläranlage um Ablagerungen, die zum Anfaulen des Abwassers führen könnten, auszuschließen.
4. Aufenthaltszeit in der Vorklärung vermindern, z. B. durch Außerbetriebnahme einer Einheit. Dies gilt besonders, wenn das Rohabwasser schon leicht angefault im Klärwerk ankommt.
5. Wenn die Ursache bei Industrieabwässern, z. B. Zuckerfabrik, Brauerei, Molkerei, vermutet wird, kann das einseitige Nährstoffangebot, das die Bildung von Fadenbakterien (Bild 10.20) begünstigt durch Zugabe von Stickstoff und/oder

Phosphat verbessert werden (vorher durch abwasserbiologisches Institut untersuchen lassen).
6. Durch Zugabe von Fällungsmitteln, z. B. Eisensulfat, Eisenchlorid, Aluminiumsulfat, können Flockenbildung und Absetzeigenschaft verbessert werden. Auch Kalkzugabe kann gegen Blähschlamm helfen. Wegen der Erhöhung des pH-Wertes und der Verkrustungsgefahr muss hier besonders sorgfältig vorgegangen werden.
7. Mit der Dosierung von Wasserstoffperoxid (H_2O_2) kann Sphaerotilus (Abwasserpilz) mit Erfolg bekämpft werden.
8. Bei langen Belebungsbecken hilft es manchmal, wenn Abwasser und Rücklaufschlamm vor Kopf, also an der Stirnseite des Belebungsbeckens, eingeleitet werden und gleichzeitig eine gut durchmischte anoxische Zone vorhanden ist.

10.6.7 Schaumbildung

Schaumbildung ist in Belebungsbecken recht lästig. Abhelfen kann man durch Besprühen mit Wasser. Im Ablaufgerinne kann durch ein schräg eingebautes Brett, das den Schaum zum Untertauchen zwingt, die Schaumentwicklung gehemmt werden.

Bild 10.21: Schaumprobleme

Wichtig ist es auch hier die Ursachen zu finden. Sie können z. B. sein: Einfahrphase der Belebung, abgestorbene Bakterien durch giftiges Abwasser, Wechsel des Reinigungsmittels bei größeren Industriebetrieben und Löschschaum bei Feuerwehreinsätzen.

10.6.8 Verzopfungen durch Feuchttücher

In den letzten Jahren hat in den Haushalten die Verwendung von Feuchttüchern stark zugenommen. Nur die modernen Rechenanlagen mit kleinen Spaltweiten bzw. Lochsieben sind in der Lage diese Stoffe aus dem Abwasser zu entnehmen, sodass es zu keinen betrieblichen Problemen in den nachfolgenden Reinigungsanlagen kommen wird, wie Verstopfen, Verzopfungen an den Belüftern oder Rührwerken (Bild 10.22) und Schwimmdeckenbildung.

In der Kanalisation gibt es Pumpwerke die häufig durch die große Menge der angesammelten Feuchttücher im Sumpf ausfallen (Bild 10.23). Die Pumpenhersteller sind bemüht Bauarten zu entwickeln um diese Auswirkungen zu vermindern.

Bild 10.22: Verzopfungen an Rührwerken

Bild 10.23: Verzopfungen an Pumpen

Eine große Hilfe im Kanalnetz zur Verminderung der Betriebsprobleme sind neue kombinierte Bauarten von Lochsieben und Pumpen (Bild 10.24). Die Idee liegt darin, die Feuchttücher vor der Pumpe aus dem Abwasserstrom zu entfernen mit der Folge, dass die Betriebssicherheit wesentlich vergrößert wird, durch eine Verringerung der Ausfallzeiten. Vielleicht entfällt zukünftig der häufige Personaleinsatz für die Beseitigung der Verstopfungen, der meist in der Rufbereitschaft erforderlich wird. Momentan ist das Betriebspersonal für den Kanalbetrieb allerdings meist alleine gelassen.

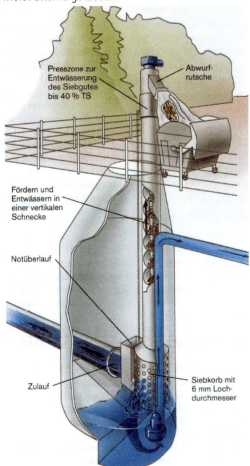

Bild 10.24: Siebkorb mit Pumpe

10.7 Instandhaltung von Außenanlagen

Warum müssen die Außenanlagen instand gehalten werden?

- Der Wert der Anlagen, wie Bauwerke, Maschinen, Straßen, Beleuchtung, Lager, Einzäunungen, Grünanlagen usw., ist sehr hoch. Statistische Auswertungen haben ergeben, dass das Betreuungsvermögen je Mitarbeiter/in im Abwasserbereich (also auch Verwaltungskräfte) bei über 4,0 Mio. € je Einwohnerwert der Ausbaugröße der Kläranlage liegt.
- Durch sorgfältige Instandhaltung wird das Anlagevermögen wirtschaftlich verwaltet und die Lebensdauer der Anlagen um Jahre verlängert.
- Bauschäden bedeuten fast immer auch eine Unfallgefährdung, die beseitigt werden muss.
- Eine Kläranlage muss aus hygienischen Gründen, um eine gesundheitliche Gefährdung des Personals sowie von Besuchern und der Umgebung zu vermeiden, so sauber wie möglich gehalten werden. Oft wird dadurch auch Geruchsbildung vermieden.
- Der äußere Anblick einer Kläranlage entspricht einer Visitenkarte. Das Ansehen eines Klärwerkes und seines Personals steht und fällt damit.
- Häufig ist im Wasserrechtsbescheid eine standortgemäße Bepflanzung vorgeschrieben; diese muss auch erhalten und gepflegt werden.

Die Aufzählung der Gründe für eine Instandhaltung zeigt schon, dass es hier sehr oft um Aufgaben geht, die eher denen eines Hausmeisters entsprechen. Die folgenden Hinweise betreffen Bauwerke aller Art:

- Wenn Metalle durch Korrosion angegriffen werden, leidet ihre statische Standsicherheit. Feuerverzinkung ist ein sehr wirksamer Korrosionsschutz.
- Auch Betonbauwerke sind der Korrosion ausgesetzt. Meist wird zuerst eine Rostfahne sichtbar; dann platzen Betonteile ab. Um solche Schäden dauerhaft instand zu setzen, wird empfohlen Fachfirmen einzusetzen. Salz greift den Beton an, deshalb dürfen keine Auftausalze verwendet werden.

- Holz muss ebenfalls regelmäßig vor Witterungseinflüssen durch Anstriche und gegen Fäulnis geschützt werden.

Es ist nicht Aufgabe des Betriebspersonals einer Kläranlage diese Arbeiten auszuführen; dazu werden Firmen herangezogen. Aber es liegt in der Verantwortung des Betriebspersonals darauf zu achten, wann solche Arbeiten notwendig werden und dann den Dienstherrn darauf aufmerksam zu machen.

Zur Instandhaltung von Außenanlagen gehören neben den Bauwerken auch folgende Anlagenteile:

Straßen und Wege
Laufstege, Treppen, Leitern und Abdeckungen müssen sauber gehalten werden und sicher benutzbar sein. Schadenstellen müssen gemeldet und u. U. gesichert und beseitigt werden. Leitern z. B. sind in bestimmten Zeitabständen durch eine Fachkraft zu überprüfen.

Umzäunung
Die Umzäunung muss den Zutritt von Unbefugten aus Sicherheitsgründen verwehren. Das Tor muss verschlossen bleiben, damit niemand unbeaufsichtigt das Gelände betreten kann. Der Zaun muss in regelmäßigen Abständen nachgesehen werden. Schäden sind zu melden, zu sichern und möglichst bald zu beseitigen.

Beleuchtung
Die Beleuchtung soll bei Dunkelheit unfallfreies Betreten des Geländes und die Benutzung von Räumen ermöglichen. Deshalb muss auch ein Schalter am Einfahrtstor angebraucht sein.

Grünanlagen
Anpflanzungen müssen gärtnerisch betreut werden, entweder vom gemeindeeigenen Gärtner oder einer Firma. Die Betreuung der Grünanlagen ist sehr arbeitsintensiv.

Die Bepflanzung darf den Kläranlagenbetrieb nicht stören. Deshalb ist in unmittelbarer Nähe von Becken oder Tropfkörpern eine Bepflanzung mit Sträuchern, Bäumen oder Blumen unzweckmäßig. Besonders Laubbäume in Beckennähe können im

Herbst zusätzliche Arbeit und sogar Betriebsstörungen verursachen. Es versteht sich von selbst aus hygienischen Gründen, dass kein Obst und Gemüse angepflanzt werden darf.

Bild 10.25: Pflegeleichte Bepflanzung

Hecken brauchen Pflege, wenigstens einmal im Jahr müssen sie geschnitten werden. Bei einer evtl. Neuanlage sollte Trockenrasen zum Einsatz kommen. Unkrautbekämpfungsmittel dürfen auch wegen der Vergiftungsgefahr der Mikroorganismen nicht eingesetzt werden.

10.8 Ungeziefer

Ungeziefer in Abwasseranlagen sind eine Frage der Sauberkeit! Gegen Möwen- oder Taubenplage hilft der gelegentliche Einsatz eines Falkners und die Verminderung von Landeplätzen, die vor allem im Winter warm sind (Bild 10.26).

Die üblichen Fliegen treten meistens nur auf, wenn Rechengut oder Sandfanggut offen herumliegt. Absackeinrichtungen und Container mit Deckel helfen hier. Die Psychoda-Fliege am Tropfkörper ist an sich harmlos, kann aber in größeren Schwärmen vom Wind verblasen werden. Gegenmaßnahmen sind in den Wartungshinweisen zum Tropfkörper aufgezeigt.

Bild 10.26: Möwendraht gegen den Anflug der Vögel

Eine gezielte *Rattenbekämpfung* ist oft nicht zu vermeiden. Ratten übertragen die Erreger der Weil'schen Krankheit. Rechtliche Grundlage sind die gesetzlichen Bestimmungen im Infektionsschutzgesetz (IfSG).

Ratten halten sich in der Regel in der Kanalisation auf. Sie kommen nur ins Freie, wenn es dort etwas zu fressen gibt. Wichtigste Regel ist daher Sauberkeit. Arbeitsgeräte sollen nicht herum liegen, sondern hochgelagert werden, um den Ratten nicht zugänglich zu sein. Auch Rechengut gehört in abgedeckte Container.

Ratten können in der Kanalisation vertrieben werden, indem man ihnen die Nistplätze nimmt. Das sind vor allem aufgelassene Kanalhaltungen oder stillgelegte Hausanschlussleitungen und Abzweige. Mit einer einzigen Gegenmaßnahme ist es aber meistens nicht getan. Ist eine gezielte Bekämpfung erforderlich, muss sie fachgerecht ausgeführt werden, da die Mittel, die dabei eingesetzt werden, selbst ein Gefahrenpotential für Mensch und Tier sind. Die einschlägigen landesrechtlichen Regelungen zum Vollzug des Tierschutzgesetzes sind zu beachten. Ebenso die Bestimmungen bei der Verwendung von Fraßködern, wenn es sich um Biozidprodukte (Mittel mit blutgerinnenden Wirkstoffen) handelt.

Bild 10.27: Rattenplage

11 Arbeitsschutz

Arbeitsschutz ist die Bewahrung von Leben und Gesundheit. Im beruflichen Umfeld dient der Arbeitsschutz der Schaffung und ständigen Verbesserung von Voraussetzungen, dass die Arbeit insgesamt den körperlichen, geistigen und seelischen Kräften des Beschäftigten entspricht. Dazu gehören Arbeitshygiene ebenso wie ärztliche Vorsorgeuntersuchungen, Unfallverhütungsmaßnahmen, Rettungseinrichtungen und Kurse zur Ausbildung in Erste Hilfe.

11.1 Gesetze, Arbeitssicherheitsvorschriften

Die Sicherheit am Arbeitsplatz ist nur gewährleistet, wenn auch die einschlägigen rechtlichen Bestimmungen beachtet werden:

- Gesetz des Arbeitsschutzes zur Verbesserung der Sicherheit und des Gesundheitsschutzes der Beschäftigten bei der Arbeit:

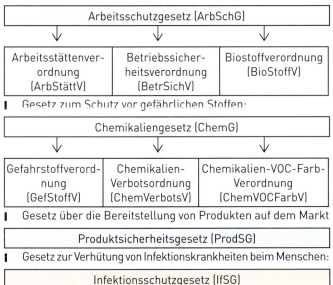

- Gesetz zum Schutz vor gefährlichen Stoffen:
- Gesetz über die Bereitstellung von Produkten auf dem Markt
- Gesetz zur Verhütung von Infektionskrankheiten beim Menschen:

Der Unternehmer hat die erforderlichen Maßnahmen zur Verhütung von Arbeitsunfällen, Berufskrankheiten und arbeitsbedingten Gesundheitsgefahren sowie für eine wirksame Erste Hilfe zu treffen. Die zu treffenden Maßnahmen sind insbesondere in staatlichen Arbeitsschutzvorschriften und in den Unfallverhütungsvorschriften (DGUV Vorschriften) enthalten.

Darüber hinaus sind auch die einschlägigen Regeln (DGUV Regeln) und Infoschriften (DGUV Information) der Unfallversicherungsträger zu beachten.

Die DGUV Vorschriften, Regeln und Informationen können beim zuständigen Unfallversicherungsträger (in Bayern die Kommunale Unfallversicherung Bayern) bezogen werden.

Titel	Bezeichnung
UVV Grundsätze der Prävention	DGUV Vorschrift 1
UVV Elektrische Anlagen und Betriebsmittel	DGUV Vorschrift 4
Arbeitsmedizinische Vorsorge	DGUV Vorschrift 7
UVV Abwassertechnische Anlagen	DGUV Vorschrift 22
Explosionsschutz-Regeln (EX-RL)	DGUV Regel 113-001
Arbeiten in umschlossenen Räumen von abwassertechnischen Anlagen	DGUV Regel 103-003
Steiggänge für Behälter und umschlossene Räume	DGUV Regel 103-008
Benutzung von persönlichen Schutzausrüstungen gegen Absturz	DGUV Regel 112-198
Retten aus Höhen und Tiefen mit persönlichen Schutzausrüstungen	DGUV Regel 112-199
Verbandbuch	DGUV Information 204-020

11.2 Vollzugshinweise

Gefährdungsbeurteilung

Entsprechend § 5 Arbeitsschutzgesetz (ArbSchG) hat der Arbeitgeber durch eine Beurteilung der für die Beschäftigten mit ihrer Arbeit verbundenen Gefährdung zu ermitteln, welche Maßnahmen des Arbeitsschutzes erforderlich sind. Der Arbeitgeber hat sicherzustellen, dass die Gefährdungsbeurteilung fachkundig durchgeführt wird. Verfügt der Arbeitgeber nicht selbst über die entsprechenden Kenntnisse, hat er sich fachkundig beraten zu lassen, z. B. durch die Fachkraft für Arbeitssicherheit oder den Betriebsarzt.

Bei der Beurteilung der Arbeitsbedingungen hat der Arbeitgeber zunächst festzustellen, ob die Beschäftigten Gefährdungen beim Einrichten und Betreiben von Arbeitsstätten ausgesetzt sind oder ausgesetzt sein können. Ist dies der Fall, hat er alle möglichen Gefährdungen der Sicherheit und der Gesundheit der Beschäftigten zu beurteilen und dabei die Auswirkungen der Arbeitsorganisation und der Arbeitsabläufe in der Arbeitsstätte zu berücksichtigen.

Entsprechend dem Ergebnis der Gefährdungsbeurteilung hat der Arbeitgeber Maßnahmen zum Schutz der Beschäftigten gemäß der Arbeitsstättenverordnung einschließlich ihres Anhangs nach dem Stand der Technik, Arbeitsmedizin und Hygiene festzulegen. Sonstige gesicherte arbeitswissenschaftliche Erkenntnisse sind ebenfalls zu berücksichtigen.

Der Arbeitgeber hat die Gefährdungsbeurteilung vor Aufnahme der Tätigkeiten zu dokumentieren. In der Dokumentation ist anzugeben, welche Gefährdungen am Arbeitsplatz auftreten können und welche Maßnahmen durchgeführt werden müssen.

Unterweisung

Nach § 12 ArbSchG hat der Arbeitgeber die Beschäftigten über die bei den Arbeiten auftretenden Gefahren sowie über Schutzmaßnahmen zu informieren.

Die Unterweisung ist erstmalig durchzuführen, wenn
- neue Mitarbeiter ihre Tätigkeit im Betrieb aufnehmen,
- Mitarbeiter an andere Arbeitsplätze versetzt werden,
- Mitarbeiter mit neuen Aufgaben betraut werden,
- neue Arbeitsverfahren, Maschinen, Geräte, Arbeitsstoffe etc. eingeführt werden,
- neue Räumlichkeiten bezogen,
- neue Einrichtungen in Betrieb genommen werden,
- neue oder geänderte Vorschriften zu neuen Schutzmaßnahmen Anlass geben.

Nach der Erstunterweisung sind die Unterweisungen jährlich zu wiederholen.

Die Betriebsanweisung dient als Grundlage für die Beschäftigten, um sich beim Umgang mit den Unfall- und Gesundheitsgefahren richtig zu verhalten. Besonders einprägsam sind Unterweisungen mit praktischen Übungen.

Die Unterweisung selbst ist von einer fachkundigen Person vorzunehmen, die vom Arbeitgeber schriftlich beauftragt wurde. Die Durchführung und der Inhalt der Unterweisung muss schriftlich festgehalten und durch die Teilnehmer gegengezeichnet werden.

Bild 11.1: Fachkundige Unterweisung

11.3　Arbeitshygiene

Vor der Einführung der Schwemmkanalisation im 19. Jahrhundert brachen in vielen Städten Epidemien aus. Ursache war meistens Trinkwasser, das durch Abwasser verunreinigt war.

Wesentlichen Anteil an der Erarbeitung von Grundlagen der Stadthygiene hatten damals drei Wissenschaftler:

- **Max von Pettenkofer**, (* 3. 12. 1818 in Lichtenheim bei Neuburg an der Donau; † 10. 02. 1901 in München) war ein bayerischer Chemiker und Hygieniker. Nach ihm ist das Max von Pettenkofer-Institut in München (LMU München) benannt. Im Jahr 1865 wurde er erster deutscher Professor für Hygiene und richtete dort von 1876 bis 1879 das erste Hygieneinstitut ein. Er setzte es durch, dass das Abwasser in München nicht mehr versickert werden durfte, sondern mittels einer Kanalisation in die Isar eingeleitet wurde.
- **Robert Koch** (* 11. 12. 1843 in Clausthal; † 27. 05. 1910 in Baden-Baden) war ein deutscher Mediziner und Mikrobiologe, dem nachgesagt wird, dass es ihm 1876 gelang, den Erreger des Milzbrands (Bacillus anthracis) außerhalb des Organismus zu kultivieren und seinen Lebenszyklus zu beschreiben. Dadurch wurde zum ersten Mal lückenlos die Rolle eines Krankheitserregers aus dem Abwasser beim Entstehen einer Krankheit durch verschmutztes Trinkwasser beschrieben. Er ist dadurch zum Begründer der modernen Bakteriologie und Mikrobiologie geworden und hat grundlegende Beiträge zur Infektionslehre in Deutschland geleistet.
- **Louis Pasteur** (* 27. 12. 1822 in Dole, Département Jura; † 28. 09. 1895 in Villeneuve-l'Étang bei Paris) war ein französischer Chemiker und Mikrobiologe, der entscheidende Beiträge zur Vorbeugung gegen Infektionskrankheiten durch Impfung geleistet hat. Er begann seine Karriere mit einer Entdeckung: Optische Aktivität war in seinen Augen eine Eigenschaft, die die Moleküle von Lebewesen charakterisiert. Da bei der Gärung optisch aktive Substanzen entstehen vermutete er, dass sie von Mikroorganismen verursacht wurde.

Pasteur entdeckte, dass es Mikroorganismen gibt, die ohne Sauerstoff auskommen. So fand er als Beispiel für eine Stoffwechselregulation, dass Hefezellen unter Ausschluss von Sauerstoff Zucker schneller verbrauchen. Eine praktische Konsequenz dieser Arbeiten war ein Verfahren zur Haltbarmachung flüssiger Lebensmittel, die Pasteurisierung.

  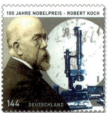

Bild 11.2: Max von Pettenkofer, Louis Pasteur, Robert Koch

Das Ableiten und Reinigen von Abwasser dient nicht nur dem Gewässerschutz, sondern in hohem Maße der Gesundheitsvorsorge (Hygiene). Die Abwasserbeseitigung trägt dazu bei, Infektionen bei Mensch und Tier zu verhindern. Ohne die Beachtung und Befolgung der Hygienevorschriften ist die Infektionsgefahr sehr groß. Infektionen können u. a. ausgelöst werden durch

- unmittelbaren Kontakt von Kranken und Gesunden;
- indirekte Übertragung von Mensch zu Mensch über verunreinigte Wäsche, Essgeschirre und Nahrungsmittel;
- tierische Zwischenwirte (z. B. Ratten).

In kommunalem Rohabwasser sind in 1 ml mehr als 1 Million Bakterien (Keime) enthalten. Die überwiegende Anzahl ist für den Menschen unschädlich. Eschericia coli, ein wichtiges Darmbakterium, wird als „Anzeiger für eine Abwasserverunreinigung" in der Bakteriologie verwendet, es verursacht unter bestimmten Voraussetzungen auch beim Menschen Infektionen. Kommunales Abwasser kann jedoch auch Krankheitserreger, und zwar Bakterien, Viren sowie Eier von Eingeweidewürmern enthalten. Diese Krankheitserreger werden auch pathogene Keime genannt. Pathogen heißt krankheitserzeugend.

Beschäftigte auf Abwasseranlagen unterliegen zwangsläufig einer gewissen Gefährdung, da der Kontakt mit Abwasser oder Klärschlamm kaum zu vermeiden ist. Es ist wichtig, wirkungsvolle Schutzmaßnahmen vorzunehmen und die elementaren hygienischen Verhaltensregeln am Arbeitsplatz zu beachten (Bild 11.3).

Bild 11.3: Hygiene ist oberstes Gebot

11.3.1 Krankheitserreger

Zu den wichtigsten Gruppen der Krankheitserreger gehören:

Pathogene Bakterien

Bakterien der *Salmonellen*-Gruppe; sie rufen Typhus, Paratyphus und Salmonellen-Erkrankungen hervor.

Ruhr-Bakterien; sie verursachen u. a. starken Durchfall und Darmbluten.

Tuberkulose-Bakterien; sie verursachen verschiedene Krankheitserscheinungen, von denen die Lungentuberkulose die bekannteste ist.

Legionellen-Bakterien; sie sind Verursacher der Infektionskrankheit „Legionellose", einer schweren Form der Lungenentzündung. Die Bakterien können sich in warmem Wasser (25 bis 50 °C) ansiedeln und vermehren. Auch im Abwasser tritt dieser Krankheitserreger auf, spielt aber in den Vorschriften des Arbeitsschutzes keine explizite Rolle. Die im Abwasserbereich bekannten Hygienemaßnahmen (siehe 11.3.2) sollten daher ausreichend sein. Hierzu gehört vor allem die Vermeidung des Einatmens von Aerosolen.

Die *Weil'sche Krankheit* ist eine meldepflichtige Infektionskrankheit. Hervorgerufen wird sie durch einen Erreger (Leptospira). Nach einer Inkubationszeit von 1 bis 2 Wochen bricht hohes Fieber mit Schmerzen, besonders heftigen Wadenschmerzen aus, wozu bald Gelbsucht, Nierenentzündung und Milzschwellung treten. Die Erreger gelangen über infizierten Ratten-Urin ins Abwasser oder auf Gegenstände (auch Rechengut) und können bei Berührung bereits durch kleine Hautverletzungen in den menschlichen Körper eindringen.

Tetanus-Bakterien rufen den Wundstarrkrampf hervor. Es ist keine typische Krankheit, die durch Abwasser übertragen wird, sondern eine Wundinfektion. Deshalb ist man bei Hautverletzungen und offenen Wunden durch diese Infektion gefährdet.

Viren

Auch Viren treten im Abwasser auf, besonders solche, die ihren Sitz im Darm haben. Der wichtigste Vertreter ist das Poliomyelitis-Virus, welches die spinale Kinderlähmung hervorruft. Andere im Abwasser vorkommende Viren können vor allem bei Kindern fieberhafte Erkrankungen hervorrufen. Auch gewisse Formen der Gelbsucht (Hepatitis) sind auf Viren zurückzuführen.

AIDS-Viren (HIV) sind durch Abwasser nicht übertragbar.

Grippeviren können ebenfalls vorkommen. Eine Infektion ist z. B. beim Einatmen größerer Aerosolmengen denkbar. Nach dem derzeitigen Erkenntnisstand „überlebt" das Schweinegrippe-Virus H1N1 im Medium Abwasser nicht länger als bereits bekannte Influenza-Viren.

Im Zusammenhang mit der BSE-Krise wurde auch über eine mögliche Gefährdung von BSE (Bovine Spongiforme Enzephalopathie) durch die Abwasser- und Schlammverwertung diskutiert. Es konnten aber weder BSE-Erreger im Abwasser noch im Klärschlamm nachgewiesen werden.

Wurmeier

Eier parasitischer Würmer (*Bandwurm*) sind stets im Abwasser vorhanden. Da sie schwerer als Wasser sind, setzen sie sich in Vorklärbecken ab, sie werden in Schlammbehandlungsanlagen nicht abgetötet. In Wasser können sie sich meist Monate, z. T. sogar jahrelang, entwicklungsfähig halten.

Durch die Abwasserreinigung werden Wurmeier aus dem Abwasser entfernt und pathogene Keime um etwa 90 % vermindert. Wegen ihrer großen Zahl sind sie aber auch im Ablauf biologischer Kläranlagen noch nachweisbar.

Rohschlamm enthält stets pathogene Keime. Auch im ausgefaulten Schlamm sind sie enthalten, er ist daher ohne besondere Behandlung als „seuchenhygienisch nicht einwandfrei" zu beurteilen. Klärschlamm, der auf 65 bis 70 °C mindestens 20 bis 30 Minuten vor oder nach der Faulung erhitzt wurde („pasteurisierter Schlamm") oder mit höheren Temperaturen behandelter Schlamm (= „thermisch konditioniert") ist dagegen seuchenhygienisch weitestgehend unbedenklich.

11.3.2 Hygienische Grundsätze

Trotz der hygienischen Gefährdung des Betriebspersonals vor allem der Kanalarbeiter, ist nach statistischen Unterlagen die Erkrankungshäufigkeit nicht höher als bei ähnlichen Bevölkerungsgruppen. Das beruht vermutlich darauf, dass das Betriebspersonal weniger anfällig gegen Infektionskrankheiten ist, da eine gewisse *„Immunisierung"* eintritt.

Zwar kommen Erkältungskrankheiten häufiger vor, bei meldepflichtigen Infektionskrankheiten ist jedoch kein signifikanter Unterschied zur restlichen Bevölkerung feststellbar. Es ist allerdings davon auszugehen, dass leichte Infektionen, wie Hautausschläge, Anschwellungen durch Insektenstichen oder Übelkeiten über den Hausarzt oder durch Selbsthilfe behandelt werden und somit statistisch nicht erfasst werden.

Bild 11.4: Bekleidung für Regenwetter

Der beste Schutz gegen Ansteckung ist die persönliche Hygiene. Erstes Gebot ist daher peinliche Sauberkeit:

1. Stets Schutzkleidung tragen. Nicht mit der Arbeitskleidung ins Wohnhaus gehen. Die Schutzkleidung nicht im eigenen Haushalt waschen.
2. Der Arbeitgeber hat die Schutzkleidung zu stellen und auch für deren Reinigung zu sorgen. Wird die Reinigung nicht in einer Zentralwäscherei vorgenommen, muss auf der Kläranlage eine Waschmaschine dafür aufgestellt werden.
3. Bei schmutzigen Arbeiten sind Gummihandschuhe zu tragen. Hierzu gehören besonders Arbeiten, bei denen die Berührung mit Abwasser, Abwasserschlamm oder Rechengut zu befürchten ist.
4. Nach Arbeitsende unbedingt duschen und die Kleidung einschließlich Unterwäsche und Strümpfe wechseln. Die Schutzkleidung ist getrennt von der Zivilkleidung aufzubewahren (Doppelspind mit Trocknungseinrichtung).

5. Nach direktem Kontakt mit Abwasser und vor jedem Essen Hände mit Seife und Handbürste waschen, danach ggf. mit Desinfektionslösung auf Alkoholbasis (z. B. Sterillium, Septical) in der vorgeschriebenen Konzentration behandeln und mit klarem Wasser nachspülen. Zum Abtrocknen sollten nur Papierhandtücher benutzt werden. Vor Beginn der Arbeit sind Hautschutzmittel und nach jedem Händewaschen Pflegemittel anzuwenden; sie sollen in Apotheken bezogen werden.
6. Das Einatmen von aerosolhaltiger Luft vor allem bei Reinigungsarbeiten mit Hochdruckspülgeräten oder im unmittelbaren Bereich von Oberflächenbelüftern ist unbedingt zu vermeiden. Das Tragen von Atemschutzmasken ist hier wichtig.
7. Mahlzeiten dürfen nicht in Arbeitsräumen eingenommen werden, sondern in einem gesonderten Raum. Ist dies nicht möglich, muss wenigstens ein eigener Tisch vorhanden sein, der nicht mit Abwasserproben in Berührung kommt.
8. Rechengut darf nie frei herumliegen (Fliegen, Ratten, Möwen).
9. Ist die Abwasseranlage mit Ratten befallen, muss eine gezielte Bekämpfung durchgeführt werden (Bild 11.5). Der Umgang mit Fraßködern erfordert einen Sachkundenachweis, wenn blutgerinnungshemmende Wirkstoffe (Biozid-Produkte) verwendet werden (Abschnitt 10.8, Ungeziefer).

Bild 11.5: Ratten im Kanal

10. Auch kleinste Verletzungen sollten versorgt werden. Sie sind mit einer geeigneten antiseptischen (keimfrei machenden) Tinktur (aus der Apotheke) zu desinfizieren (Jodtinktur ist nicht ratsam). Nie mit offenen (nicht verbundenen) Hautwunden in der Kläranlage oder im Bereich des Kanalnetzes arbeiten! Verletzungen (auch aus Versicherungsgründen) vom Arzt behandeln lassen. Bei kleineren Wunden, bei denen kein Arzt aufgesucht wird, Zeitpunkt, Art und Ursache der Verletzung schriftlich festhalten (Verbandbuch im Erste-Hilfe-Kasten).

Die *Wasch- und Rüstzeiten* gehören im Bereich der Abwasserbetriebe zur Arbeitszeit, denn die Arbeitsschutzbestimmungen fordern ein hohes Maß an Hygiene. Abwasserbetriebe sind nach der BioStoffV der Risikogruppe 2 zugeordnet, d. h. eine wirksame Vorbeugung ist erforderlich. Schutzkleidung, Reinigung und Desinfektion sind wesentliche Bestandteile des Hygieneschutzes für Mitarbeiter und ihre Angehörigen. Der Verbleib und die Reinigung von Schutzkleidung im Betrieb sind unbedingt erforderlich. Nach Art. 8 Abs. 3 der EU-Richtlinie 2000/54 und § 3 Abs. 3 ArbSchG dürfen entsprechende Maßnahmen nicht zu Lasten des Arbeitnehmers gehen.

Folgende Arbeitsschutzregelungen sind einschlägig:
EU-Richtlinie 89/391/EWG: Artikel 6 und Artikel 13
EU-Richtlinie 2000/54/EG: Artikel 6 und Artikel 8
Arbeitsschutzgesetz: § 3
Biostoffverordnung: § 11
Arbeitsstättenverordnung: § 6
DGUV Vorschrift 22: Abwassertechnische Anlagen: § 21 und § 27

Die Verordnung zur arbeitsmedizinischen Vorsorge (ArbMedVV) vom 31. Oktober 2013 ist ein Teil betrieblicher Arbeitsschutzmaßnahmen. Sie darf technische und organisatorische Arbeitsschutzmaßnahmen nicht ersetzen, kann diese aber durch individuelle arbeitsmedizinische Beratung über arbeitsbedingte Gesundheitsgefahren sinnvoll ergänzen. Arbeitsmedizinische Vorsorge dient zur Beurteilung der individuellen Wechselwirkung von Arbeit und physischer sowie psychischer Gesundheit. Sie soll helfen, arbeitsbedingte Gesundheitsstörungen frühzeitig zu erkennen und dient zur Feststellung, ob bei Ausübung einer bestimmten Tätigkeit ein erhöhtes gesundheitliches Risiko besteht. Vor Durchführung der arbeitsmedizinischen Vorsorge muss sich der Facharzt bzw. die Fachärztin für Arbeitsmedizin oder der Arzt bzw. die Ärztin mit der Zusatzbezeichnung „Betriebsmedizin" (vgl. § 7 Abs. 1 Satz 1, ArbMedVV) Kenntnisse über die Arbeitsplatzverhältnisse verschaffen (§ 6 Abs. 1 Satz 2 Arb-MedVV).

Im Rahmen der arbeitsmedizinischen Vorsorge werden körperliche und/oder klinische Untersuchungen durchgeführt, wenn der Arzt bzw. die Ärztin diese für erforderlich hält, er bzw. sie über die Inhalte, den Zweck sowie die Risiken aufgeklärt hat und die an der Vorsorge teilnehmende Person die Untersuchung nicht ablehnt (§ 2 Abs. 1 Nr. 3, § 6 Abs. 1 Satz 3 ArbMedVV).

Bei verdächtigen Krankheitserscheinungen sollte der Beschäftigte unbedingt einen Facharzt für Arbeitsmedizin aufsuchen und dabei auf seine Tätigkeit in der Abwasseranlage hinweisen. Der Arbeitgeber hat den Beschäftigten zu ermöglichen, sich regelmäßig arbeitsmedizinisch untersuchen zu lassen (siehe dazu auch § 11 ArbSchG), um Krankheiten, z. B. chronische Hautaffektionen, möglichst früh zu erkennen. Die Kosten der ärztlichen Untersuchungen, einschließlich eines Impfangebotes, trägt der Arbeitgeber. Die Untersuchung ist freiwillig, doch sollte jeder Beschäftigte aus eigenem Interesse von diesem Angebot Gebrauch machen. Bei Einstellungsuntersuchungen ist nach zwei Monaten eine Kontrolluntersuchung notwendig, um mögliche allergische Reaktionen frühzeitig zu erkennen.

Mindestens alle drei Jahre sollte die Vorsorgeuntersuchung wiederholt werden. Dazu wird empfohlen:

- Blutuntersuchung: Hämoglobin, Blutsenkungsgeschwindigkeit, Erythrozyten, Leukozyten, Differentialblutbild;
- Urin: auf Eiweiß, Zucker, Urobilinogen;
- Leberstatus: Transaminasen, Nachweis von Anti Hbc (wenn nicht schon früher untersucht und positiv befunden);

- Hautuntersuchung unter besonderer Berücksichtigung allergischer Symptome;
- Untersuchung des Respirationstraktes;
- Überprüfung des Impfstatus: Ein ausreichender Impfschutz gegen Tetanus (Wundstarrkrampf) ist zwingend erforderlich.
- Bei Beschäftigten im Abwasserbereich, besonders bei Kanalarbeitern, ist auch eine Impfung gegen Hepatitis A und B (als Mehrfachimpfung) empfohlen.

Durch persönliche Sauberkeit und eine gepflegte Kläranlage schützt sich das Betriebspersonal und hilft auch seinem Berufsstand bei der Bevölkerung an Ansehen zu gewinnen.

11.4 Unfallverhütung

11.4.1 Die gesetzliche Unfallverhütung

Prinzipiell sind alle Beschäftigten unfallversichert. Daneben sind noch weitere Personen kraft Gesetz bei den UV-Trägern versichert. Diese können im Einzelnen dem § 2 „Versicherung kraft Gesetzes" SGB VII entnommen werden. Der Versicherungsschutz besteht dabei ohne Rücksicht auf Alter, Geschlecht, Familienstand, Nationalität oder Einkommen, auch im Ausbildungsverhältnis oder bei einer vorübergehenden Beschäftigung.

Die bereits 1884 mit dem Unfallversicherungsgesetz ins Leben gerufenen Träger der gesetzlichen Unfallversicherung sind, wie die gesetzliche Krankenversicherung, Bestandteil des Sozialversicherungssystems. Die Arbeitslosen- und Pflegeversicherung ergänzen heute das Sozialversicherungssystem. Die Unfallversicherungsträger sind hierbei in drei Bereiche untergliedert:

1. Gewerbliche Berufsgenossenschaften
2. Landwirtschaftliche Sozialversicherung
3. Unfallkassen der öffentlichen Hand

Dabei werden die Unternehmen je nach ihrer Betriebsart einem Unfallversicherungsträger zugeordnet.

Der Abschluss privater Unfall- und Haftpflichtversicherungsverträge beeinflusst und ersetzt nicht die Versicherung in der gesetzlichen Unfallversicherung.

Bild 11.6: Rettungsring

Die Unfallversicherungsträger sind Körperschaften des öffentlichen Rechts. Sie erfüllen die ihnen gesetzlich übertragenen Aufgaben der Unfallverhütung und Unfallversicherung in paritätischer Selbstverwaltung durch die Mitglieder (Arbeitgeber) und die Versicherten (Arbeitnehmer). Die Rechtsaufsicht obliegt dem Staat.

Die Unfallversicherungsträger finanzieren sich ausschließlich über die Beiträge ihrer Mitglieder in deren Zuständigkeitsbereich. Dabei legen die Unfallversicherungsträger ihre gesamten Kosten in einem Geschäftsjahr auf ihre Mitglieder um. Erwähnungswert ist, dass die Unfallversicherungsträger keinen Gewinn erzielen dürfen.

Aufgaben der gesetzlichen Unfallversicherung

Oberstes Gebot ist die Vermeidung.
Die Unfallversicherungsträger haben mit allen geeigneten Mitteln Arbeitsunfälle und Berufskrankheiten sowie arbeitsbeding-

te Gesundheitsgefahren zu verhüten und für eine wirksame Erste Hilfe zu sorgen. Dazu erlassen die Träger der gesetzlichen Unfallversicherungen Unfallverhütungsvorschriften, Regeln und Informationsschriften. Diese sind sowohl von den Leitern der Verwaltungen und Betriebe oder von ihren Beauftragten als auch von den Versicherten zu beachten.

Durch fachlich ausgebildete Aufsichtspersonen haben die Unfallversicherungsträger die Einhaltung der Arbeitsschutzvorschriften zu überwachen und ihre Mitglieder zu beraten. Die Maßnahmen zur Unfallverhütung sind vom Leiter des Betriebes bzw. dem von ihm Beauftragten verantwortlich durchzuführen.

Verstoßen Mitglieder oder Versicherte vorsätzlich oder fahrlässig gegen Unfallverhütungsvorschriften, kann der Vorstand des Unfallversicherungsträgers eine Geldbuße bis zu 10.000,- € festsetzen.

Leistungen nach Eintritt eines Arbeitsunfalls
Nach Eintritt von Arbeits- und Wegeunfällen oder Berufskrankheiten ist es die Aufgabe der Unfallversicherungsträger die Gesundheit und die Leistungsfähigkeit der Versicherten mit allen geeigneten Mitteln wiederherzustellen und ggf. sie oder ihre Hinterbliebenen durch Geldleistungen zu entschädigen.

Arbeitsunfälle sind Unfälle, die ein Versicherter in ursächlichem Zusammenhang mit seiner beruflichen oder sonst versicherten Tätigkeit (z. B. ehrenamtliche Tätigkeit für die Gemeinde) erleidet.

Für die Anerkennung als Arbeitsunfall müssen folgende Merkmale erfüllt sein:
es muss ein Gesundheitsschaden vorliegen,
das Ereignis muss zeitlich begrenzt sein,
es muss eine äußere Einwirkung gegeben sein.

Eigenes Verschulden ist dabei ohne Belang, es sei denn, der Unfall wurde absichtlich herbeigeführt. Schmerzensgeld und Ersatz von Sachschäden werden auf Grund der Bestimmungen des SGB VII nicht gewährt. Die Leistungen umfassen bestmögliche Heilbehandlung ohne zeitliche Begrenzung sowie Berufshilfe und Rente. Unter die Berufshilfe fallen auch Leistungen, die erforderlich sind, einem Verletzten die Wiederaufnahme seines früheren Berufes (z. B. Umgestaltung des Arbeitsplatzes) oder eines anderen Berufes (Umschulung) zu ermöglichen. Verletztenrente wird gewährt, wenn der Unfall zu einer Minderung der Erwerbstätigkeit von mindestens 20 v. H. über die 26. Woche nach dem Unfall hinausgeführt hat.

11.4.2 Maßnahmen zur Unfallverhütung

Neben dem staatlichen Recht, z. B. Arbeitsschutzgesetz, Arbeitsstättenrichtlinien usw., sind für den Bereich abwassertechnischer Anlage folgende Vorschriften, Regeln und Informationsschriften der Unfallversicherungsträger zu beachten:

- UVV Abwassertechnische Anlagen
- (DGUV Vorschrift 22)
- Explosionsschutz-Regeln (EX-RL)
- (DGUV Regel 113-001)
- Arbeiten in umschlossenen Räumen von abwassertechnischen Anlagen (DGUV Regel 103-003)
- Steiggänge für Behälter und umschlossene Räume
- (DGUV Regel 103-008)

Die Unfallverhütungsvorschriften können kostenfrei beim zuständigen Unfallversicherungsträger bezogen werden.

Aus den Unfallverhütungsvorschriften „Abwassertechnische Anlagen" (DGUV Vorschrift 22) und den „Sicherheitsregeln für Arbeiten in umschlossenen Räumen von abwassertechnischen Anlagen" (GUV Regel 103-003) werden im Folgenden einige wichtige Unfallverhütungsmaßnahmen beschrieben.

Becken und Gerinne

Nach DGUV Vorschrift 22 § 6 (1) müssen an Becken und Gerinnen geeignete Sicherungen vorhanden sein, die Abstürze von Versicherten verhindern. Geeignete Absturzsicherungen sind z. B. 1,00 m hohe fest angebrachte Geländer oder entsprechend hochgezogene Umfassungswände.

Nachdem seit dem 20. Dezember 1996 auch die kommunalen Kläranlagen unter den Geltungsbereich der Arbeitsstättenverordnung fallen, müssen die Anforderungen des Anhanges II der EG-Arbeitsstätten-Richtlinie auch bei Kläranlagen eingehalten werden:

d. h. auch auf Kläranlagen besteht eine Nachrüstpflicht immer da, wo es technisch möglich ist.

Bild 11.7: Beispiele von Absturzsicherungen an Becken

Bei offenen Becken ohne umlaufende Räumer gibt es keinen Grund auf eine ausreichende Absturzsicherung zu verzichten.

Auch an Becken mit Räumern ist eine Absturzsicherung möglich, allerdings sind hier besondere Maßnahmen vorzusehen die Quetsch- und Scherstellen verhindern, z. B. Geländer mit Kontaktleisten. In den Abbildungen Bild 11.7 sind verschiedene Lösungsmöglichkeiten dargestellt.

Wenn nach den Anforderungen der ArbStättV eine Absturzsicherung für ein Gerinne erforderlich ist, ist dieses i.d.R. auch unproblematisch anzubringen (Geländer, Abdeckung). Bei Abwasserteichen sind meist keine Absturzsicherungen vorhanden und auch nicht immer erforderlich. Notwendig sind sie jedoch direkt an Verkehrswegen sowie an Probenahmestellen.

Sind bauliche Maßnahmen technisch nicht umsetzbar, hat der Unternehmer auf Grundlage einer Gefährdungsbeurteilung organisatorische Maßnahmen zu ergreifen. Diese Regelungen sind in einer Betriebsanweisung festzuhalten und deren Einhaltung entsprechend zu kontrollieren.

Organisatorische Maßnahmen können z. B. sein:
- Bei Arbeiten an Becken und Gerinnen ohne Absturzsicherung sind generell ohnmachtsichere Auftriebsmittel, z. B. Schwimmweste, zu tragen. Außerdem muss während diesen Arbeiten eine zweite Person (ebenfalls mit ohnmachtsicherem Auftriebsmittel) anwesend sein, um erforderlichenfalls sofort Rettungsmaßnahmen einleiten zu können.
- Vom Beckenrand aus werden keine Arbeiten durchgeführt. Notwendige Arbeiten, z. B. an der Überlaufrinne, werden von einer am Räumer befestigten Arbeitsbühne aus durchgeführt.

Arbeitsplätze an Räumern und Rechen

Ablaufrinnen und Beckenteile in Klärbecken sind meist zur Reinigung nicht begehbar, und müssen von Räumerbrücken aus gewartet werden. Für diese Wartungsarbeiten sind gesicherte Standplätze anzubringen. Auf keinen Fall dürfen Trennwände in Becken als Standplätze benutzt werden.

Auch die Antriebe von Rechenanlagen müssen regelmäßig gewartet werden. Oft liegen Antriebsmotoren und Getriebe so hoch, dass sie vom Fußboden aus nicht erreicht werden können. Für Arbeiten an hochgelegenen Antriebseinheiten sind gesicherte Standplätze vorzusehen, z. B. Wartungsbühnen.

Arbeits- und Verkehrsbereich sowie Grünanlagen

Häufig ereignen sich Unfälle in Kläranlagen durch Stolpern und Ausrutschen im Arbeits- und Verkehrsbereich. Das Personal muss darauf achten, dass alle Arbeits- und Verkehrsbereiche von Verschmutzungen freigehalten werden. Bei Schnee und Eis ist die Trittsicherheit erforderlichenfalls durch Streuen von abstumpfenden Mitteln (wie Sand) zu gewährleisten.

Wenn bei der Pflege der Grünanlagen Motorrasenmäher verwendet werden sind Sicherheitsschuhe zu tragen. Vor allem beim Rasenmähen auf oft unebenem Gelände ist die Gefahr groß, dass bei Stürzen die Füße durch das rotierende Mähmesser verletzt werden.

Schächte, Pumpensümpfe, Kanäle

Zum Heben und Entfernen der Schachtabdeckungen sind geeignete Deckelheber zu benutzen, um Finger- und Handverletzungen sowie Rückenprobleme zu vermeiden.

Bild 11.8: Deckelheber für Schachtabdeckungen (Fa. Bischof)

Beim Einsteigen und Arbeiten in Bauwerken unter Erdgleiche muss immer mit dem Auftreten von giftigen und explosiblen Gasen sowie mit Sauerstoffmangel gerechnet werden. Vor dem Einsteigen sind Schächte und Kanäle ausreichend zu belüften. In der warmen Jahreszeit, wenn Schacht- und Kanalatmosphäre kühler als die Umgebungsatmosphäre ist, reicht die natürliche Lüftung nicht aus. Dann ist eine technische Lüftung durch Kanallüfter mit Frischluftzufuhr zur Arbeitsstelle hin vorzunehmen (Bild 11.9). Sie kann als ausreichend angesehen werden, wenn bei Kanälen je m² Querschnitt ein Luftstrom von 600 m³/h und bei sonstigen Bauwerken, wie Pumpensümpfen u. Ä., ein sechs- bis achtfacher Luftwechsel pro Stunde erreicht wird.

Vor dem Einsteigen und Begehen sowie während der Arbeiten ist durch Messungen die Atmosphäre zu prüfen. Für diese Prüfung sind Gasmessgeräte einzusetzen, die mit einem einzigen Messgerät mehrere Gase messen.

Bild 11.9: Kanalbelüftung

Nach DGUV Regel 103-003 „Arbeiten in umschlossenen Räumen von abwassertechnischen Anlagen" Anhang 4 sind 4-fach Gaswarngeräte (Bild 11.10) vorgeschrieben, die folgende Gase messen können:

- Sauerstoffgehalt (O_2)
- Schwefelwasserstoff (H_2S)
- Kohlendioxid (CO_2)
- Methan (CH_4) und Benzine.

Bild 11.10: Gaswarngerät, 5-fach (Fa. Dräger)

Diese Gaswarngeräte müssen nach der Richtlinie 2014/34/EU (ATEX) zugelassen sein. Die Geräte haben nur eine begrenzte Betriebszeit und sind regelmäßig zu überprüfen, bzw. zu kalibrieren. Die vorgegebenen Wartungsintervalle der Herstellerfirmen sind aus Sicherheitsgründen unbedingt zu beachten. Unabhängig von den Instandhaltungsarbeiten ist mindestens vor jeder Arbeitsschicht vom Benutzer ein Test (Sichtkontrolle, Prüfgas) durchzuführen. Beim Kauf eines Gaswarngerätes ist darauf zu achten, dass nicht nur die Anschaffungskosten, sondern auch die Folgekosten durch Prüfung und Wartung verglichen werden.

Grundsätzlich trägt jeder Einsteigende einen Rettungsgurt nach DIN EN 361 [21] „Persönliche Schutzausrüstung gegen Absturz - Auffanggurte") oder eine Arbeitshose mit eingearbeitetem Rettungsgurt (Bild 11.11). An diesen ist in der, in Nackenhöhe befindlichen, Befestigungsöse ein Sicherheitsseil anzubringen, wenn der Schacht tiefer als 1 m ist. Das Ende des Sicherheitsseiles ist oberhalb der Einstiegsstelle an einem Dreibock mit Fallschutzsicherung zu befestigen. Als Schutzkleidung sind Sicherheitsschuhe, Schutzhelm, Schutzhandschuhe sowie ein Selbstretter vorgeschrieben.

Bild 11.11: Einstieg in den Schacht

Beim Einsteigen und Arbeiten in Schächten steht zur Sicherung und Rettung eine weitere Person in Sichtverbindung bereit; diese darf sich nicht im Schacht befinden. Beim Begehen von Kanälen muss eine dritte Person auf der Schachtsohle in ständiger Sichtverbindung mit der Person über Tage stehen. Um den Einsteigenden bei Gefahr wieder schnell aus dem Schacht heben zu können, ist über Tage ein Rettungshubgerät bereitzuhalten.

Nach der UVV „Abwassertechnische Anlagen" (DGUV Vorschrift 22) §35 Abs. 3 müssen mindestens einmal jährlich Rettungsübungen durchgeführt werden. Die dabei gewonnenen Erkenntnisse sind für den Ernstfall von unschätzbarem Wert. Auch die Einbindung der örtlichen Feuerwehr (Bild 11.12) bei den Übungen liefert viele neue Lösungsmöglichkeiten.

Bild 11.12: Rettungsübung mit der Feuerwehr

Lärmbereich

Gebläse, Gasmotoren und Kompressoren sind in Kläranlagen lärmintensive Betriebsteile. Lärmmessungen belegen, dass in diesen Betriebsteilen ein Lärm auftritt, bei dem ein Lärmpegel von 80 dB (A) überschritten wird.

Die hochempfindlichen Nervenzellen des menschlichen Gehörs sind daher unbedingt vor dieser Überbeanspruchung zu schützen. Über einen längeren Zeitraum gesehen besteht sonst die Gefahr eines bleibenden nicht mehr heilbaren Gehörschadens.

Bereiche in denen ein Lärmpegel von 80 dB (A) erreicht oder überschritten wird, müssen durch Gebotsschilder „Persönlicher Schallschutz" (Bild 11.13) gekennzeichnet sein und Gehörschutz zur Verfügung gestellt werden. Ab 85 dB(A) müssen die Beschäftigten den Gehörschutz tragen.

Bild 11.13: Piktogramm Gehörschutz

Der Unternehmensträger (Betriebsleiter) hat dafür zu sorgen, dass bei den betroffenen Beschäftigten eine Pflichtvorsorge nach berufsgenossenschaftlichen Grundsatz G 20 (Lärm) durchgeführt wird.

Explosible Gase

Durch unsachgemäße Einleitung von brennbaren Flüssigkeiten, wie z. B. Benzin usw. in das Abwasser, können in unterirdischen sowie umschlossenen Einlaufbauwerken, Rechenanlagen, Sandfängen und Pumpensümpfen explosible Gase auftreten. Um eine Explosionsgefahr zu vermeiden, müssen in geschlossenen Bauwerken Explosionsschutzmaßnahmen getroffen werden.

In Kläranlagen mit Faulgasgewinnung, dessen Hauptbestandteile Methan und Kohlendioxid sind, kann es bei ungünstigem Mischungsverhältnis eine Explosion geben. Bei Bau und Betrieb der Einrichtungen für die Gaserzeugung, Weiterleitung und Gasspeicherung müssen die Explosionsschutzvorschriften beachtet werden.

11.4.3 Erste Hilfe

Die Pflichten von Unternehmer und Versicherten auf dem Gebiet der Ersten Hilfe werden detailliert in der UVV „Grundsätze der Prävention" (DGUV Vorschrift 1) in den §§ 24 mit 28 geregelt.

Auf jeder Abwasseranlage müssen ab zwei Beschäftigen mindestens ein Ersthelfer zur Verfügung stehen. Außerdem muss für jede Arbeitsgruppe, die außerhalb der Kläranlage tätig ist, ebenfalls mindestens ein Ersthelfer zur Verfügung stehen. Berücksichtigt man noch die Krankheits- und Urlaubstage, so kann das Ziel einer wirksamen Ersten Hilfe letztendlich nur erreicht werden, wenn alle Beschäftigten zu Ersthelfern ausgebildet werden

Der Arbeitgeber darf als Ersthelfer nur Personen einsetzen, die bei einer von dem Unfallversicherungsträger für die Ausbildung zur Ersten Hilfe ermächtigten Stelle ausgebildet wurden.

Die Ersthelfer sind in Abständen von zwei Jahren fortzubilden.

Bild 11.14: Erste-Hilfe-Kurs für alle!

Die Möglichkeit Erste Hilfe herbeizurufen, muss nach der UVV „Grundsätze der Prävention" (DGUV Vorschrift 1) immer gegeben sein. Daher muss auf einer Kläranlage immer ein Telefon vorhanden sein. Die Rettungskette muss in der Betriebsanweisung oder/und im Alarmplan festgelegt sein. Beim Einsatz von Mobiltelefonen ist im Rahmen der Gefährdungsbeurteilung auch die Funktionsfähigkeit (Funkloch) zu prüfen. Es muss auch sichergestellt werden, dass beim Betreten von Ex-Bereichen ein Mobiltelefon zuvor abgelegt wird, es sei denn, es handelt sich um ein explosionsgeschütztes Mobiltelefon (sehr teuer!).

Entsprechend der Zahl der Beschäftigten ist Erste-Hilfe-Material vorrätig zu halten. Notwendig ist bei Kläranlagen mit bis zu 20 Beschäftigten mindestens ein kleiner Verbandkasten nach DIN 13 157 [21] „Verbandkasten C". Auch jede Arbeitsgruppe, die außerhalb der Kläranlage arbeitet, muss Erste-Hilfe-Material mitführen. Es muss jederzeit leicht zugänglich und gegen schädigende Einflüsse geschützt sein. Nach Entnahme von Material ist es sofort wieder zu ergänzen.

Bild 11.15: Verbandkasten **Bild 11.16: Hinweis auf Verbandkasten**

Wegen der erhöhten Infektionsgefahr im Bereich von Abwasseranlagen sind offene Wunden, auch kleinerer Art, ernst zu nehmen. Bei größeren Verletzungen sollte zur Behandlung unbedingt ein Arzt aufgesucht werden.

11.4.4 Unfallanzeige

Der Unternehmer hat alle Arbeitsunfälle anzuzeigen, die tödlich verlaufen sind oder die zu einer Arbeitsunfähigkeit von mehr als drei Tagen geführt haben. Der Unfall ist binnen drei Tagen mit der gesetzlich vorgeschriebenen Unfallanzeige dem Unfallversicherungsträger zu melden.

Todesfälle sowie andere schwere Unfälle sind sofort fernmündlich der Polizei und dem Unfallversicherungsträger zu melden. Bei Berufskrankheiten gilt die Anzeigepflicht des Unternehmers entsprechend. Grundsätzlich sind über jede Erste-Hilfe-Leistung Aufzeichnungen zu führen. Beim Ausfüllen der Unfallanzeige ist darauf zu achten, dass Unfallereignis und Unfallursache richtig dargestellt werden. Unfallereignisse mit kleinen Verletzungen oder Zeckenbisse sind in das *Verbandbuch* einzutragen.

12 Kläranlagenausrüstung

Ein ordnungsgemäßer Kläranlagenbetrieb erfordert eine ausreichende Ausrüstung der Anlage. Eine detaillierte Beschreibung der Ausrüstungsgegenstände ist nicht möglich, denn je nach Größe und Art der Anlage braucht es unterschiedliche Anforderungen. So sollte z. B. bei größeren Kläranlagen bedacht werden, dass regelmäßig mit Besuchergruppen zu rechnen ist.

Grundsätzlich ist die Arbeitsstättenverordnung (ArbStättV) zu berücksichtigen.

Zur Grundausstattung jeder Kläranlage gehören eine Schaltwarte sowie Sozialräume mit Sanitäranlagen, ein Geräteraum und ein Laborraum.

Bild 12.1: Geräteraum

Folgende Ausstattung ist unverzichtbar:

Schriftliche Unterlagen

- Betriebsanweisung und Dienstanweisung des Dienstherrn,
- Betriebstagebuch,
- Maschinen-Wartungskartei mit Terminplan (Bild 8.1),
- Bestandspläne der Kläranlage, Schaltpläne, Erläuterungsbericht,
- Übersichtsplan des Kanalnetzes,
- Unfallverhütungsvorschriften,
- Sicherheitsdatenblätter, Gefahrstoffverzeichnis,
- Anleitung zur Ersten Hilfe, Verbandkasten für Erste Hilfe (siehe Unfallverhütung).
- Anschriften und Rufnummern der zuständigen Fachbehörden,
- Alarmplan mit Rufnummer der Rettungsleitstelle **112**,
- Entwässerungssatzung,
- Wasserrechtsbescheid,
- Fachschrifttum, siehe Literaturverzeichnis Kap. 13.

Hygieneausstattung
- Waschgelegenheit (Warmwasser und Dusche),
- Seife, Handtücher (Papier),
- Desinfektionsmittel auf Alkoholbasis,
- Waschmaschine zum Waschen der Arbeitskleidung.

Bild 12.2: Körper- und Augendusche

Schreibplatz
- Schreibgeräte, Internetzugang mit digitalem Arbeitsgerät,
- Taschenrechner, Fernsprecher,

Werkstätte
ist ebenerdig anzuordnen mit breitem Tor ohne Schwelle, direkt nach außen. Dazu gehört ein eigener Lagerraum möglichst neben der Werkstätte, ebenfalls mit ebenerdigem Zugang ohne Schwelle, in dem auch Schubkarren, Reinigungsgeräte, Dampfstrahlgeräte, Schläuche, Tauchpumpe und Ersatzteile sauber und übersichtlich aufbewahrt werden können. Werkzeugkasten, besser Werkzeugschrank mit Arbeitsbank, Ersatzteile, Schmiermittel, Öl, Fett, Dichtungen und Kanaldeckelheber (Bild 11.8).

Zur Pflege der Außenanlagen
- Rasenmäher, Heckenschere, Rechen (Harke) für Gras und Laub,
- Sandschaufel, Kreuzhacke (Pickel),

12 Kläranlagenausrüstung

- Schubkarren und sonstiges gärtnerisches Arbeitsgerät;
- für den Winterbetrieb: Schneeräumer, Streusand, ggf. Streusalzersatz.

Bild 12.3: Arbeitsbank

- Zum Abschöpfen von Schwimmstoffen sind große Schöpfkellen und Kescher mit Teleskopstiel notwendig. Der Kescher dient auch zum Abschöpfen von Ölbindemitteln; dafür sollten mindestens 5 Sack Ölbindemittel (schwimmfähig bleibend!) bereitliegen. Für Altöl und gebundenes Öl ist ein Auffangbehälter erforderlich.
- Grobe Besen zum Reinigen von Regenüberläufen, Ablaufkanten und Rinnen sowie Eisenschaber und Gummischaber an langen Stangen zum Entfernen von Fetträndern und Algenaufwuchs sind notwendig. Für empfindlichere Beläge, Fliesen oder Anstriche sind Gummischaber geeigneter. Ein Dampfstrahlgerät eignet sich besonders gut zur Entfernung von Fetträndern, Algen und Moos.

Weiterhin sind notwendig:
- Durchflussproportionale Probenahmegeräte (1 fest eingebautes und 1 tragbares),
- Geräte zur Schlammräumung,
- Rettungshubgerät, Sicherheitsgeschirr (Bild 11.6), Rettungsschwimmkragen (Bild 12.4),
- Gaswarngerät (Bild 11.10), Atemschutzgerät, Selbstretter,
- Stableuchte, explosionsgeschützt.

Bild 12.4: Schwimmkragen

Für jeden Beschäftigten der Anlage (entsprechend den jeweiligen DGUV-Regelwerken) als persönliche Schutzausrüstung:
- Schutzhelm,
- Arbeitsanzüge als Schutzkleidung,
- Gummihandschuhe, Arbeitshandschuhe, Sicherheitsschuhe, Sicherheits-Gummistiefel,
- Regen- und Winterbekleidung,
- Sicherheitsbekleidung für Arbeiten an Abwasseranlagen im öffentlichen Straßenverkehr.

Eine Kläranlage braucht einen Trinkwasseranschluss für die notwendige persönliche Reinigung der Beschäftigten. Eine Brauchwasserversorgung aus eigenem Brunnen für Reinigungszwecke von Anlagenteilen ist einzurichten. Auch die Verwendung von gereinigtem Abwasser als Brauchwasser ist u.U.

zulässig, die gesundheitliche Gefährdung durch Aerosolbildung ist zu beachten. Die Brauchwasserzapfstellen sind mit einem Schild: „Kein Trinkwasser" zu kennzeichnen.

Alle Stellen der Anlage, die häufig gesäubert und abgespritzt werden müssen, sollen eine Zapfstelle mit Schlauchanschluss (Geka oder C, Hydrant) in der Nähe haben. Zum Abspritzen und Reinigen von Bauwerken ist ein 1" Schlauch zweckmäßig, mit Schlauchkarre und verstellbarer Spritzdüse, die auch gegen eine Wasserstrahllanze ausgewechselt werden kann. Diese eignet sich bei entsprechendem Druck bedingt zum Freispülen schwer zugänglicher Stellen unter Wasser.

Nach DIN 1988-100 [21] in Verbindung mit DIN EN 1717 [21] sind unmittelbare Verbindungen von Trinkwasserleitungen und Nichttrinkwasserleitungen oder Entwässerungsleitungen nicht zulässig. So darf z. B. eine Wasserstrahllanze nicht direkt aus einer Trinkwasserleitung gespeist werden. Ähnlich wie bei der WC-Spülung ist auch hier eine Unterbrechung vorgeschrieben, am besten über einen Behälter mit Pumpe. Zapfstellen, wie z. B. Hydranten, sind als vorübergehende Anschlüsse anzusehen und mit Rückflussverhinderern auszustatten. Angeschlossene Schläuche dürfen nicht, auch nicht für kurze Zeit, in Becken oder Schächte eingehängt werden. Trotz dieses Aufwandes darf nicht übersehen werden, dass viele Reinigungsarbeiten mit Besen, Bürste, Schaber usw. arbeitssparender und ungefährlicher ausgeführt werden könnten, wenn ausreichend hoher Wasserdruck zur Verfügung steht.

Laborausstattung

Bei kleinen Kläranlagen ist es möglich, dass mehrere benachbarte Anlagen gemeinsam Geräte anschaffen, oder im Zuge der Nachbarschaftshilfe eine große Anlage für kleine Kläranlagen die Untersuchungen (oder sogar die Betriebsführung) vornimmt.

Bei Anlagen über 10 000 EW sind die Aufgaben so unterschiedlich, dass es nicht möglich ist, einen einheitlichen Umfang der Abwasseruntersuchungen zu beschreiben und die Größe des Labors sowie eine Grundausstattung vorzuschlagen.

Bild 12.5: Labor einer Kläranlage

Die Untersuchungen bis zu einer Kläranlagenausbaugröße von 10 000 EW können dagegen relativ genau umrissen werden. Dafür ist ein geeigneter Raum als Labor einzurichten. Es sollte ebenerdig liegen und nach Norden ausgerichtet sein.

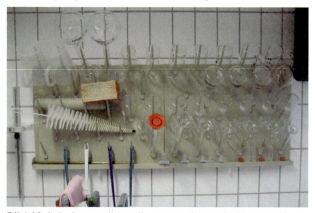

Bild 12.6: Laborgeräte müssen sauber gehalten werden

Die Grundausstattung sollte folgendermaßen aussehen:
- Raum >15 m², gut beleuchtet, einwandfrei zu lüften;
- säurefeste Spülbecken mit Kalt- und Warmwasseranschluss;

- 4 Steckdosen; Abzugsschrank; Abtropfgestell;
- Kühlschrank, 1 Labortisch mit chemikalienbeständiger Platte;
- Wägetisch mit 1 Präzisionswaage, gedämpft, Ablesegenauigkeit 0,1 mg;
- 1 Schreibtisch und Arbeitstisch mit Labordrehstuhl;
- Schränke zur Aufbewahrung von Chemikalien (mit Abzug) und Laborgeräten;
- 1 Abfalleimer, Reinigungsgeräte für Laborgeräte, Wasch- und Spülmittel;
- Schutzbrille, Augendusche, Gummihandschuhe, Wandhalter mit Papierhandtüchern;
- Wasch-, Reinigungs- und Desinfektionsmittel mit Spender.

Die weitere erforderliche Ausrüstung ist von den vorgeschriebenen Messungen und Untersuchungen abhängig, die in den meisten Bundesländern durch Verordnungen geregelt sind.

Beim Umgang mit der Laborausrüstung ist Pflege oberstes Gebot. Bei allen Laborgeräten sind die Hinweise in den Bedienungsanleitungen zu beachten. Zur Laborausstattung gehören auch Einrichtungen zur Ersten Hilfe.

Am Arbeitsplatz sollten die wichtigsten Fachbücher in der jeweils neuesten Auflage aufliegen (siehe Literaturverzeichnis).

Bild 12.7: Einschlägige Fachliteratur

Häufig werden im Labor sowie im Klärwerk auch Chemikalien verwendet, die zu den sog. Gefahrstoffen zählen. Hierzu sind die Gefahrstoffverordnung (GefStoffV) sowie das GHS-System zu beachten. Mit dem GHS „Global Harmonisiertes System" wurde ein System zur Einstufung von Chemikalien eingeführt. Damit wurden weltweit einheitliche Vorgaben zur Kennzeichnung und Verpackung der Chemikalien sowie über den Umgang damit und deren Lagerung festgelegt. Die Verordnung ist seit dem 20. Januar 2009 in Kraft und bringt für die Industrie, für den Arbeitsschutz sowie auch für die Verbraucher auf den Abwasseranlagen eine Reihe von Veränderungen mit sich.

Auffälligstes Merkmal sind die neuen Gefahrenpiktogramme. Die alten Symbole in hochorange sind jetzt Rauten in Weiß mit roter Umrandung. Die neue Einstufung (zum Beispiel in den Sicherheitsdatenblättern) ist für Stoffe seit 01. Dezember 2010 Pflicht, für Gemische seit 01. Juni 2015.

Sicherheitsdatenblätter müssen für jeden Gefahrstoff griffbereit auf der Kläranlage vorhanden sein; bei größeren Mengen ist ein Gefahrstoffverzeichnis notwendig; auch die Rettungsdienste müssen wissen, welche Gefahrstoffe wo lagern und verwendet werden.

13 Personalbedarf, Aus- und Fortbildung

Auch die beste Abwasseranlage kann ihren Zweck nur dann erfüllen, wenn sie ständig durch zuverlässige und geschulte Fachkräfte (Kanalwärter, Klärwärter, Fachkraft für Abwassertechnik, Abwassermeister) betreut wird.

Es ist sinnlos, viel Geld zu investieren, wenn später nicht alles getan wird, um einen möglichst hohen Erfolg und Nutzen zu erzielen und die Einrichtungen wirtschaftlich und werterhaltend zu betreiben. Wenn Anlagen mit staatlichen Zuwendungen errichtet wurden, steht in den Zuwendungsbedingungen die Forderung nach Sicherstellung von ordnungs- und sachgemäßer Unterhaltung. Das bedeutet einen hohen Aufwand an Personal-, Strom- und Anschaffungskosten für Gerät und Material zur Instandhaltung. Der Betreiber einer Abwasseranlage (Unternehmensträger) wäre auch schlecht beraten, gerade hier zu sparen, z. B. durch Kürzung der Arbeitszeit, um dem Betriebspersonal noch andere Aufgaben zu übertragen. Das könnte insbesondere bei Haftungsfragen in mancher Hinsicht sehr nachteilig für ihn sein.

Unternehmensträger von Abwasseranlagen

Der im Wasserrechtsbescheid genannte Unternehmensträger einer Abwasseranlage ist meistens auch der Eigentümer; im privaten Bereich ist dies z. B. ein Industriebetrieb.

Öffentliche Abwasseranlagen werden überwiegend von Unternehmensträgern betrieben die Körperschaften des öffentliche Rechtes sind, z. B. Kommunalverwaltungen.

Gemeinden (Städte). Die Gemeindeordnung jedes Bundeslandes und das Infektionsschutzgesetz bestimmen, dass es zu den Aufgaben der Kommunalverwaltungen gehört, Kanalnetze und Kläranlagen zu errichten und zu betreiben.

Zweckverbände, *Abwasserverbände*. Wenn sich mehrere Kommunen zu einem Zweck- oder Abwasserverband (Zweckverbandsgesetz, Gesetz über die kommunale Zusammenarbeit sowie Wasser- und Bodenverbandsgesetz) zusammenschließen, können die kommunalen Aufgaben auf den Verband übertragen werden.

Es ist auch möglich, dass sich Gemeinden durch einen öffentlich-rechtlichen (Zweckvereinbarung) oder privatrechtlichen Vertrag zusammenschließen ohne einen Verband zu gründen (häufig bei kleinen Orten am Rande einer größeren Stadt; hierzu gibt es auch *Betriebsführungsverträge*).

Im Bereich der öffentlich-rechtlichen Betriebsformen sind Regie- oder Eigenbetriebe möglich. Durch Privatisierung können auch Betreibermodelle entstehen.

Dienstverhältnis von Betriebspersonal im öffentlichen Dienst

Dienstherr ist der jeweilige Unternehmensträger einer Einleitung. Bei Kommunen wird er vertreten durch den Gemeinde- oder Stadtrat, bei Verbänden durch die Verbandsversammlung oder die beschließenden Ausschüsse.

Dienstvorgesetzter ist in Gemeinden der Bürgermeister. In größeren Gemeinden mit einem Bauamt wird er vertreten durch den Leiter des Bauamtes, der dann unmittelbar Weisungen erteilt. Bei Verbänden ist der Verbandsvorsitzende Dienstvorgesetzter.

Das *Dienstverhältnis* zwischen Betriebspersonal und Dienstherrn wird durch einen Arbeitsvertrag begründet. Die Tarife werden zwischen Arbeitgebervertretern (z. B. kommunaler Arbeitgeberverband) und Arbeitnehmervertretern (Gewerkschaften) vereinbart. Hier sind die Einzelheiten wie Lohngruppen, Löhne, Gehälter, Arbeitszeit, Urlaub, Überstundenregelung, Feiertagszuschläge, Erschwernis- und Schmutzzulagen festgelegt. In Streitfällen ist das Arbeitsgericht zuständig.

Der Dienstvertrag wird durch eine Dienstanweisung ergänzt.

Die Dienstanweisung regelt den Dienstbetrieb und enthält Einzelheiten zu Organisation, Zuständigkeiten und Verantwortlichkeiten der Mitarbeiter/innen. Sie enthält weiterhin Regelungen zum Verhalten im Betrieb zur Vermeidung von Unfall- und Gesundheitsgefahren.

Die *Betriebsanweisung* enthält Vorgaben zur Durchführung des regelmäßigen Betriebs und zur Bewältigung von besonderen Betriebszuständen, insbesondere:

Beschreibung der Funktionsabläufe in den Anlagenteilen,
- Anweisungen für den Regelbetrieb und besondere Betriebszustände,
- Vorgaben zum Verhalten bei Betriebsstörungen mit Abhilfemaßnahmen,
- rechtliche Anforderungen an den Betrieb und die Selbstüberwachung,
- Instandhaltungsorganisation und Materialbewirtschaftung,
- Betriebsverwaltung und Dokumentation.

Personalbedarf

Im WHG ist vorgeschrieben Abwasseranlagen nach den allgemein anerkannten Regeln der Technik zu betreiben. Die Landeswassergesetze legen für den Betrieb von Abwasseranlagen fest, Personal mit geeigneter Ausbildung in ausreichender Anzahl zu beschäftigen.

Die Frage nach dem ausreichenden Personalbedarf kann nur dann erschöpfend beantwortet werden, wenn alle Einzelheiten und Aufgaben der jeweiligen Anlage bekannt sind. Für diese Entscheidung spielen verschiedene Faktoren eine wichtige Rolle, wie Größe und Alter der Anlage, Art des Reinigungsverfahrens, Technisierungs- und Automatisierungsgrad, Flächenausdehnung, Kanalbetrieb, Indirekteinleiterüberwachung, Regenbecken, Pumpwerke, Klima, Art der Schlammbehandlung, Vorschriften zur Selbstüberwachung, messtechnische Ausstattung, Hilfe durch Fremdpersonal usw. (Merkblätter DWA-M 271 „Personalbedarf für den Betrieb kommunaler Kläranlagen" und DWA-M 174 „Betriebsaufwand für die Kanalisation – Hinweise zum Personal, Fahrzeug- und Gerätebedarf" [1]).

Auszug aus dem Merkblatt des Bayer. Landesamt für Umwelt Nr. 4.7/2:

Ausbaugrößen EW	Klärwärter h/Wo	Fachkraft f. Abwassertechnik h/Wo	Abwassermeister h/Wo	Beschäftigte insgesamt
50 bis etwa 1 000	20 - 30	–	–	½
1 000 bis etwa 5 000	20 - 30	15 - 25	–	1
5 000 bis etwa 20 000	20 - 40	40	20	2 - 3
20 000 bis etwa 50 000	40 - 60	80	40	4 - 5
50 000 bis etwa 100 000	80 - 120	120 - 160	40	6 - 8

Bild 13.1: Personalbedarf für Kläranlagen

Der angeführte Personalbedarf ist auf neuere Anlagen mit mittlerem Technisierungsgrad ausgerichtet. Bei höherem Technisierungsgrad, z. B. Vor- und Nacheindicker, maschinelle Schlammentwässerung, eigener Stromerzeugung u.Ä., sind zusätzliche Fach- und Hilfskräfte erforderlich. Sonderaktionen, wie z. B. Teichentschlammungen, Lohnentwässerung gestapelter Schlämme oder größerer Reparaturen erfordern zu dem angeführten Bedarf zusätzliches Personal. Bei den Ausbaugrößen über 5 000 EW machen die Anforderungen „Nitrifikation/ Denitrifikation" und „Phosphor-Elimination" eine höhere Qualifikation des Betriebspersonals erforderlich.

Die angegebenen Grenzen für die Ausbaugröße sind nicht eng auszulegen, da Anlagenart, Ausrüstung, Auslastung, Alter und Flächenausdehnung eine wesentliche Rolle spielen. Ältere und/oder überlastete Anlagen erfordern mehr Zeit für Instandhaltung als neuere Anlagen und haben damit einen höheren Personalbedarf.

Insbesondere bei kleinen Gemeinden sollen beim Kläranlagenbetrieb die Möglichkeiten der interkommunalen Zusammenarbeit genutzt werden. Wenn auf Kläranlagen unter 5 000 EW eine Fachkraft für Abwassertechnik nicht vollbeschäftigt werden kann, ist anzustreben, ihr zwei oder drei Kläranlagen zusammen mit einem/einer

Klärwärter/in zu unterstellen. Bei Kläranlagen, die nur von einer Person gewartet werden, ist für bestimmte Instandhaltungsarbeiten sowie für Krankheit, Urlaub und sonstige Ausfallzeiten ein Vertreter zu bestellen, der mindestens als Klärwärter/in ausgebildet ist und laufend in die Aufgaben eingebunden wird. Bei Kläranlagen bis zu 50 000 EW ist eine zusätzliche Fachkraft für Ausfallzeiten einzuplanen, die bei Bedarf zur Verfügung stehen muss.

Anforderungen an das Personal

Das in Abwasseranlagen eingesetzte Personal muss körperlich und geistig für dieses verantwortungsvolle Aufgabengebiet geeignet sein. Es muss Sinn für Hygiene und die Ziele des Umwelt- und Gewässerschutzes haben. Technisches Verständnis für die Wirkungsweise der Anlagen, die anzustellenden Beobachtungen und Messungen sowie die notwendigen Instandhaltungsarbeiten sind notwendig. Sorgfältiges und gewissenhaftes Arbeiten ist unerlässlich. Die in Abwasseranlagen tätigen Personen sollen schwimmen können und gesundheitlich geeignet sein (siehe Kapitel 11.3).

Eine Reihe von Arbeiten im Bereich des Abwasserwesens stellt eine körperliche Belastung dar. Als mögliche Gesundheitsgefahren kommen z. B. Infektionserreger, Ungeziefer, Kälte, feuchtwarmes Milieu, Nässe, Zugluft, extreme Zwangshaltungen (z. B: in Kanälen) und Lärm in Betracht. Zur frühzeitigen Erkennung bestehender Vorschädigungen und Vermeidung von Körperschäden ist es wichtig, dass die Beschäftigten an einer regelmäßigen arbeitsmedizinischen Untersuchung teilnehmen. Damit können auch die Auswirkungen der vielschichtigen Belastungsprofile vorbeugend erkannt werden. Die Untersuchungen dürfen nur von Ärzten mit arbeitsmedizinischer Fachkunde (*Betriebsarzt*) durchgeführt werden.

Im Rahmen der *arbeitsmedizinischen Vorsorge* sollen die Beschäftigten im Abwasserwesen nicht nur einmalig vor Beginn der Tätigkeit auf ihre Eignung hin untersucht, sondern auch während des Arbeitslebens in mehrjährigen Abständen arbeitsmedizinisch betreut werden.

Nähere Anhaltspunkte für die Eignungsuntersuchung durch den untersuchenden Arzt enthält die Verordnung zur arbeitsmedizinischen Vorsorge (ArbMedVV), siehe DGUV Information 250-010.

Aus-, Fort- und Weiterbildung des Betriebspersonals

Als angelernte Personen gelten Klärwärter/innen, die nach einem zweiwöchigen Praktikum auf einem Ausbildungsklärwerk einen einwöchigen Kurs „Grundlagen für den Kläranlagenbetrieb" der DWA-Landesverbände mit Erfolg besucht haben. Bei naturnahen Abwasseranlagen genügt die Teilnahme an einem dreitägigen Kurs.

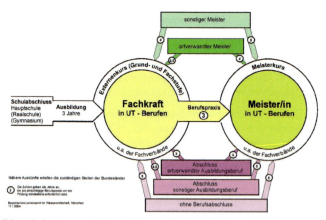

Bild 13.2: Aus- und Fortbildung für Fachkräfte auf Kläranlagen

Die Ausbildung zur *Fachkraft für Abwassertechnik* ist durch die staatlich anerkannte Ausbildung in diesen umwelttechnischen Berufen in einer Verordnung geregelt.

Neben der regulären dreijährigen Berufsausbildung zur Fachkraft können nach Berufsbildungsgesetz (BBiG) § 40 Abs. 2 auch Externe zur Abschlussprüfung zugelassen werden. Damit können lange in der Praxis tätige Personen, die keine oder eine fachfremde Berufsausbildung haben, den Facharbeiterabschluss erlangen (siehe Bild 13.2).

Auch die Ausbildung zum Meister in den umwelttechnischen Berufen ist geregelt. *Abwassermeister/in* sind Personen, die die Prüfung nach der Meisterprüfungsverordnung bestanden haben.

Die beruflichen Fachprüfungen in der Ausbildung liegen in der Hand der zuständigen Stellen (Kammern), mit denen die DWA fachlich intensiv zusammenarbeitet.

Die Landesverbände der DWA bieten für die Aus-, Fort- und Weiterbildung ein breites Angebot, teilweise mit Prüfungen, an:

- Kurs Grundlagen für den Kläranlagenbetrieb
- Kurs Grundlagen für den Kanalbetrieb
- Kurs für naturnahe Abwasseranlagen (Pflanzenkläranlagen)
- Kurs Betrieb und Wartung von Kleinkläranlagen
- Kurs Betrieb von SBR-Anlagen
- Kurs Betriebsanalytik, Laborkurse
- Kurs Online-Analytik und MSR-Technik
- Kurs für die mikroskopische Untersuchung von belebtem Schlamm und Biofilmen
- Kurs für die mikroskopische Untersuchung von Bläh- und Schwimmschlamm durch Fadenbakterien.

Die Aufgaben in der Aus- und Fortbildung werden durch den DWA-Hauptausschuss BIZ (Bildung und Internationale Zusammenarbeit) koordiniert. Dazu gehören folgende Fachausschüsse:

FA BIZ-1: Nachbarschaften

DWA/ANS-Fachausschuss BIZ-2: Internationale Abfallwirtschaft

FA BIZ-3: Facharbeiter und Meister

FA BIZ-4: Arbeits- und Gesundheitsschutz

FA BIZ-5: Meister-Weiterbildung

FA BIZ-6: Ausbildung an Hochschulen

FA BIZ-7: Fort- und Weiterbildung von Führungskräften

FA BIZ-9: Lernmethodik u. Medieneinsatz in der Wasserwirtschaft

FA BIZ-10: Erfahrungsaustausch

FA BIZ-11: Internationale Zusammenarbeit in der Wasserwirtschaft

FA BIZ-12: Geografische Informationssysteme und Geodateninfrastrukturen GIS &GDI

FA BIZ-13: Berufswettbewerbe

Informationen und kostenlose Unterlagen über das gesamte Bildungsangebot sind bei der DWA-Hauptgeschäftsstelle Theodor-Heuss-Allee 17, 53773 Hennef, Tel. 02242-872 333 zu erhalten. Auch zu finden unter <www.dwa.de> mit Links zu den jeweiligen Landesverbänden.

Die notwendige Anpassungsfortbildung des Personals von Abwasseranlagen ist durch die Teilnahme an den Kanal- und Kläranlagen-Nachbarschaften (Bild 13.3) sicherzustellen. Sie sind bei den jeweiligen DWA-Landesverbänden eingerichtet.

Bild 13.3: Nachbarschaftstag: Kamerabefahrung

Literaturverzeichnis

[1] DWA-Publikationen: Deutsche Vereinigung für Wasserwirtschaft, Abwasser und Abfall e.V., Theodor-Heuss-Allee 17, 53773 Hennef, A = Arbeitsblatt; M = Merkblatt, <www.dwa.de>

[2] Korrespondenz Abwasser, Abfall (KA), Monatszeitschrift für die Mitglieder der DWA, wie [1]

[3] KA-Betriebs-Info, Beilage zur KA, 4mal jährlich, wie [1]

[4] Deutsche Einheitsverfahren zur Wasser-, Abwasser- und Schlammuntersuchung, Wiley VCH, Weinheim

[5] Stier E., Felber H., Fischer M.: Betriebstagebuch für Kläranlagen sowie erweiterte Betriebsaufzeichnungen für Kläranlagen mit Faulbehälter, wie (1)

[6] Stier E., Felber H., Fischer M.: Betriebstagebuch für naturnahe Abwasseranlagen, wie (1)

[7] Felber H., Austermann-Haun U.: Abwasser-Grundkurse, wie (1)

[8] Berndt D, Nürnberg P., Kuhlmeier W, Lottner U., Kaufmann O., Schreff D.: Handbuch für Umwelttechnische Berufe, Band 1: Grundlagen für alle Fachrichtungen, wie (1)

[9] Fischer M., Loy H., Steinmann G., Teichgräber B.: Handbuch Umwelttechnische Berufe, Band 3: Fachkraft für Abwassertechnik, wie (1)

[10] Mudrak K., Kunst S.: Biologie der Abwasserreinigung, Spektrum Akademischer Verlag Heidelberg, Berlin

[11] Buck H.: Mikroorganismen in der Abwasserreinigung, wie (1)

[12] Eikelboom Dick (2000): Prozessüberwachung von Belebungsanlagen durch mikroskopische Schlammuntersuchung, wie [1], vergriffen, für DWA-Mitglieder im Mitgliederbereich der DWA-Webseiten kostenfrei als Download erhältlich

[13] Das mikroskopische Bild bei der biologischen Abwasserreinigung, Informationsbericht 1/99, Bayerisches Landesamt für Wasserwirtschaft, München

[14] Lemmer H., Lind G.: Blähschlamm, Schaum, Schwimmschlamm, wie [1], vergriffen

[15] Cybulski B., Schwentner, G.: Handbuch zur Betriebsanalytik auf Kläranlagen, wie [1]

[16] Grundlagen für den Betrieb von Kanalisationen, Herausgeber DWA-Landesverband Baden-Württemberg, wie [1]

[17] Stein D., Niederehe W.: Instandhaltung von Kanalisationen, Wilhelm Ernst & Sohn Verlag, Berlin

[18] Boller R., Strunkheide J., Witte H.: Betrieb und Wartung von Kleinkläranlagen, wie [1]

[19] Baumann P., Roth M.: Senkung des Stromverbrauchs auf Kläranlagen, DWA-Landesverband Baden-Württemberg, wie [1]

[20] Baumann P., Krauth K., Maier W., Roth M.: Funktionsstörungen auf Kläranlagen – Praxisleitfaden, Heft 3 DWA-Landesverband Baden-Württemberg, wie [1]

[21] DIN-Normen: Beuth Verlag GmbH, Berlin, <www.beuth.de>

Stichwortverzeichnis

A

Abbaugrad 62, 118, 146, 282, 314, 316, 329, 352
Abbauvorgänge 111
Abfiltrierbare Stoffe 290, 291, 303
Abgesetzte Stoffe 107
Abhilfemaßnahmen 166
Ablagerungen 85
Abluftbehandlung 130
Absackeinrichtung 130
Abscheider 67
Abschmieren 331
absetzbare Stoffe 58, 290
Absetzbecken 108, 139
Absetzeigenschaften 115, 120, 161
Absetzglas 290
Absetzkurve 161
Absetzteiche 176
Absperrschieber 255
Absturzsicherung 394
AbwAG 37, 117, 300, 314, 355
Abwasserabgabe 333, 338, 344
Abwasserabgabengesetz 37
Abwasserableitung 64
Abwasseranfall 21, 54
Abwasserarten 52
Abwasserbeschaffenheit 57
Abwasserentkeimung 189
Abwassermeister 414, 417
Abwasserreinigung 106, 124
Abwasserteich 112, 125, 176, 179
Abwassertemperatur 312, 314
Abwasserverbände 411
Abwasserverordnung 31
AbwV 63, 123, 276, 300, 312, 313, 314, 322
Acetogene Phase 215
Aerobe Abbauprozesse 187
Aerobe Schlammstabilisierung 153, 229
Aerosole 88, 387
AIDS 384
Aktivkohle 191
Alarmplan 403
Alarm- und Benachrichtigungsplan 84
Algen 112, 179, 290, 294
Alkalität 305
Allylthioharnstoff 309
Aluminiumsulfat 164, 369
Ammoniak 62
Ammonifikation 113
Ammoniumstickstoff 36, 62, 113, 157, 312
Amöben 325
Amperemeter 270, 264, 167
Amtlichen Überwachung 338
Anaerober Abbau 216, 305
Anaerobe Bedingungen 118
Analysenvorschriften 334
Anforderungswerte 35, 38
Anlagevermögen 372
Anoxische Becken 117
Anoxische Zone 114, 155, 160
Anthropogene Spurenstoffe 190
AOX 59
Arbeitshygiene 381
Arbeitskleidung 386
Arbeitsschutz 39, 377, 388
Arbeitsstättenverordnung 377, 388, 403
Arbeitsunfähigkeit 402
Arbeitsunfall 392
Armaturen 266
AS-Bestimmungen 292
AS-Werte 294
Atemschutzgerät 242, 406
Atemschutzmaske 387
ATH 309, 322

Atmungsaktivität 309, 310
Aufenthaltszeit 140, 164
Aufschlaggerät 281
Aufschlämmversuch 137
Aufstauraum 180
Augendusche 404, 409
Ausbaugröße 124, 414
Ausbildungsklärwerk 416
Auslastungsgrad 334
Außerbetriebnahme 164
Aus- und Fortbildung 411

B

Bakterien 109, 221
Bandfilterpressen 234
Bandräumer 263
Baukosten 124
Beckenüberlauf 74
Belastungsschwankungen 333
Belebtschlamm 151, 201, 220, 366
Belebtschlammflocke 109
Belebungsanlagen 151
Belebungsbecken 156
Belebungsverfahren 125
Belebungsverfahren 125
Belüfterkerzen 153, 159, 167
Belüfteter Sandfang 135, 264
Belüftete Teichanlagen 125, 177
Belüftungszeit 230
Benachrichtigungsplan 334, 365
Benchmarking 330, 348
Berufsgenossenschaft 390
Berufskrankheiten 378
Bescheid 334
Beschichtungsschäden 94
Bestandspläne 84, 403
Betriebsanleitung 132, 168
Betriebsanweisung 29, 225, 227, 286, 329, 334, 342, 380, 403, 413

Betriebsarzt 415
Betriebsaufwand 128
Betriebsaufzeichnungen 80
Betriebsergebnisse 339
Betriebsführung 168
Betriebsleiter 128
Betriebsmethode 271, 300, 313, 315
Betriebspersonal 335, 342, 373
Betriebssicherheitsverordnung 377
Betriebsstörungen 106, 129
Betriebsstunden 260
Betriebstagebuch 29, 177, 295, 334, 344, 346, 356, 364, 403
Betriebsüberwachung 154, 329, 331
Betriebsunterlagen 334
Betriebswasseranschluss 143
Betriebszustände 358
Beweissicherung 341
Bioakkumulation 190
Biochemische Vorgänge 47, 109
Biochemischer Sauerstoffbedarf 36, 317
Biofilm 188
Biologischer Rasen 109, 146, 150
Biologische Phosphorentnahme 118
Biostoffverordnung 377, 388
Biozidprodukte 376
Biozönose 110, 151, 325, 326
Blähschlamm 140, 161, 164, 201, 297, 366
Blasenbild 167
Blutuntersuchung 389
Bodenfilter 186
Bodenräumschild 142
Bodenschlammschild 262
Bodenuntersuchung 209
Brauchwasser 406
Brennbare Stoffe 60

Brüden 245
Brüdenkondensat 206
BSB_5 179, 291, 294, 317, 336, 351
BSB_5-Messverfahren 321
BSB_5-Raumbelastung 146
BSB_5-Schlammbelastung 367
Bürette 306
Bustechnologie 270
Buttersäure 226, 305

C

Calciumoxid 205
Chemikaliengesetz 377
Chemische Grundlagen 47
Chemischer Sauerstoffbedarf 36
Chemische Vorgänge 119
Chromat 120
Ciliaten 327
CKW 59, 104
CO_2-Gehalt 227, 238, 318
Co-Fermentation 236
Co-Vergärung 236
CSB 179, 291, 294, 300, 336, 351

D

Dampfstrahlgerät 168, 405
Deckelheber 396
Denitrifikation 117, 163, 155
Desinfektion 387, 404
Detergenzien 60
Deutsche Einheitsverfahren 271
Dichteströmungen 108, 140
Dichtheitsprüfung 97
Dichtungen 69
Dienstanweisung 334, 403, 412
Dienstherr 128
Dienst- und Betriebsanweisung 84, 128
Dienstverhältnis 412
Dienstvorgesetzte 366

Dokument 342
Dosiereinrichtung 173
Dränleitung 233, 354
Dränrohre 231
Drehkolbengebläse 159, 260
Drehsprenger 146, 331, 363
Dreiecksmesswehr 284
Drosseleinrichtungen 77
Druckdosen 285, 287
Druckentwässerung 67, 256
Drucklufterzeuger 261
Druckluftförderung 256
Druckluftheber 259
Druckmesskopf 317
Druckstoßgefahr 256
Düker 82
Düngegesetz 204
Düngemittelrecht 204
Düngemittelverordnung 212
Düngestoffe 114
Düngeverordnung 39, 204
Durchfluss 67
Durchflussmessung 228, 278, 282, 356
Durchlaufbecken 74
Durchmischung 165
Durchsichtigkeit 290

E

Echolot 285
Eichen 274
Eigenkontrolle 271, 329
Eigenstromerzeugung 360
Eigenüberwachung 271, 329
Einarbeitung 218
Eindicker 222
Einfache Sichtprüfung 91
Eingehende Sichtprüfung 93
Einleiten von Abwasser 27
Einleiten von Stoffen 26
Einleitungsbauwerke 82

Einrichtungen 249
Einstieghilfen 71
Einwohner (EZ) 61
Einwohnergleichwert (EGW) 61
Einwohnerwert 57
Einzelprobe 276, 277
Eisbildung 167
Eisdeckenbildung 362
Eisenchlorid 164, 369
Eisenoxidgranulat 242
Eisensalze 245
Eisensulfat 164, 369
Elektrische Anlagenteile 333
Elektrische Einrichtungen 268
Elektrizitätswerk 269
Elektroinstallation 239
Emscherbecken 142, 169
Emulgatoren 366
Emulsion 366
Energiekosten 154
Energieverbrauch 333, 337, 348
Entgiften 119, 120
Entkarbonatisierung 265
Entlastungsbauwerke 74
Entschwefler 242, 243
Entwässerungssatzung 40, 84, 104, 278, 334, 403
Enzyme 307
Erneuerung 251
Ersatzstromversorgung 360
Ersatzteile 404
Erste Hilfe 400
Erste-Hilfe-Kasten 388
Ersthelfer 401
Essigsäure 215, 226
Eutrophierung 63, 352
EVU 258
Explosible Gase 396, 400
Explosionsgefahr 238, 400
Explosionsschutzdokument 239
Explosionsschutzvorschrift 400

Ex-Schutz 257
Ex-Schutzregeln 241
Exsikkator 293, 296
Ex-Zonen 238

F

Fachkraft für Abwassertechnik 269, 414, 416
Fadenbakterien 162, 368, 417
Fadenorganismen 368
Fäkalien-Saugwagen 183, 333
Fäkalschlamm 202, 228
Fällung 119, 120
Fällungsmittel 159, 369
Fangbecken 74
Farbe 288
Faulbehälter 225, 267
Faulgas 216, 236, 238
Faulgasproduktion 237
Faulgasverwertung 360
Faulraumtemperatur 265
Faulschlamm 202, 297
Faultemperatur 217
Faulzeiten 217
Fehlanschluss 96, 354
Fein- oder Grobrechen 129
Feldmethode 272
Fertigküvetten 315, 321
Feststoffe 291
Feststoffgehalt 203
Fett 199
Fettabscheider 364
Fettsäure 166, 226, 305
Feuchttücher 370
Feuerwehr 364, 399
Filterstufenrechen 132
Filtrationszeiten 293
Fischsterben 333
Flachbecken 262
Fließgeschwindigkeit 67, 134, 180
Flockenbildung 164, 173, 369

Flockenfilter 141
Flockung 120
Flockungsfiltration 123, 189
Flockungshilfsmitteln 120
Förderhöhe 256
Förderstrom 256
Fotometer 316, 321
Fotosynthese 112
Fraßköder 387
Freistromrad 253
Fremdwasser 42, 53, 56, 115, 122, 344, 353, 355
Frost 264, 347

G

Galvanikbetriebe 366
Gasanfall 227, 236, 288
Gasbehälter 243
Gasbehandlung 236
Gasdom 239
Gasentschwefelung 243
Gaserzeugung 400
Gasglocke 240
Gashaube 243
Gasleitung 242
Gasmessgerät 396
Gasmotoren 242
Gasprüfgerät 267
Gasreinigung 240
Gasspeicher 239
Gaswarngerät 406
Gebläse 331
Gebläseräume 159
Gefährdungsbeurteilung 401
Gefahrenpiktogramme 410
Gefahrstoffdatenblatt 173
Gefahrstoffverordnung 377, 410
Gefahrstoffverzeichnis 334, 403
Gefälle 68
Gehörschaden 399
Gelbsucht 384

Geldbuße 30
Gelenkmolche 89
Generalüberholung 331
Geruch 288
Geruchsbelästigung 85, 223, 256
Geruchsbildung 178, 223, 372
Geruchsverschlüsse 67
Gesamtkosten 124
Gesamtphosphor 315
Gesamtstickstoff 62, 117, 314
Gesamtstickstoffbilanz 314
GesN 62, 117, 314, 336
Gesundheitsgefährdung 88
Gesundheitsvorsorge 382
Gewässeraufsicht 28
Gewässergütewirtschaft 19
Gewässerschutz 17
Gewässerschutzbeauftragter 28
Gewässerverunreinigung 30
Gewitter 347
Gift 366
Glasfaserfilter 292
Gleitendes Minimum 357
Gleitringdichtung 69, 258, 259
Glühofen 308
Glührückstand 203, 220, 298
Glühverlust 203, 220, 230, 298, 306, 308, 337
Grenzwert 117, 210
Grobrechen 130
Größenklasse 36
Grundstücksentwässerung 40, 65, 97, 354
Grundwasser 354
Grundwassereintritt 98
Güllepumpe 232
Gully 73
Gummihandschuhe 131, 386

H

Haftung 29
Harnstoff 113
Häusliches Schmutzwasser 53
Hautschutzmittel 387
Heilbehandlung 392
Heizblock 316
Heizungssystem 225, 264
Heizwert 227
Hemmstoff 322
Hepatitis 384
Hochdruckschlauch 89
Hochdruckspülverfahren 86
Homogenisierung 280, 338
Hydrolyse-Phase 215
Hygieneausstattung 404
Hygienische Grundsätze 385

I

Imhofftrichter 290
Immunisierung 385
Impfangebot 389
Impfschlamm 202, 218
Inbetriebnahme 167, 218, 358
Indirekteinleiter 42, 104
Induktive Messung 228
Industriekläranlagen 107
Industrielles Schmutzwasser 53
Infektionsgefahr 402
Infektionskrankheiten 385
Infektionsschutzgesetz 375, 377, 411
Infiltrationsprüfung 98
Infrarot-Trocknungsgeräte 292
Injektionsverfahren 102
Inspektion 71, 83, 129, 249, 251
Instandhaltung 79, 82, 101, 249, 372
Instandsetzung 249

interne Qualitätskontrollen (IQK) 272, 303
Ionenaustauscher 265
IQK 300
IQK-Karte 273, 338

J

Jahresbericht 81, 342
Jahresschmutzwassermenge 56, 344, 347
Jauche 41
JSM 346
Justieren 273

K

Käfigwalze 261
Kalibrieren 274, 299
Kaliumdichromat 300
Kalk 245
Kalkhydrat 217, 265
Kalkreserve 225
Kalkzugabe 369
Kammerfilterpressen 234
Kanalbetrieb 82
Kanaldeckelheber 404
Kanäle 67, 71
Kanalfernsehuntersuchung 90, 95
Kanalgefälle 85
Kanalisation 64, 84
Kanalkataster 84
Kanalnetz 82
Kanalräumgut 194
Kanalreinigung 86
Kanalschäden 101
Kanalspiegelung 91
Kanalstauräume 76
Kanal- und Kläranlagen-Nachbarschaften 128
Keramikfilter 240

Kesselspeisewasser 265
Kettenräumer 263
Kjeldahl-Stickstoff 113
Kläranlagenausrüstung 403
Kläranlagenbelastung 275
Klärgas 236
Klärschlamm 200, 217
Klärschlammtrocknung 206
Klärschlammverordnung 39, 204
Klärüberlauf 74
Klärwerkstag 347
Kleineinleitungen 37
Kleinkläranlage 67, 417
Kohlenstoffabbau 113, 154
Kohlenstoffdioxid 237, 318, 397
Kolbenpresse 197
Kombinationsbecken 108, 169
Kommunale Kläranlagen 107
Kommunales Schmutzwasser 53
Kompaktanlagen 108, 170
Kompostierung 214
Kompressoren 259
Kondenswasserabzug 243
Konditionierungsmittel 234, 245
Korrosion 94, 243, 372
Krählwerk 222
Krankheitserreger 60, 382, 383
Kreiselpumpe 253
Kreislaufwirtschaftsgesetz 192
Kreuztisch 323
Kühlwasser 353
Kunststofffüllmaterial 145
Küvetten 301
Küvettentest 313

L

Labor 335, 403
Laborausstattung 185, 407
Laborkurs 417
Labormethoden 271
Laboruntersuchungen 177

Landwirtschaftliche
    Verwertung 205, 231
Langsandfänge 264
Längsräumer 141, 262
Langzeitbelüftung 153
Lärmbereich 399
Laufrad 253
Laugen 119
Lavaschlacke 145
Legionellen 384
Lieferscheinverfahren 210
Lochsiebe 370
Luftdruckprüfung 100
Lufteinperlmethode 285
Luftfilter 167
Lufttemperatur 289
Lumineszenz-Verfahren 299

M

Magnetrührer 303, 306
Magnetrührgerät 307, 310, 319
Mammutpumpen 259
Mammutrotor 261
Manometer 167
Maschinelle Einrichtungen 331
Maschinelle Schlammentwässe-
    rung 206, 231
Mechanische Vorgänge 108
Medikamentenrückstände 190
Meister-Weiterbildung 417
Membranbelüfter 153
Messbereich 302
Messblende 288
Messeinheit 273
Messeinrichtung 282
Messgröße 273
Messschächte 278
Messsonde 299
Messtechnik 271
Messwehr 283, 285, 357
Messwert 273

Messwertaufnehmer 287
Messwertumformer 288
Metallsalze 120
Methan 237, 397
Methanbakterien 215, 226
Methanfaulung 218
MID-Messung 287
Mikroorganismen 109, 155, 167, 188, 297, 300
Mikroschadstoffe 23
Mikroskop 109, 322
Mikroskopisches Bild 322
Mikroskopische Beurteilung 163
Mikrowellenherd 292, 297
Mindestausstattung 335
Mindestfließgeschwindigkeit 68
Mischprobe 31
Mischverfahren 64, 346
Mischwasser 54
Mischwasserentlastung 129
Mischwasserkanalisation 127
Molche 89
Monatsbericht 342
Möwen 374
MSR-Technik 417
Muffenprüfgerät 101

N

Nachklärbecken 140, 150, 151, 185, 262, 368
Nachklärschlamm 201
Nachklärteich 186
Nachtmessung 355
Nährstoff 112, 117, 313, 352
Nährstoffangebot 164
Nährstoffbelastungsstufe 352
Nährstoffgehalt 206
Nährstoffverhältnis 162
N-Allylthioharnstoff 319
Nassaufstellung 254
Nassschlamm 202

Nassschlammabgabe 232, 363
Naturnahe Abwasseranlage 125, 175
Nebelberauchung 355
Neutralisation 119
N_{ges} 63, 117, 314
NH_4-N 62, 294, 312, 351
Niederdruckgasbehälter 239, 240
Niederschlagshöhe 78
Niedrigwasserzeiten 332
Nitrat 62, 114, 352
Nitrat-Atmung 163
Nitrat-Stickstoff 155, 157, 312
Nitrifikation 113, 114, 117, 154, 299, 312, 322
Nitrit 120, 313
NO_2-N 313
NO_3-N 294, 312
Notstromanlage 359
Notumlauf 130
Null-Lage 286
Nullpunktüberprüfung 287

O

Oberflächenbelüfter 152, 261
Oberflächenbeschickung 147
Objektive 324
Okulare 324
Öl 364
Ölalarmplan 364
Ölbindemittel 366, 405
Ölwechsel 331
Online-Analytik 417
Online-Messung 312
Optische Verfahren 90
Ordnungswidrigkeit 30, 341
Organische Säuren 226, 305
Organischer Stickstoff 63, 113
Organismen 324
Ortho-Phosphat-Phosphor 315
Ozonung 191

P

PAK 191
Papierfilter 292
Papierhandtücher 387
Pathogene Keime 187, 221, 382, 383, 385
PCB 59
Pendelschildräumer 263
Personalbedarf 411, 413
Pflanzenbeet 125, 186, 187, 417
Pflanzennährstoffe 121
Pflanzenwachstum 352
Pfützenbildung 149
P_{ges} 62, 291, 294, 315, 315
Phasenkontrast 322, 325
pH-Messelektrode 304
pH-Messung 225
Phosphat 25, 62, 118, 352
Phosphatfällung 121, 172, 189
Phosphor 36, 315
Phosphor-Bilanz 121
Phosphorkonzentration 62, 122
pH-Wert 58, 225, 304, 336, 366
Pipette 303
Plankton 294
Plattenschieber 268
pneumatischer Messung 286
PO_4 118
PO_4-P 315
Polyelektrolyt 120
Porzellannutsche 293
Präzisionswaage 292
Primärschlamm 142
Prioritäre Stoffe 191
Probeflaschen 277
Probemenge 276
Probenahme 161, 339
Probenahmegerät 277, 406
Probenahmestell 394
Probenvorbehandlung 280
Protozoen 325
Prozessleittechnik 270
Prozesswasser 236
Psychoda-Fliege 149, 374
Puffervermögen 226
Pumpen 252, 331
Pumpensumpf 254, 257, 396
Pumpwerk 254, 360

Q

Qualifizierte Stichprobe 31, 276
Qualitätssicherung 338
Querschnittsformen 69

R

Radialdüsen 88
Ratten 375, 382, 387
Rauchtest 96
Raumbelastung 163
Räumer 264, 331
Räumerbrücke 262, 395
Räumerlaufflächen 144, 363
Räumgut 86, 90
Räumschild 140, 368
Räumvorrichtungen 262
Rechen 125, 129, 187
Rechenanlage 178, 362, 395
Rechengut 127, 133, 196, 375, 387
Rechengutpresse 130, 198
Rechengutwäsche 133, 198
Referenzverfahren 338
Regenbecken 74, 79, 80, 125, 346, 348
Regenbeckenräumgut 195
Regenentlastungen 24
Regenklärbecken 74
Regenmesser 347

Regennachlauf 347
Regenrückhaltebecken 74
Regenüberlaufbecken 74
Regenüberlauf 74
Regenwasser 52, 54, 56, 65
Regenwasserkanal 353
Regenwetter 346
Reinigen 91
Reinigungsdüse 87
Reinigungsverfahren 128
Reinigungswirkung 184
Respirometrischer BSB_5 319
Respirometrisches Gerät 317
Restschlammschicht 183
Reststoffe 127, 192
Restverschmutzung 107, 275, 351
Retentionsvermögen 354
Rettungshubgerät 399, 406
Rettungsschwimmkragen 406
Rettungsübung 399
Rezirkulation 157
Ringwaage 288
Rinnenbürste 145
Risikogruppe 2 388
Roboterverfahren 101
Rohabwasser 54, 291, 317, 382
Rohrleitung 266
Rohrmaterial 69
Rohrquerschnitt 67
Rohschlamm 200, 215, 220, 223, 227, 247
Rollringdichtung 69
Rotationstauchkörper 111, 125, 150, 185
Rotationsverdichter 260
Rotatorien 325
Rückbelastung 235
Rückflussverhinderer 407
Rücklaufschlamm 151, 156, 201
Rücklaufschlammleitung 160
Rücklaufschlammpumpen 167
Rücklaufverhältnis 164, 167
Rücklaufwasser 146
Rücklösung 116, 118, 122
Rückschlagklappe 255, 267
Rückstau 258, 282, 288
Rückstauebene 67
Rückstauverschlüsse 67
Rückstellprobe 278, 337
Rückstoß 146
Rufbereitschaft 371
Rührwerk 156, 166
Rundgang 344
Rundräumer 141, 262, 368
Rundsandfang 137

S

Salze 60
Sand 127
Sandanfall 136, 199, 337
Sandfang 108
Sandfilteranlagen 189
Sandklassierer 137
Sandwaschanlage 199
Satellitenkamera 96
Sauerstoff 112
Sauerstoffbedarfsstufe 351
Sauerstoffeintrag 159
Sauerstofffreie Zone 159
Sauerstoffgehalt 114, 154, 184, 299, 397
Sauerstoffmangel 396
Sauerstoffmesssonden 159
Sauerstoffzehrung 157
Saugfahrzeug 194
Saugräumer 142, 263
Saugrohr 257
saure Gärung 215, 223
Säurekapazität 305
Säuren 119
SBR-Anlage 417
Schächte 71, 395

Stichwortverzeichnis

Schadeinheit 37
Schadenbehebung 101
Schädlichkeit des Abwassers 38
Schalldämmung 261
Schaltschrank 268
Schaltwarte 403
Schaumbildung 165, 167, 369
Schieber 267
Schiedsmethode 300
Schilfpflanzen 188
Schlammabtrieb 158
Schlammalter 114, 154, 158
Schlammanfall 218
Schlammarten 200
Schlammbelastung 114, 154
Schlammentwässerung 234
Schlammfädigkeit 325
Schlammfaulung 215
Schlammfladen 139, 150
Schlammflocken 326
Schlammindex 161, 230, 295, 297, 336, 366
Schlammmenge 144
Schlammräumung 182
Schlammstabilisierung 229
Schlammstand 182, 337
Schlammstapelraum 224, 231, 233, 235
Schlammtemperatur 289
Schlammtiefe 182
Schlammtrockenbeet 231
Schlammtrockensubstanz 230, 295
Schlammumwälzung 169, 227
Schlammverwertung 204, 184
Schlammvolumen 161, 290, 394, 297
Schlammwasser 215, 222, 297
Schlammzentrifuge 234
Schlauchrelining 103
Schmiermittel 404

Schmutzfänger 71, 91
Schmutzfracht 352
Schmutzwasser 58, 127, 347
Schmutzwassergebühr 125
Schnecken 150
Schneckenhebewerk 254
Schneckenkanalrad 253
Schneckenpresse 197
Schneefall 347
Schneeschmelze 346, 347
Schneidradpumpe 253, 256
Schnellschlussschieber 228, 232
Schönungsteich 177, 186
Schöpfthermometer 289
Schraubenverdichter 260
Schreibstreifen 340
Schutzbrille 301, 409
Schutzkleidung 386
Schwebstoffe 179, 294
Schwefelwasserstoff 237, 397
Schwermetall 119, 209
Schwimmdecke 370
Schwimmkragen 406
Schwimmschlamm 115, 201, 228
Schwimmschlammdecke 227
Schwimmschlammschild 262
Schwimmstoffe 127, 139, 180, 199
Schwimmstoffkammer 136
Selbstreinigungsvermögen 22
Selbstreinigungsvorgänge 106
Selbstretter 406
Selbstüberwachung 27, 79, 84, 169, 177, 185, 271, 286, 329, 334, 338, 344
Sicherheitsdatenblätter 334, 403, 410
Sicherheitsschuhe 395, 406
Sichtscheibe 290
Sichttiefe 290, 337
Siebe 129, 196

Sielhaut 366
Signalnebelverfahren 96
Silo 232, 306
Silosickersaft 41
Simultanfällung 174
Sinkkasteninhalt 195
SO_2 243
Sohlendüse 88
Sommerhalbjahr 312
Sonderbauwerk 74
Sozialräume 403
Speicher-Programmierbare-Steuerung (SPS) 270
Sperrwasserdruck 258
Spirillen 325, 327
Spitzenbedarf 261
Spitzglas 290
Spüleinrichtung 77
Spülstoß 76
Spülwirkung 146
Stabilisierter Schlamm 202, 247
Stabilisierungsbecken 230
Stabilisierungsgrad 230, 306, 309
Stabwalze 261
Standardlösung 338
Stand der Technik 27, 28, 32
Standzylinder 161, 163, 295
Stapelraum 184, 306
Stauraumkanal 74
Steigeisen 71, 94
Stichprobe 31, 276
Stickstoff 25, 36, 114
Stickstoffbilanz 115
Stickstoffelimination 150
Stickstoffentnahme 154
Stickstoffkonzentration 115
Stickstoff-Oxidation 117, 189, 312
Stoffkreislauf 127
Stoffwechseltätigkeit 110
Stopfbüchse 258, 259
Störmeldeeinrichtungen 258

Straftat 30
Strahlbelüfter 184, 261
Straßenablauf 71, 72, 90
Straßensinkkästen 73
Stromaufnahme 167
Stromausfall 258, 360
Stromerzeugung 236
Stromverbrauch 230
Substrat 236
Sulfid 120
Sumpfpflanzen 186
Suspensa 291

T

Tagesaufzeichnungen 343
Tagesmischprobe 276
Tagesschwankungen 55
TASi 134, 194, 245
TA Siedlungsabfall 134, 194
Tauchbelüfter 184
Taucher 263
Tauchkörper 176
Tauchmotorrührwerk 232
Tauchpumpe 255
Tauchwand 136, 139, 180
Technische Gewässeraufsicht 366
Teichanlage 36
Teichlinsen 178
Temperatur 225, 289
Terminplan 250
Tertiärschlamm 201
Tetanus 384, 390
Thermische Trocknung 244
Thermometer 289
Thermostatschrank 319
TKN 314, 315
Trennbauwerk 74
Trennverfahren 64, 346, 354
Trichterbecken 141
Trinkwasser 19, 406
Trockenaufstellung 254

Trockengasbehälter 237, 239
Trockenmasse 295
Trockenrückstand 234, 297, 225
Trockenschrank 292, 296, 298
Trockensubstanz 158, 203, 295
Trockenwetter 275, 344
Trocknung 243
Tropfkörper 110, 125, 176, 185, 374
Tropfkörperfliege 149
Trübung 59, 290, 337
Trübungsmessung 290
Trübwasser 223
TSR-Gehalt 336
TTC-Test 230, 307
Turbogebläse 260
Turbulenz 165
TV-Inspektion 95, 358
TV-Kamera 83, 94
Typenschild 270

U

Überlastung 333
Überlaufschwelle 75
Überschussschlamm 116, 118, 123, 201, 222, 306
Überschwemmungen 258
Überspannung 270
Überwachungskamera 102
Überwachungswert 314
Ultraschall 285
Ultra-Turrax 304
Umwälzschlamm 225
Umweltbelastung 119
Umweltverträglichkeitsprüfung 39
Unbeheizte Faulräume 223
Unfallverhütung 334, 378, 390, 393, 403
Unfallversicherung 390
Ungeziefer 374

Unterdruckentwässerung 256
Unternehmensträger 411
Untersuchungshäufigkeit 209, 336
Untersuchungsprotokoll 91
Unterweisung 379
UV-Entkeimungsanlagen 190
UVV 401

V

Vakuumfilter 234, 292
Vakuumsystem 256
Ventilatoren 260
Ventile 267
Venturigerinne 284
Veraschung 243
Verbandbuch 388, 401, 402
Verbrennung 243, 248
Verdichter 260
Verdünnung 32
Verdünnungsfaktor 38
Verdünnungsverfahren 319
Verdünnungswasser 319
Vereisung 362
Verfahrenstechnik 123, 153
Versäuerungsphase 215
Verstopfungen 167
Verunreinigung 26
Verzopfung 370
Viren 221
Volumenverminderung 221
Vorbehandlungsanlage 104, 119
Voreindicker 222
Vorfällung 173
Vorklärbecken 125, 139
Vorklärschlamm 201
Vorklärung 368
Vorlauftemperatur 265
Vorsorgeuntersuchung 388

W

Waagedrossel 77
Walzenpresse 197
Wärmetauscher 264
Wartung 79, 249, 251
Wartungsaufgaben 331
Wartungskartei 331, 403
Wartungsverträge 332
Waschmaschine 386
Wasseranteil 231
Wasserbenutzung 26
Wasserdichtheit 98
Wasserdruckprüfung 98
Wassergehalt 154, 222
Wasserrecht 25
Wasserrechtsbehörde 365
Wasserrechtsbescheid 26, 107, 372, 403
Wasserschutzgebiet 84, 208
Wasserstoff (H) 237
Wasserstoffperoxid 369
Wasserstrahllanze 407
Wasserstrahlpumpe 292
Wassertemperatur 289
Wasserverbrauch 20, 21
Wasserwirtschaft 17, 365
Weil'sche Krankheit 375, 384
Weitergehende Abwasserreinigung 189
Wellenschutzhülse 258
Werkstätte 404
Wetter 336, 347
WHG 25, 329, 413
Wimpertierchen 325
Winkler-Flasche 309, 320
Winterbetrieb 361
Wirbeldrossel 77
Wirbelschichtofen 248
Wirksamkeit 137
Wirkungsgrad 119, 123, 149, 157, 173
Wirtschaftlichkeit 329, 330, 348
Wundstarrkrampf 384
Wurmeier 221
Wurzelraumanlage 186

Z

Zahnschwellen 143
Zapfwellenmixer 232
Zentrifugen 223, 234
Zufluss 282
Zündquellen 240
Zweckverbände 411
Zweckvereinbarung 412
Zweipunktfällung 175

www.dwa.de

Lernen vor Ort
Inhouse-Schulungen

Profitieren Sie von einer hausinternen Weiterbildung durch:

- auf Sie angepassten Inhalte
- flexible Terminabsprachen
- Ihren Wunschort
- Förderung des Teamgeistes

Weitere Informationen:
Doris Herweg · Tel.: +49 2242 872-236 · herweg@dwa.de
www.dwa.de/inhouse-schulungen

www.dwa.de

Werden Sie Teil einer starken Gemeinschaft!
Ihre Vorteile als persönliches Mitglied

Verbandszeitschrift (monatl.)
KA Korrespondenz Abwasser, Abfall (inkl. der Beilage **KA Betriebs-Info**, 4 x jährlich)
oder
Verbandszeitschrift (monatl.)
KW Korrespondenz Wasserwirtschaft (inkl. der Beilage **KW Gewässer-Info**, 3 x jährlich)

Rund **20 % Rabatt** auf DWA-Veranstaltungen und -Kurse

Auskünfte zu Fragen im Bereich Abwasser- und Abfallwesen sowie Wasserwirtschaft und Bodenschutz **Rechtsauskunft**

Mitgliederbereich im Internet mit weiteren exklusiven Informationen

Jahresbeitrag ab Januar 2019

Betriebspersonal	€ 49,00
Berufseinsteiger für die ersten zwei Jahre – 50 % Rabatt	€ 24,50
Personen	€ 90,00
Berufseinsteiger für die ersten zwei Jahre – 50 % Rabatt	€ 45,00
Auszubildende, Studierende	€ 19,00
Pensionäre, Rentner	€ 34,00

Weitere Informationen finden Sie unter:
www.dwa.de/mitgliedschaft

www.dwa.de

Umwelttechnische Berufe
Bewährte Hilfen für die Aus- und Weiterbildung

Die Klassiker

Formelheft Umwelttechnik, ISBN 978-388721-340-4	25,00 €
Arbeitsheft für umwelttechnische Berufe, ISBN 978-3-88721-629-0	14,50 €

Handbuch für umwelttechnische Berufe

▍Band 1: Grundlagen für alle Berufe, ISBN 978-3-88721-692-4	neu ab 2019
▍Band 2: Fachkraft für Wasserversorgungstechnik, ISBN 978-3-88721-373-2	72,00 €
▍Band 3: Fachkraft für Abwassertechnik, ISBN 978-3-88721-251-3	76,00 €
▍Band 4: Kreislauf- und Abfallwirtschaft, ISBN 978-3-88721-191-2	79,00 €

Begreifbare Hilfen – Fachliche Abläufe und Zusammenhänge erklären mit Magnetkarten an Flipchart oder Whiteboard

Ausbildungsbaukasten Abwassertechnik	ab 298,00 €
Trainingskasten Umwelttechnik	128,00 €
Trainingskasten Straßensicherung RSA 95	157,00 €

Altes Konzept neu gedacht – Digitaler, „intelligenter" Lernkarteikasten für gleichzeitige Nutzung an PC, Tablet und Smartphone

Abwasser-Grundkurse	29,90 €
Fit in der Abwassertechnik?	22,90 €
Prüfungsvorbereitung Abwasserbehandlung	9,00 €

Bestellung und Information:
www.dwa.de/ausbildung oder Kundenzentrum: +49 2242 872-333

DWA · Theodor-Heuss-Allee 17 · 53773 Hennef · Deutschland · Tel.: +49 2242 872-333 · E-Mail: info@dwa.de · Internet: www.dwa.de

www.dwa.de

Hirthammer-SBS-Betriebstagebücher
für Kläranlagen | naturnahe Abwasseranlagen | Industrieanlagen | Wasserwerke

Betriebsdaten dokumentieren, auswerten, Statistiken erstellen und direkt behördengerecht weitergeben:

Leistungspaket

▎ Standard-Version
- Beliebig viele Tages-, Monats- und Jahresberichte
- Große Auswahl an standardisierten Auswertungen und Grafiken
- Schnittstellen zu DABay, Labdüs, SEBAM oder eigenes Leitsystem
- Leistungsbild und -vergleich, Fremdwasserermittlung (Kläranlage)
- Brunnen, Quellen, Filter- und Analyseverwaltung (Wasserwerk)

▎ Pro-Version zusätzlich
- Wartungskartei und Schichtbuch
- Netzwerkfunktion
- Anbindung beliebig vieler externer Datenquellen
- Modul Sonderbauwerke für Regenüberlaufbecken
- Einfach Anbindung an Prozessleitsysteme

Preise für Jahreslizenzen, zusätzliche Zweitlizenzen und weitere Arbeitsplätze finden Sie auf unserer Homepage.

Kostenlose vollfunktionsfähige Demoversion und Screenshots finden Sie auf
www.dwa.de/software

Bestellung und Information:
www.dwa.de/ausbildung **oder Kundenzentrum: +49 2242 872-333**

DWA · Theodor-Heuss-Allee 17 · 53773 Hennef · Deutschland · Tel.: +49 2242 872-333 · E-Mail: info@dwa.de · Internet: www.dwa.de

www.dwa.de/TSM

Technisches Sicherheitsmanagement Abwasser
Orientierungsgespräch

- Sie sind an einer TSM-Prüfung interessiert, möchten zunächst aber mehr erfahren?

- Sie haben Fragen zu Ablauf oder Leitfaden?

- Sie wollen Ihre Chancen abschätzen, die Prüfung zu bestehen?

Dann buchen Sie ein erstes Orientierungsgespräch mit unserem TSM-Experten bei Ihnen vor Ort.

Ihre Ansprechpartnerin
Nina Müller
Deutsche Vereinigung für Wasserwirtschaft,
Abwasser und Abfall e. V. (DWA)
Theodor-Heuss-Allee 17 · 53773 Hennef
Telefon: +49 2242 872-136
tsm@dwa.de · www.dwa.de/tsm

www.dwa.de

Manfred Fischer´s
Kein Wässerchen trüben

Der Autor Manfred Fischer schaut in diesem Buch mit ganz viel Humor auf die Wasserwirtschaft. Unterstützt wird er von der Grafikerin Jaana Lehto. Ihre Zeichnungen und Karikaturen sowie die amüsanten Fundstücke aus längst vergangenen Tagen werden Sie unterhalten und auf andere Gedanken bringen.

In dieser überarbeiteten Ausgabe finden Sie neue, bisher unveröffentlichte Zeichnungen.

18,50 €

F. Hirthammer in der DWA
4. Auflage, November 2017
157 Seiten, A5
ISBN 978-3-88721-579-8

Preise inkl. MwSt. zzgl. Versandkosten. Preisänderungen und Irrtümer vorbehalten.

Weitere Informationen finden Sie unter: www.dwa.de/shop

Bestellung

Ja, wir bestellen „Manfred Fischer´s - Kein Wässerchen trüben"

☐ gegen Rechnung

per Kreditkarte: ☐ Visa ☐ Mastercard

Deutsche Vereinigung für Wasserwirtschaft, Abwasser und Abfall e. V. (DWA)
Kundenzentrum
Theodor-Heuss-Allee 17
53773 Hennef

| Vor- und Zuname, Titel |
| Firma/Behörde |
| Straße |
| PLZ/Ort |
| E-Mail (freiwillig) |
| Telefon — DWA-Mitgliedsnummer |
| Datum/Unterschrift |

☐ Ja, ich willige ein, künftig Informationen über Produkte der DWA/GFA per E-Mail zu erhalten. Diese Einwilligung kann ich jederzeit widerrufen.

Fax: +49 2242 872-100 · Tel.: +49 2242 872-333 · E-Mail: info@dwa.de · Internet: www.dwa.de

Wipfler PLAN

Regionale Umweltgestaltung
Infrastrukturentwicklung

Effiziente Lösungen für die Zukunft.

Kläranlagen, Kanalisation und Trinkwasserversorgung sind aktive Posten im Umweltschutz jeder Kommune.

In unserem Team finden Sie erfahrene Spezialisten für die Bereiche Abwasserreinigung, Kanalnetze, Wasserversorgung und Hochwasserschutz sowie für Berechnungsmodelle und Verfahrenstechniken, die im Wasserkreislauf anfallen.

Dieses Fachgebiet zählt zu unseren Kernkompetenzen. Wir setzen hier auf innovative Lösungen mit geringstem Energieverbrauch, langlebiger Technik und den Einsatz modernster Software.

Niederlassung Pfaffenhofen
Hohenwarter Straße 124
85276 Pfaffenhofen
Tel. 08441 5046-0
info@wipflerplan.de

Niederlassung Donauries
Standort Nördlingen
An der Lach 11 a
86720 Nördlingen
Tel. 09081 27509-30
info-noe@wipflerplan.de

Standort Donauwörth
Äbtissin-Gunderada-Straße 3
86609 Donauwörth
Tel. 0906 999851-0
info-don@wipflerplan.de

Niederlassung München
Fraunhoferstraße 22
82152 Planegg bei München
Tel. 089 895615-0
info-muc@wipflerplan.de

Niederlassung Allgäu
Gschwender Straße 8
87616 Marktoberdorf
Tel. 08342 89586-0
info-al@wipflerplan.de

Ortsplanung | **Kläranlagen** | Objektplanung | Landschaftsplanung | Straßenbau Straßenplanung | Verkehrsplanung | **Kanalsanierung** | Lärmschutz | **Kanalnetze** | **Hochwasserschutz** | Bauwerksprüfung | Vermessung | Bauleitung Baulanderschließung | Erschließungsträger | Projektsteuerung | **Wasserwirtschaft** | Geodatenmanagement | Energiemanagement | **Wasserversorgung** Beiträge & Gebühren

wipflerplan.de

ERZIELEN SIE HÖCHSTE STANDZEITEN

OPTIFIX™ EXZENTERSCHNECKEN-PUMPEN VON ALLWEILER

BIS ZU 85%

KÜRZERE WARTUNGSZEITEN
im Vergleich zu herkömmlichen Konstruktionen

Durch das Design, das eine Demontage in 5 einfachen Schritten ermöglicht, bietet die Allweiler OptiFix die beste mittlere Reparaturzeit ihrer Klasse, was weniger Ausfallzeiten, weniger Wartung und geringere Servicekosten bedeutet. Und wenn Sie Ihre Pumpe zusätzlich mit einem ALLDUR® Stator ausrüsten, **können Sie die Standzeit bis auf das Fünffache verlängern**. Einfach ausgedrückt, Sie werden keine bessere Pumpe finden, um den ROI hoch und Ausfallzeiten niedrig zu halten.

Erfahren Sie mehr und besuchen Sie uns auf
circorpt.com/optifix-de

Nutzung

Zwei Vorteile mit einer Reparatur sichern!

Mit unserer Neuwert-Reparatur setzen wir nicht nur Ihre elektromechanische Antriebstechnik preiswert instand, sondern geben Ihnen noch 24 Monate Mängelhaftung* oben drauf!

*auf den Komplettantrieb sowie auf Produkte anderer Hersteller

Neuwert-Reparaturen sind Teil unseres Serviceangebots entlang des kompletten Anlagenlebenszyklus.
> www.sew-eurodrive.de/life-cycle-services

Gerne beraten wir Sie auch persönlich.
> edg.marktmanagement@sew-eurodrive.de

Prozesstechnologie zur Abwasserbehandlung, Schlammbehandlung und Gasverwertung

OSWALD SCHULZE
Umwelttechnik GmbH

Beratung, Projektierung, Lieferung, Montage und Inbetriebnahme von verfahrenstechnischen Anlagen zur Abwasser- und Schlammbehandlung und Gasverwertung

Abwasserreinigung
- ✓ Abwasser- und Regenwasserpumpstation
- ✓ Belüftungssystem und Ausrüstung für Belebtschlammanlagen
- ✓ Sequencing Batch Reaktoren (SBR)
- ✓ Anlagen zur Spurenstoffelimination (Ozon, Pulveraktivkohle)
- ✓ Ausrüstungen zur mechanischen Abwasserreinigung
- ✓ Abluftbehandlung für Abwasserreinigungsanlagen
- ✓ Fällungs- und Flockungsanlagen
- ✓ Abwasserfiltrationsanlagen
- ✓ Membranbelebungsanlagen
- ✓ Anaerobe Abwasserreinigung mittels Schlammbett- oder Festbettanlagen

Schlammbehandlung
- ✓ Ein- oder zweistufige aerobe und anaerobe (mesophil/thermophil) Schlammstabilisierung (Faulung)
- ✓ Faulschlammumwälzung mittels Faulschlammmischer, -rührwerke, -pumpen oder Faulgaseinpressung
- ✓ Schlammeindickung und Schlammentwässerung
- ✓ Schlammhygienisierung
- ✓ Schlammdesintegration

Klärgas-/Biogasfassung und –verwertung
- ✓ Blockheizkraftwerke mit kombinierter wärme- und elektrischer Energieproduktion
- ✓ Gasbehälter und Gasbehältervorschachtausrüstungen
- ✓ Gasfackeln
- ✓ Gasdruckerhöhungsanlagen
- ✓ Gasentschwefelungsanlagen
- ✓ Gastrocknungsanlagen/Siloxanentfernung

♦ Aerobe und Anaerobe Industrieabwasserreinigung

OSWALD SCHULZE
Umwelttechnik GmbH
Krusenkamp 22-24
D – 45964 Gladbeck
Tel.: +49 (2043) 3160 0

www.oswald-schulze.de

...das Ziel ist klar!

Klär- & Biogasaufbereitung
... von der Erzeugung bis zum Verbraucher

Weststraße 31 • D-32657 Lemgo
Tel. +49(0)5261 978000

info@klaergastechnik.eu
www.klaergastechnik.eu

Berufstaucher Bayern

- Kläranlagen – Reparaturen
- Montagearbeiten von Räumschildern und Rührwerken
- Kontrollarbeiten
- Faultürme – Kontrolle und Wartung
- Schlammabsaugung

Carola Süßmann-Zeise
Regensburgerstr. 44
93128 Regenstauf
Mobil: 0151 / 11 20 13 16
Fax: 09402 / 50 44 12

GEDORE

DIE LÖSOMATEN VON GEDORE
für Wartungsarbeiten und
Rohrnetzpflege

IHR EXPERTE FÜR SCHIEBERMASCHINEN

Sanftes Öffnen und Schließen
von Schiebern garantiert

www.gedore-torque-solutions.com

Bezugsquellennachweis/Inserentenverzeichnis

Die nach den Stichworten stehenden Zahlen „Ax" verweisen auf die Anzeigenseite des Anbieters im Anhang.

Antriebs-, Steuer- und Regeltechnik

GEMÜ Gebr. Müller Apparatebau GmbH & Co. KG, 74653 Ingelfingen	A10
SEW-EURODRIVE GmbH & Co. KG, 76646 Bruchsal	A4

Ingenieurbüros

Allweiler GmbH, 46244 Bottrop	A3
GÖTZELMANN + PARTNER Beratende Ingenieure GmbH, 70499 Stuttgart	A8
OTT System GmbH & Co. KG, 30855 Langenhagen	A8
Tauch- und Atemschutzarbeiten TAA Wolfgang Dauth, 63863 Eschau	A7
Wipfler Plan Planungsgesellschaft mbH, 85276 Pfaffenhofen	A2

Kanalbau, -betrieb, -inspektion, und -sanierung

Wipfler Plan Planungsgesellschaft mbH, 85276 Pfaffenhofen	A2

Kläranlagen (Bau, Betrieb, Ausrüstung)

Allweiler GmbH, 46244 Bottrop	A3
Bucher Unipektin AG, CH-8166 Niederweningen	A8
Gebr. BELLMER GmbH Maschinenfabrik, 75223 Niefern-Öschelbronn	A6
Berufstaucher Bayern GmbH, 93128 Regenstauf	A9
Flottweg SE, 84137 Vilsbiburg	A13
Gedore Torque Solutions GmbH, 71665 Vaihingen/Enz	A9
Klärgastechnik Deutschland GmbH, 32657 Lemgo	A9
MACHEREY-NAGEL GmbH & Co. KG, 52355 Düren	A14
OSWALD SCHULZE Umwelttechnik GmbH, 45964 Gladbeck	A5
OTT System GmbH & Co. KG, 30855 Langenhagen	A8

Pumpenfarbik Wangen GmbH, 88239 Wangen — A1

Tauch- und Atemschutzarbeiten TAA Wolfgang Dauth, 63863 Eschau — A7

Wipfler Plan Planungsgesellschaft mbH, 85276 Pfaffenhofen — A2

Klärschlammtrocknung, -behandlung, -verwertung

Allweiler GmbH, 46244 Bottrop — A3

Bucher Unipektin AG, CH-8166 Niederweningen — A8

Flottweg SE, 84137 Vilsbiburg — A13

Klärgastechnik Deutschland GmbH, 32657 Lemgo — A9

OSWALD SCHULZE Umwelttechnik GmbH, 45964 Gladbeck — A5

Tauch- und Atemschutzarbeiten TAA Wolfgang Dauth, 63863 Eschau — A7

Wipfler Plan Planungsgesellschaft mbH, 85276 Pfaffenhofen — A2

Laborgeräte

MACHEREY-NAGEL GmbH & Co. KG, 52355 Düren — A14

Maschinen- und Anlagenbau

Gebr. BELLMER GmbH Maschinenfabrik, 75223 Niefern-Öschelbronn — A6

Flottweg SE, 84137 Vilsbiburg — A13

Gedore Torque Solutions GmbH, 71665 Vaihingen/Enz — A9

OSWALD SCHULZE Umwelttechnik GmbH, 45964 Gladbeck — A5

Messtechnik, Messgeräte

MACHEREY-NAGEL GmbH & Co. KG, 52355 Düren — A14

Pumpen, Hebeanlagen, Dosiertechnik

Allweiler GmbH, 46244 Bottrop — A3

Pumpenfarbik Wangen GmbH, 88239 Wangen — A1

OSWALD SCHULZE Umwelttechnik GmbH, 45964 Gladbeck — A5

Tauch- und Atemschutzarbeiten TAA Wolfgang Dauth, 63863 Eschau — A7

Regenwasserbehandlung, Regenbecken

OSWALD SCHULZE Umwelttechnik GmbH, 45964 Gladbeck	A5
Tauch- und Atemschutzarbeiten TAA Wolfgang Dauth, 63863 Eschau	A7
Wipfler Plan Planungsgesellschaft mbH, 85276 Pfaffenhofen	A2

Sicherheits- und Warngeräte

Tauch- und Atemschutzarbeiten TAA Wolfgang Dauth, 63863 Eschau	A7

Taucharbeiten

Berufstaucher Bayern GmbH, 93128 Regenstauf	A9
Tauch- und Atemschutzarbeiten TAA Wolfgang Dauth, 63863 Eschau	A7

Umwelttechnik

OSWALD SCHULZE Umwelttechnik GmbH, 45964 Gladbeck	A5
Wipfler Plan Planungsgesellschaft mbH, 85276 Pfaffenhofen	A2

Wartung und Reparatur

Allweiler GmbH, 46244 Bottrop	A3
Berufstaucher Bayern GmbH, 93128 Regenstauf	A9
Gedore Torque Solutions GmbH, 71665 Vaihingen/Enz	A9
OSWALD SCHULZE Umwelttechnik GmbH, 45964 Gladbeck	A5
Tauch- und Atemschutzarbeiten TAA Wolfgang Dauth, 63863 Eschau	A7
Flottweg SE, 84137 Vilsbiburg	A13

MACHEREY-NAGEL

Spektralphotometer
NANOCOLOR® VIS II

Smart photometry

Wasseranalytik

Einfach und zuverlässig

- **NTU-Check**
  Erkennen Sie störende Trübungen mit unserem einzigartigen NTU-Ch

- **IQK-Optionen**
  Umfangreiche IQK-Optionen ermöglichen eine exakte und effiziente Qualitätskontrolle

- **Dokumentation**
  Schnelle und einfache Dokumentation Ihrer Ergebnisse mit allen wicht Probeninformationen

---

MACHEREY-NAGEL
www.mn-net.com